buchführung Kompaktwissen · Iris Thomsen

Die Autorin

Iris Thomsen ist Betriebswirtin mit jahrelanger Erfahrung in Steuerberaterkanzleien und Industriebetrieben. Sie betreut kleine und mittelständische Unternehmen, die ihre Buchführung selbst erledigen. Mit den täglichen Problemen, aber auch mit schwierigen Sachverhalten in der Buchführung ist sie deshalb bestens vertraut. Ihr Wissen gibt sie als Referentin sowie als Autorin zahlreicher Publikationen der Haufe Mediengruppe weiter.

Auf der Internetseite www.iris-thomsen.de finden Sie Änderungen bzw. Neuerungen zu Themen, die in diesem Buch beschrieben werden. Sie können auch gerne per E-Mail Fragen stellen oder Feedback geben.

buchführung
Kompaktwissen

Iris Thomsen

Haufe Mediengruppe
Freiburg · Berlin · München

Bibliografische Information der Deutschen Nationalbibliothek

Die Deutsche Nationalbibliothek verzeichnet diese Publikation in der Deutschen Nationalbibliografie; detaillierte bibliografische Daten sind im Internet über http://dnb.d-nb.de abrufbar.

ISBN: 978-3-648-00188-2   Bestell-Nr. 01195-0001

1. Auflage 2010

© 2010, Haufe-Lexware GmbH & Co. KG, Munzinger Straße 9, 79111 Freiburg

Redaktionsanschrift: Fraunhoferstraße 5, 82152 Planegg/München
Telefon: (089) 895 17-0
Telefax: (089) 895 17-290
www.haufe.de
online@haufe.de
Produktmanagement: Steffen Kurth, München

Lektorat und Desktop-Publishing: Tina Braun, b-satz, Berlin
Illustrationen: Nicole von der Brüggen, 63110 Rodgau
Umschlag: RED GmbH, Talangerstraße 3, 82152 Krailling/München
Druck: Schätzl Druck & Medien, Am Stillflecken 4, 86609 Donauwörth

Zur Herstellung dieses Buches wurde alterungsbeständiges Papier verwendet.

Inhaltsverzeichnis

Gewinn ermitteln – Bilanz mit Gewinn- und Verlustrechnung

Inhalt

Sie wollen Ihren Firmengewinn mit der Gewinn- und Verlustrechnung ermitteln und anschließend eine Bilanz erstellen? Lesen Sie in diesem Kapitel, was Sie dabei beachten sollten.

- Wer darf und wer muss bilanzieren?
- Welche Besonderheiten sind zu beachten und welche Ausnahmen gibt es?
- Was ist der Unterschied zwischen G+V und Bilanz und was haben die beiden miteinander zu tun?
- Wie werden die Erträge und die Aufwendungen erfasst?
- Wie wirken sich gezahlte Vorsteuer und eingenommene Umsatzsteuer auf die Gewinnermittlung aus?
- Wie wird mit dem Anlagevermögen und mit Warenvorräten verfahren?
- Wie werden Aufwendungen verbucht, für die am Jahresende noch keine Rechnungen vorliegen?

Die Bilanz mit Gewinn- und Verlustrechnung

Betriebsvermögensvergleich, Bilanzieren oder Bilanz mit Gewinn- und Verlustrechnung. Viele Worte, die das Gleiche bedeuten. Hier handelt es sich um eine von zwei Gewinnermittlungsarten für Unternehmen, die das Einkommensteuergesetz vorschreibt.

Wer darf und wer muss bilanzieren?

Bilanzieren müssen alle Unternehmen, die nach § 141 AO zur doppelten Buchführung verpflichtet sind. Alle anderen Unternehmen dürfen jederzeit freiwillig eine Bilanz mit Gewinn- und Verlustrechnung erstellen.

Die nachfolgenden Unternehmen sind aufgrund Ihrer Gesellschaftsform zur doppelten Buchführung und damit zur Bilanzierung verpflichtet:

- Kapitalgesellschaften (GmbH, AG. Ltd.) sowie alle im Handelsregister eingetragenen Personengesellschaften (GmbH & Co.KG, KG, OHG)

Folgende Unternehmen sind nur dann zur Bilanzierung verpflichtet, wenn sie bestimmte Umsatz- und Gewinngrenzen überschreiten. Die Umsatzgrenze liegt bei 500.000 Euro und die Gewinngrenze bei 50.000 Euro.

- Im Handelsregister eingetragene Einzelfirmen, deren Umsatz und Gewinn in zwei aufeinanderfolgenden Geschäftsjahren über diesen Grenzen liegt.
- Unternehmen, die nicht im Handelsregister eingetragen sind, sowie Vereine, deren Umsatz oder Gewinn darüber liegt.
- Land- und forstwirtschaftliche Betriebe, deren Gewinn darüber liegt oder deren Wirtschaftswert der selbst bewirtschafteten Flächen über 25.000 Euro liegt.

Was verlangt das Finanzamt von Bilanzierenden?

Bilanzierende sind also zur doppelten Buchführung verpflichtet. Was heißt das?

Die doppelte Buchführung verfolgt jede Veränderung in den Werten des Unternehmens. Sie müssen alles erfassen: Ihre Bestände von Vermögen und Schulden bzw. Fremdkapital sowie deren Zugänge und Abgänge. Alle Kundenrechnungen und Geldeingänge sowie alle Eingangsrechnungen und Zahlungen. Die erzielten Umsätze, bezahlte und zu erwartende Ausgaben und vieles mehr.

Das Finanzamt erwartet von Ihrem Unternehmen eine Bilanz sowie eine Gewinn- und Verlustrechnung. Was ist was?

- Die **Bilanz** zeigt die Bestände von Vermögen, Fremd- und Eigenkapital, zu einem bestimmten **Zeitpunkt.** Hier sehen Sie die Bestände Ihres Unternehmens, zum Beispiel zum 31. Dezember.
- Die **Gewinn- und Verlustrechnung** zeigt den Gewinn oder den Verlust Ihres Unternehmens für einen bestimmten **Zeitraum,** zum Beispiel des aktuellen Jahres. In der Gewinn- und Verlustrechnung nennt man Betriebseinnahmen **Erträge** und Betriebsausgaben **Aufwendungen**.

In der Bilanz steht das Vermögen links und das Kapital rechts. In der Gewinn- und Verlustrechnung, auch kurz genannt G+V, stehen die Aufwendungen auf der linken Seite und die Erträge auf der Rechten.

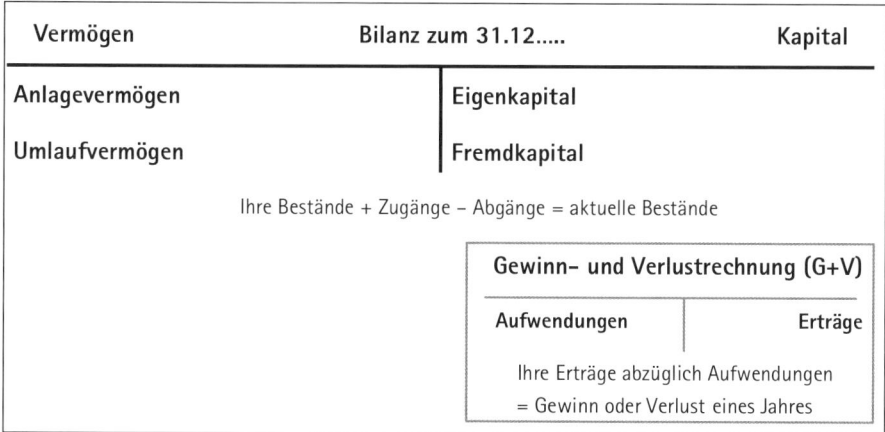

Abb. 1: **Bilanz mit Gewinn- und Verlustrechnung (G+V):** *Hier sehen Sie die aktuellen Bestände sowie den Gewinn oder Verlust eines Jahres.*

Was hat die Gewinn- und Verlustrechnung mit der Bilanz zu tun?

Die Gewinn- und Verlustrechnung zeigt den Gewinn oder Verlust des Unternehmens. In der Praxis spricht man vom Bilanzieren und die G+V wird dabei nicht erwähnt. Woran liegt das?

Eine Bilanz ist ein geschlossenes System und alles, was rein und raus geht, wird erfasst. Sie sehen dort Ihr Vermögen und Ihre Schulden. Das Reinvermögen, d. h. das Vermögen abzüglich der Schulden wird hier Eigenkapital genannt. Erwirtschaftet Ihr Unternehmen Gewinne steigt das Eigenkapital, bei Verlusten sinkt es.

Das Ergebnis der Gewinn- und Verlustrechnung fließt in das Eigenkapital der Bilanz ein. Mit anderen Worten: die G+V ist ein Bestandteil der Bilanz, gleichzeitig zeigt die G+V, wie sich das Ergebnis zusammensetzt.

Beispiel

Stellen Sie sich den Getränkeverkauf auf einem Schulfest vor. Die Getränke werden geliefert und müssen erst nach dem Fest bezahlt werden. Die Kasse startet bei 0 Euro, es ist also kein Eigenkapital vorhanden, die Eltern helfen vorübergehend mit Wechselgeld aus. Nach dem erfolgreichen Verkauf sind in der Kasse 800 Euro. Der Getränkehändler holt das Leergut ab und kassiert 500 Euro für die Getränke. Es verbleiben also 300 Euro in der Kasse. Wir hoch ist der Gewinn? Wie hoch ist das Eigenkapital? Wie sehen Ihre Bilanz und Ihre G+V jetzt aus?

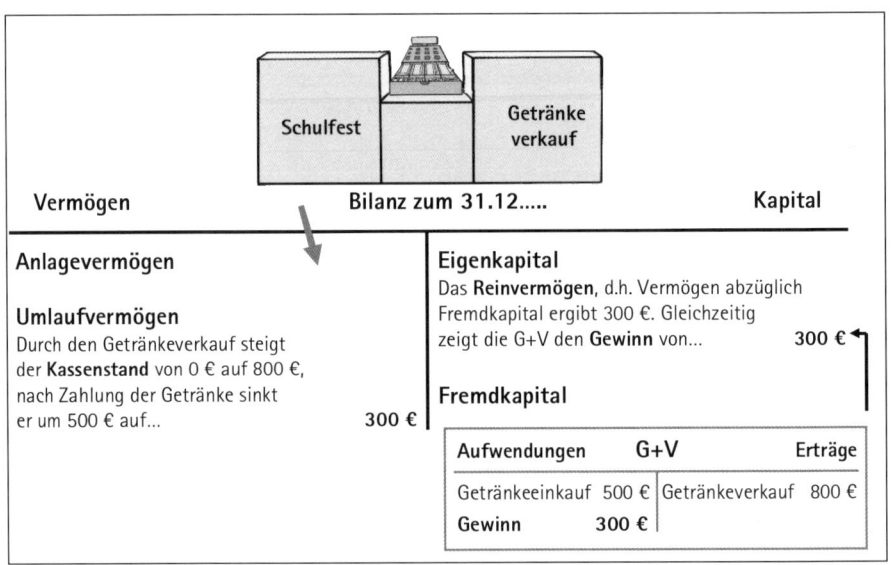

Abb. 2: **Ein erfolgreicher Getränkeverkauf:** *Dadurch ist das Vermögen und damit auch das Eigenkapital in der Bilanz von 0 Euro auf 300 Euro gestiegen. Die G+V zeigt, wie sich der Gewinn zusammensetzt.*

Deshalb wird Bilanzieren auch Betriebsvermögensvergleich genannt. Das Reinvermögen bzw. Eigenkapital heißt auch Betriebsvermögen und dieses wird mit dem Vorjahr verglichen. Wie hoch ist es am Jahresende und wie hoch war es zu Beginn des Jahres? Hier in diesem Beispiel ist es um 300 Euro gestiegen und das entspricht genau dem Gewinn.

Aber auch Privates kann das Eigenkapital verändern, Privatentnahmen mindern das Eigenkapital, Privateinlagen erhöhen es. Würden Sie 100 Euro aus der Kasse für private Zwecke entnehmen, würden das Kassenvermögen und damit auch das Betriebsvermögen auf 200 Euro sinken. Was nun, ist der Vergleich doch nicht möglich? Oh doch, denn die richtige Formel des Betriebsvermögensvergleichs lautet:

Betriebsvermögen zum 31.12.	200 Euro
- Betriebsvermögen zum 1.1.	– 0 Euro
+ Privatentnahmen	+ 100 Euro
- Privateinlagen	– 0 Euro
= Gewinn	= 300 Euro

Es ist also möglich, auch ohne G+V ein Ergebnis zu ermitteln. Aber das genügt dem Gesetz nicht, es verlangt zusätzlich zur Bilanz eine G+V. Diese zeigt, durch welche Aufwendungen und Erträge der Gewinn oder Verlust entstanden ist.

Das alles passiert ganz automatisch, wenn Sie die Regeln der doppelten Buchführung anwenden.

Vermögen	Bilanz zum 31.12.....		Kapital
Anlagevermögen		**Eigenkapital** Die **Privatentnahme** mindert das Eigenkapital um...	- 100 €
Umlaufvermögen **Kassenstand** sinkt durch die Privatentnahme von 300 € auf...	200 €	Der **Gewinn** laut G+V bleibt bei...	300 €
		Fremdkapital	

Aufwendungen	G+V	Erträge
Getränkeeinkauf 500 €	Getränkeverkauf	800 €
Gewinn 300 €		

Abb. 3: *Was Privatentnahmen verändern: Sie mindern den Kassenbestand und damit das Vermögen. Die Privatentnahme mindert auch das Eigenkapital, aber nicht den Gewinn.*

Was ist die Besonderheit der Gewinn- und Verlustrechnung?

In der Gewinn- und Verlustrechnung werden nur Aufwendungen und Erträge erfasst, die wirtschaftlich in das Abschlussjahr gehören, alles andere verbleibt in der Bilanz. Weder der Zahlungszeitpunkt noch das Rechnungsdatum verändern Ihr Ergebnis, es kommt lediglich auf den Rechnungsinhalt an.

Erhaltene Anzahlungen von Ihren Kunden oder geleistete Anzahlungen an Lieferanten für noch nicht erbrachte Leistungen verbleiben solange in der Bilanz, bis der Auftrag abgeschlossen ist bzw. die Lieferung oder Leistung erbracht ist. Umgekehrt gilt das auch für sonstige Erträge und Aufwendungen, die bereits gezahlt wurden und wirtschaftlich in Folgejahre gehören. Diese werden in der Bilanz über Rechnungsabgrenzungsposten in Folgejahre transferiert.

Beispiel

Die Januar-Miete für ein vermietetes Ladengeschäft geht schon im Dezember ein, statt im Januar. Dieser Geldeingang wird in die Bilanz unter „Passive Rechnungsabgrenzung" erfasst und nicht unter „Mieterträge" in der G+V. Und zu früh gezahlte Zinsen werden in der Bilanz über „Aktive Rechnungsabgrenzung" ins Folgejahr übertragen.

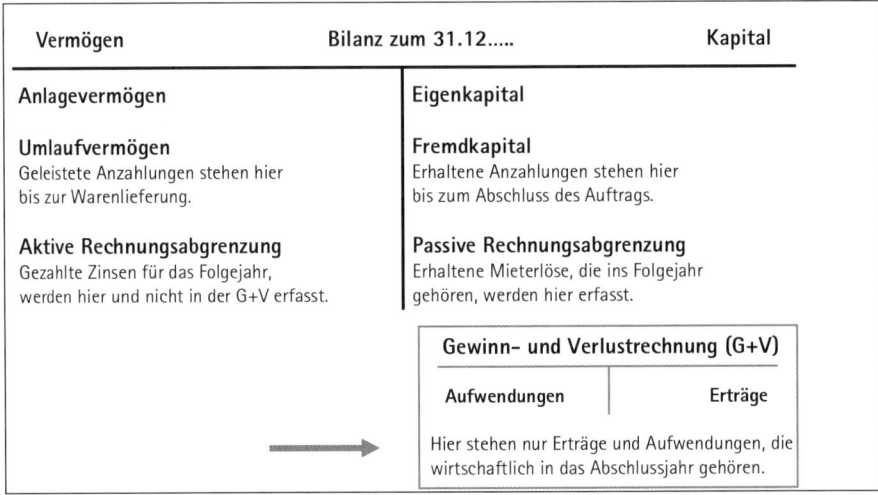

Abb. 4: **Die Gewinn- und Verlustrechnung:** *Hier werden nur Aufwendungen und Erträge erfasst, die wirtschaftlich bzw. tatsächlich in das Abschlussjahr gehören. Alles andere verbleibt in der Bilanz.*

Was ist bei den Erträgen zu beachten?

Erträge sind alle Betriebseinnahmen bzw. Erlöse, die Ihr Unternehmen im Abschlussjahr erwirtschaftet. Ganz gleich, zu welchem Zeitpunkt Sie die Kundenrechnung geschrieben haben oder zu welchem Zeitpunkt Ihr Kunde zahlt, sobald der Auftrag ganz oder teilweise abgeschlossen ist, zählt er zu den Erträgen. D. h. sowie der Auftrag abgeschlossen ist, müssen Sie den Ertrag in der Bilanz bzw. Gewinn- und Verlustrechnung erfassen.

Achtung

Stellen Sie Ihren Kunden Umsatzsteuer in Rechnung bzw. sind Sie zum Vorsteuerabzug berechtigt, müssen Sie die Erträge in der Gewinn- und Verlustrechnung mit den Nettowerten ausweisen und die enthaltene Umsatzsteuer, die Sie später an das Finanzamt abführen, in der Bilanz.

Wie wird der Ertrag in der Bilanz bzw. G+V erfasst?

Im Rahmen der doppelten Buchführung müssen Sie nicht nur den Ertrag und die Umsatzsteuer erfassen, sondern auch den Geldeingang, wenn Ihr Kunde sofort zahlt. Zahlt Ihr Kunde erst später, buchen Sie den Ertrag zusammen mit der Erhöhung von Forderungen.

Beispiel

Im Mai wurde ein Auftrag abgeschlossen und berechnet. Die Rechnung an den Kunden über 5.950 Euro inkl. 19 % USt. muss im Mai gebucht werden. Wurde richtig gebucht, steht der Rechnungsbetrag inkl. Umsatzsteuer in der Bilanz unter Forderungen. Gleichzeitig stehen der Ertrag mit dem Nettobetrag von 5.000 Euro in der G+V und die Umsatzsteuer von 950 Euro unter Verbindlichkeiten in der Bilanz.

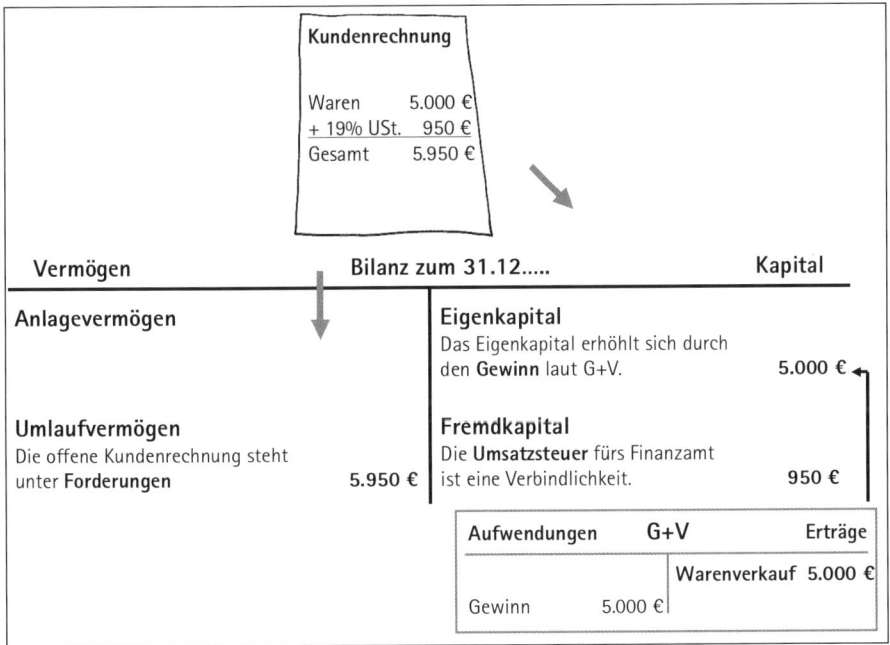

Abb. 5: **Eine gebuchte Kundenrechnung:** *So wird sie in der Bilanz und G+V ausgewiesen. Der Gewinn erhöht das Eigenkapital um 5.000 Euro.*

Weitere Erträge

Auch diese Erträge zählen zu Ihren Betriebseinnahmen, soweit sie in Ihrem Unternehmen vorkommen:

- Erträge aus dem Verkauf von Anlagevermögen,
- Sachbezüge der Arbeitnehmer: Privatentnahmen von Waren und die Privatnutzung von Kfz,
- Privatnutzung durch Unternehmer von Personenfirmen: Privatentnahmen von Waren sowie die Privatnutzung von Kfz und Telefon.

Was ist bei den Aufwendungen zu beachten?

Aufwendungen sind alle Betriebsausgaben, die wirtschaftlich in das Abschlussjahr gehören bzw. alle Ausgaben, die notwendig waren, um die Erträge im Abschlussjahr erzielen zu können. Was heißt das?

Wurden im Abschlussjahr zum Beispiel 50 Maschinen verkauft, zählen zum einen die Einkaufs- oder Herstellungskosten der 50 Maschinen zu den Aufwendungen und zum anderen die Kosten, die im Abschlussjahr angefallen sind, um den Betrieb am Laufen zu halten (Personalkosten, Mieten, Kfz-Kosten, Versicherungen etc.).

Die Ausgaben müssen grundsätzlich nach allgemeiner Verkehrsauffassung angemessen sein. D. h. die Ausgaben stehen in einem realistischen Verhältnis zu Ihren Einnahmen.

Die Aufwendungen erfassen, sobald die Lieferung oder Leistung erbracht ist

Sowie die Warenlieferung oder die Leistung erfolgt ist und die Eingangsrechnung vorliegt, müssen Sie den Aufwand in der Bilanz bzw. Gewinn- und Verlustrechnung erfassen.

> **Achtung**
> Sind Sie zum Vorsteuerabzug berechtigt, weisen Sie die Aufwendungen in der Gewinn- und Verlustrechnung mit den Nettowerten aus. Die enthaltene Vorsteuer, die Sie später von Finanzamt zurückerhalten, erfassen Sie in der Bilanz.

Wie wird der Aufwand in der Bilanz bzw. G+V erfasst?

Bilanzieren Sie, müssen Sie nicht nur den Aufwand und die Vorsteuer erfassen, sondern auch die Zahlung, wenn Sie sofort zahlen. Zahlen Sie die Rechnung erst später, buchen Sie den Aufwand zusammen mit der Erhöhung von Verbindlichkeiten.

Beispiel

Ihnen liegt eine Eingangsrechnung über einen Wareneinkauf von 3.570 Euro inkl. 19 % USt. vor, sie muss gebucht werden. Nach dem Buchen steht der Rechnungsbetrag inkl. Umsatzsteuer in der Bilanz unter Verbindlichkeiten. Der Wareneinkauf steht mit dem Nettobetrag von 3.000 Euro unter den Aufwendungen in der G+V und die Vorsteuer von 570 Euro in der Bilanz unter Forderungen gegenüber dem Finanzamt.

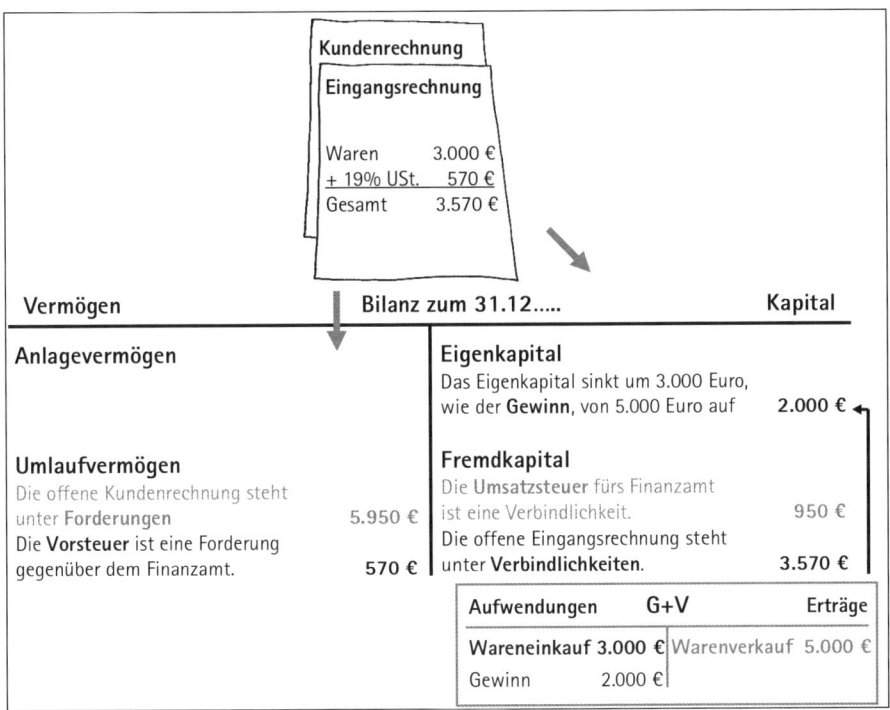

Abb. 6: *Eine gebuchte Eingangsrechnung: So stehen die Beträge in der Bilanz und in der G+V. Das Eigenkapital sinkt auf 2.000 Euro.*

Behandlung von Anlagevermögen und Warenvorräten

Das Anlagevermögen, d. h. Teile Ihrer Betriebsausstattung und sonstige Vermögensgegenstände und Werte, zählt zu Ihrem Vermögen. Dieses Vermögen steht in der Bilanz und nur die jährlich anteilige Abschreibung ist als Betriebsausgabe abzugsfähig, vorausgesetzt das Anlagegut ist abnutzbar. Die Abschreibung beginnt, sobald die Rechnung vorliegt und das Anlagegut dem Unternehmen zur Verfügung steht und einsatzbereit ist. In diesem Fall müssen Sie ein Anlageverzeichnis führen, um zu zeigen, wie sich die Abschreibung zusammensetzt.

Der Bestand von Waren und Vorräten zählt ebenfalls zu Ihrem Vermögen. Am Jahresende müssen Sie eine Inventur durchführen und den tatsächlichen Lagerbestand an Waren und Vorräten zu Einkaufspreisen in der Bilanz ausweisen. Ist der Wert laut Inventur höher als der Buchwert, wird der Buchwert erhöht, wodurch der Gewinn steigt. Umgekehrt sinkt der Gewinn, wenn der Buchwert gemindert wird. Diese Bestandsveränderungen sind ein wichtiges Thema bei der Erstellung des Jahresabschlusses.

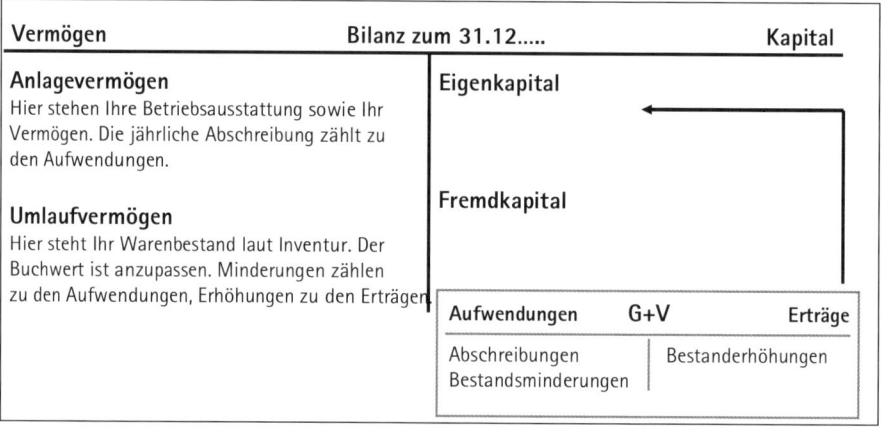

Abb. 7: **Darstellung von Anlagevermögen und Warenvorräten in der Bilanz:** *Abschreibungen und Bestandsminderungen zählen zu den Aufwendungen, Bestandsmehrungen zu den Erträgen.*

Weitere Aufwendungen, für die noch keine Rechnungen vorliegen

Bilanzierende müssen am Jahresende alle Aufwendungen erfassen, die wirtschaftlich in das Abschlussjahr gehören. Auch dann, wenn Ihnen noch keine Rechnung vorliegt. In diesem Fall wird der Betrag vorsichtig berechnet und geschätzt, es werden Rückstellungen gebildet.

Achtung
Achten Sie bei Eingangsrechnungen immer auf den Rechnungsinhalt. Wird hier ein Aufwand berechnet, der das Vorjahr betrifft, müssen Sie sehr wahrscheinlich Rückstellungen, die dafür im Vorjahr gebildet wurden, wieder auflösen.

Was ist bei Geldeingängen und Zahlungen zu beachten?

Bilanzieren Sie, müssen Sie alle Kundenrechnungen und alle Eingangsrechnungen sofort buchen. D. h. die meisten Erträge und Aufwendungen sind in der G+V schon erfasst. Parallel dazu stehen aber die offenen Forderungen oder Verbindlichkeiten in der Bilanz. Erfassen Sie nun die Geldeingänge und Zahlungen Ihrer Kontoauszüge, müssen Sie sich immer wieder fragen, ob es sich tatsächlich um die Begleichung einer offenen Forderung oder Verbindlichkeit handelt oder vielmehr um eine Einnahme oder einen Aufwand, der noch nicht gebucht wurde.

Beispiel
Auf Ihrem Bankkonto geht Geld ein. Ein Kunde zahlt eine offene Rechnung, die Sie bereits gebucht haben. In der Bilanz steht die offene Forderung in Höhe von 5.950 Euro. Der Geldeingang gleicht die Forderung aus und das Bankkonto steigt auf 5.950 Euro.

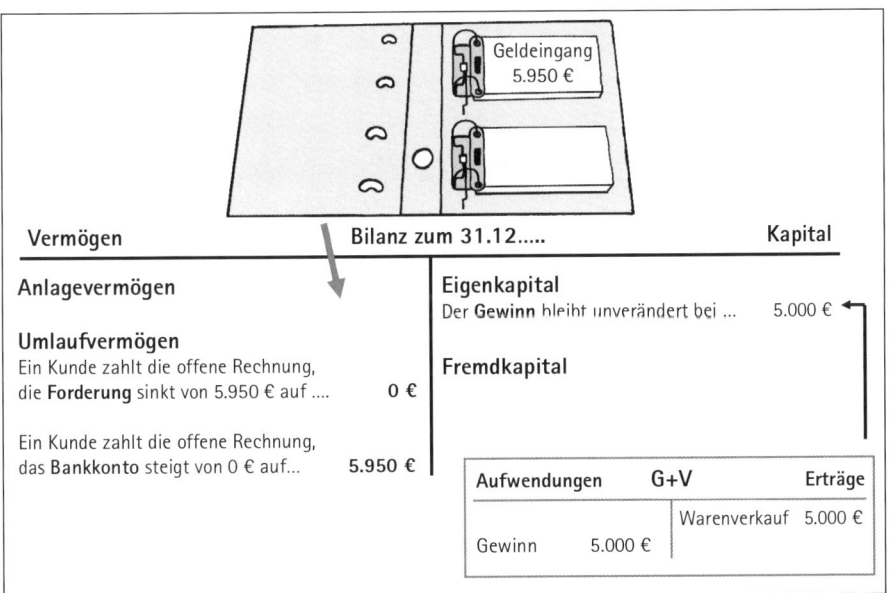

Abb. 8: ***Richtige Buchung:*** *Der Geldeingang von 5.950 Euro wurde auf das Konto Forderungen gebucht und gleicht die offene Forderung aus. So steht der Geldeingang in der Bilanz, die G+V bleibt unverändert.*

Was passiert, wenn Sie den Geldeingang versehentlich auf ein Ertragskonto buchen? Wenn Sie vergessen haben, dass Sie diese Rechnung bereits erfasst haben? Dann wird nicht nur der Ertrag doppelt erfasst, auch die offene Forderung bleibt in der Bilanz stehen.

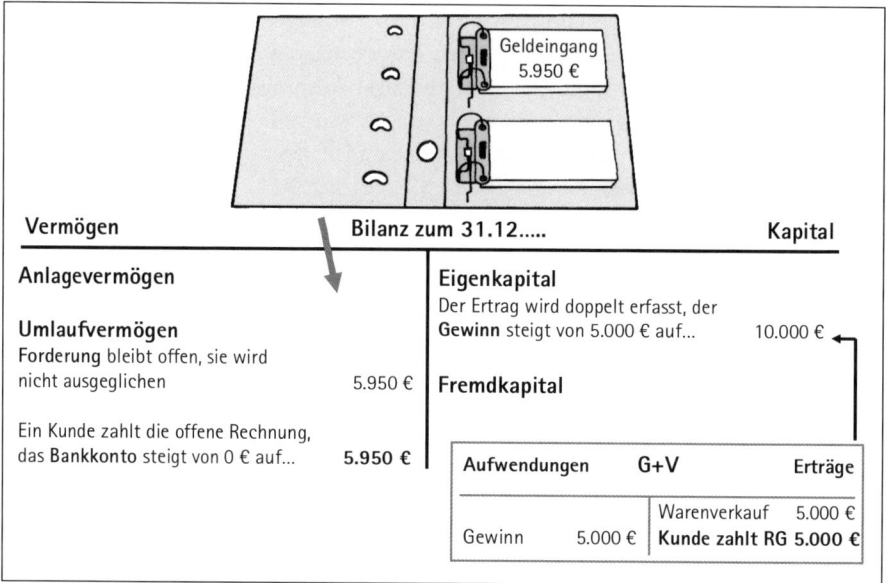

Abb.9: **Falsche Buchung:** *Wird der Geldeingang auf ein Ertragskonto gebucht statt auf das Forderungskonto, wird nicht nur der Ertrag doppelt erfasst, auch die offene Forderung bleibt in der Bilanz stehen.*

Geldeingänge sind nur dann auf dem Ertragskonto zu erfassen, wenn die Rechnung zuvor nicht gebucht wurde. Das gilt auch für Zahlungen, diese buchen Sie immer dann auf Aufwandskonten, wenn sie bisher noch nicht erfasst wurden.

Fazit

In der Gewinn- und Verlustrechnung werden nur Erträge und Aufwendungen erfasst, die wirtschaftlich in das Abschlussjahr gehören, unabhängig von Rechnungsdatum und Zahlungszeitpunkt. Alles andere verbleibt in der Bilanz.

Die Bilanz, zeigt Ihre Bestände von Vermögen, Fremd- und Eigenkapital, zu einem bestimmten Zeitpunkt. Die Gewinn- und Verlustrechnung, zeigt den Gewinn oder Verlust Ihres Unternehmens für einen bestimmten Zeitraum. Die G+V ist ein Bestandteil der Bilanz, das Ergebnis der G+V fließt in das Eigenkapital der Bilanz ein.

Gewinn ermitteln mit Einnahme-Überschussrechnung

Die Einnahme-Überschussrechnung

Die Einnahme-Überschussrechnung ist eine von zwei Gewinnermittlungsarten für Unternehmen, die das Einkommensteuergesetz vorschreibt.

Wer darf eine Einnahme-Überschussrechnung erstellen?

Die Einnahme-Überschussrechnung darf von allen Unternehmen und Vereinen angewendet werden, die nach § 141 AO nicht zur doppelten Buchführung verpflichtet sind.

Freiberufler sind nie zur doppelten Buchführung verpflichtet, unabhängig von Umsatz und Gewinn.

Folgende Unternehmen sind nur dann von der doppelten Buchführung befreit, wenn sie bestimmte Umsatz- und Gewinngrenzen nicht überschreiten. Die Umsatzgrenze liegt bei 500.000 Euro und die Gewinngrenze bei 50.000 Euro:

- Gewerbliche Unternehmen und Ich-AGs, die nicht im Handelsregister eingetragen sind, sowie Vereine, deren jährlicher Umsatz oder Gewinn nicht über diesen Grenzen liegt.
- Im Handelsregister eingetragene Einzelfirmen, deren Umsatz und Gewinn in zwei aufeinanderfolgenden Geschäftsjahren nicht über diesen Grenzen liegt.

- Land- und forstwirtschaftliche Betriebe, deren jährlicher Gewinn nicht darüber liegt oder deren Wirtschaftswert von selbst bewirtschafteten Flächen nicht über 25.000 Euro liegt.

Was verlangt das Finanzamt von Einnahme-Überschussrechnern?

Für die Einnahme-Überschussrechnung ist die doppelte Buchführung nicht erforderlich. Es genügt eine einfache Gegenüberstellung der Betriebseinnahmen und Betriebsausgaben.

Die meisten Einnahme-Überschussrechner müssen den Gewinn auf einem speziellen Formular ermitteln, d. h. die Betriebseinnahmen und -ausgaben sind in entsprechende Felder einzutragen. Dieser amtlich vorgeschriebene Vordruck „Anlage EÜR" ist am Jahresende ihrer Steuererklärung beizufügen. Die einfache Einnahme-Überschussrechnung ist in der Regel informativer.

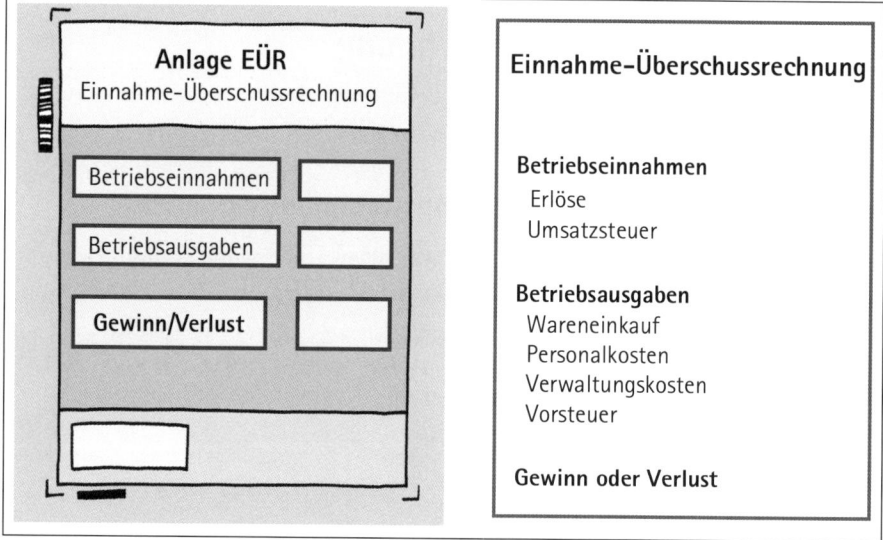

Abb. 1: **Die Einnahme-Überschussrechnung mit und ohne Formular:** *Hier sehen Sie den Gewinn oder Verlust eines Jahres.*

Achtung

Von der Abgabe dieses Formulars befreit sind Kleinstunternehmen, deren Einnahmen unter 17.500 Euro liegen, sowie steuerbegünstigte Vereine, deren Einnahmen aus einem wirtschaftlichen Geschäftsbetrieb 35.000 Euro inkl. Umsatzsteuer nicht übersteigen. Hier genügt eine relativ formfreie Aufstellung der Betriebseinnahmen und Betriebsausgaben.

Was ist die Besonderheit der Einnahme-Überschussrechnung?

Im laufenden Jahr werden in der Einnahme-Überschussrechnung nur Betriebseinnahmen und -ausgaben erfasst, die tatsächlich geflossen sind. Ganz gleich, ob sie wirtschaftlich in das Abschlussjahr gehören oder nicht. Auch das Rechnungsdatum beeinflusst Ihr Ergebnis nicht.

Erhaltene Anzahlungen von Ihren Kunden werden unter Betriebseinnahmen erfasst, selbst wenn der Auftrag noch offen ist. Umgekehrt gilt dies auch für geleistete Anzahlungen für Waren oder Dienstleistungen, sie zählen zu den Betriebsausgaben.

Die Anschaffungskosten von Waren und sonstigem Vorratsvermögen sind im Zeitpunkt der Zahlung in voller Höhe als Betriebsausgaben zu erfassen, unabhängig vom Lagerbestand. Das Finanzamt fordert von Ihnen keine Aufzeichnung über Ihre Lagerbestände und es ist keine Inventur erforderlich.

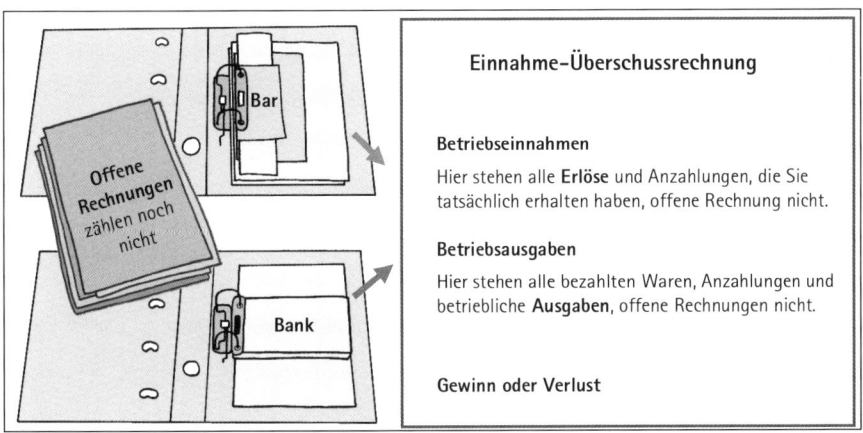

Abb. 2: ***Besonderheit der Einnahme-Überschussrechnung:*** *Es werden nur Ausgaben und Einnahmen erfasst, die tatsächlich geflossen sind. Das gilt auch für erhaltene und geleistete Anzahlungen sowie für den Wareneinkauf.*

Achtung Ausnahme
Handeln Einnahme-Überschussrechner mit Wertpapieren, Beteiligungen, Gebäuden, Grundstücken etc. und wurden diese nach dem 05.05.2006 angeschafft, können die Ausgaben nicht sofort abgezogen werden. Diese Vermögensgegenstände müssen Sie wie An-

lagevermögen behandeln, das nicht abnutzbar ist. Erst zum Zeitpunkt der Veräußerung können Sie die Anschaffungskosten dem Verkaufspreis gegenüberstellen.

Behandlung von Anlagevermögen

Die Anschaffungskosten von Anlagevermögen, d. h. von Teilen Ihrer Betriebsausstattung und sonstigen Vermögensgegenständen, wirken sich nicht sofort in voller Höhe Gewinn mindernd aus, sondern verteilt über mehrere Jahre im Rahmen der Abschreibung. Nur die jährlich anteilige Abschreibung ist als Betriebsausgabe abzugsfähig, vorausgesetzt das Anlagegut ist abnutzbar. Die Abschreibung beginnt, sobald die Rechnung vorliegt und das Anlagegut dem Unternehmen zur Verfügung steht und einsatzbereit ist.

Erfassen Sie die Abschreibung in Ihrer Einnahme-Überschussrechnung, müssen Sie zusätzlich eine Abschreibungsliste führen. So kann das Finanzamt die Abschreibung nachvollziehen. Zum Formular „Anlage EÜR" gibt es auch eine Abschreibungsliste.

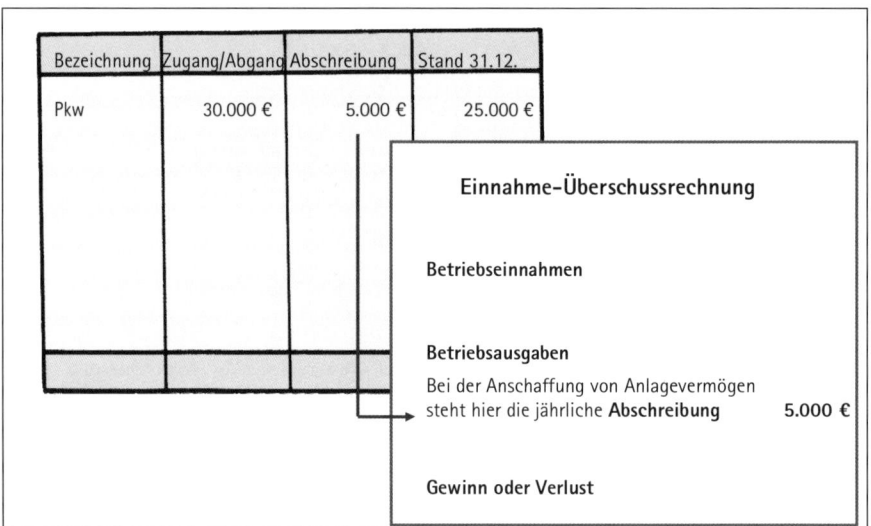

Abb. 3: ***Die Behandlung von Anlagevermögen:*** *Nur die jährliche Abschreibung zählt zu den Betriebsausgaben, d. h. die Anschaffungskosten werden auf mehrere Jahre verteilt.*

Ausnahmen bei regelmäßigen Einnahmen und Ausgaben

Am Jahresende müssen Sie ggf. regelmäßig wiederkehrende Einnahmen und Ausgaben, wie Mieten, Löhne, Versicherungen und Umsatzsteuer-Vorauszahlungen doch in dem Jahr erfassen, in das sie wirtschaftlich gehören, unabhängig vom Zahlungszeitpunkt. Und zwar dann, wenn sie innerhalb der 10-Tages-Frist vor und nach dem 31.12. geflossen sind.

Beispiel

Die Miete für Januar wurde bereits am 30. Dezember des Vorjahres abgebucht. Da es sich um eine regelmäßig wiederkehrende Ausgabe handelt und die Zahlung innerhalb der 10-Tage-Frist lag, ist die Miete nicht im Dezember, sondern erst im Januar zu erfassen.

Um diese Einnahmen und Ausgaben zu finden, müssen Sie sich folgende Kontoauszüge ansehen: Aus dem Vorjahr die Auszüge der letzten 10 Tage. Aus dem Abschlussjahr die ersten und die letzten 10 Tage und aus dem Folgejahr die Auszüge der ersten 10 Tage.

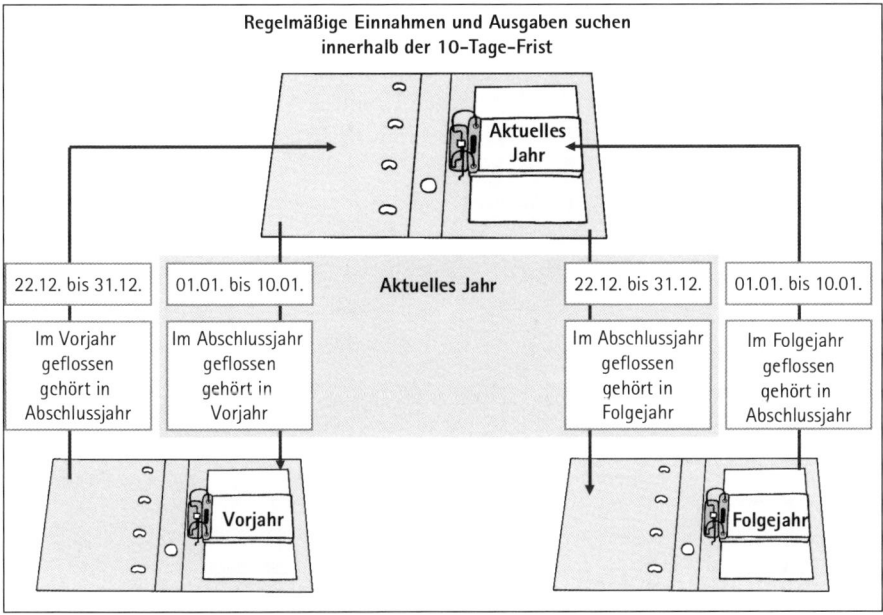

Abb. 4: **Regelmäßige Einnahmen und Ausgaben:** *Diese müssen Sie im richtigen Jahr erfassen, wenn sie innerhalb der 10-Tage-Frist geflossen sind. Beachten Sie dabei das Vorjahr, das Abschluss- und Folgejahr.*

Für Zinsen gilt diese 10-Tage-Frist nicht, diese werden immer im entsprechenden Abschlussjahr erfasst, unabhängig vom Zahlungszeitpunkt.

Erfassen Sie nun die regelmäßigen Einnahmen oder Ausgaben im richtigen Jahr, müssen Sie aufpassen. Es gibt zwei Varianten, die wir Ihnen hier anhand von Zinsaufwendungen zeigen.

- Die Zinsen gehören ins Abschlussjahr, wurden aber erst im Folgejahr gezahlt. Im Folgejahr müssen Sie darauf achten, dass Sie diese bei der Zahlung nicht noch einmal zu erfassen.
- Die Zinsen gehören ins Folgejahr, wurden aber bereits im Abschlussjahr gezahlt. In diesem Fall dürfen Sie nicht vergessen, diese Zinsen im Folgejahr zu erfassen. Machen Sie sich zur Sicherheit entsprechende Notizen.

Was ist bei den Betriebseinnahmen zu beachten?

Betriebseinnahmen sind alle Einnahmen, die Ihr Unternehmen erwirtschaftet. Es ist unerheblich, zu welchem Zeitpunkt Sie die Kundenrechnung geschrieben haben, erst wenn der Kunde die Rechnung bezahlt, zählt dieser Geldeingang zu Ihren Betriebseinnahmen. Dabei macht es auch keinen Unterschied, ob es sich um eine Anzahlungsanforderung oder um eine Schlussrechnung handelt. Sobald Geld von Ihrem Kunden eingeht, erhöht sich Ihr Gewinn.

Zahlt Ihr Kunde bar, ist das Zahlungsdatum in der Regel das Belegdatum. Erfolgt die Zahlung per Kreditkarte, EC-Karte, Überweisung, Lastschrift oder Scheck finden Sie das Datum des Geldeingangs auf Ihrem Kontoauszug.

Achtung
Zahlt Ihr Kunde per Scheck, können Sie den Geldeingang bereits bei Entgegennahme des Schecks erfassen, vorausgesetzt, die bezogene Bank würde das Geld sofort auszahlen oder Ihrem Konto gutschreiben. Das ist eine Möglichkeit, die in der Praxis in der Regel nicht angewandt wird, sprechen Sie mit Ihrem Steuerberater, wie Sie mit Schecks umgehen sollen.

Die eingenommene Umsatzsteuer sowie Umsatzsteuererstattungen des Finanzamts erhöhen den Gewinn

Stellen Sie Ihren Kunden Umsatzsteuer in Rechnung bzw. sind Sie zum Vorsteuerabzug berechtigt, müssen Sie in der Einnahme-Überschussrechnung grundsätzlich die Nettowerte sowie die enthaltene Umsatzsteuer gesondert ausweisen. Außerdem zählen nicht nur die Nettowerte, sondern auch die eingenommene Umsatzsteuer zu Ihren Betriebseinnahmen.

Beispiel

Auf Ihrem Kontoauszug von Juni finden Sie einen Geldeingang. Ein Kunde zahlt eine Rechnung von Mai über 5.950 Euro inkl. 19 % USt. Den Geldeingang müssen Sie im Juni in der Einnahme-Überschussrechnung erfassen unter Betriebseinnahmen. Der Nettobetrag wird getrennt von der Umsatzsteuer ausgewiesen.

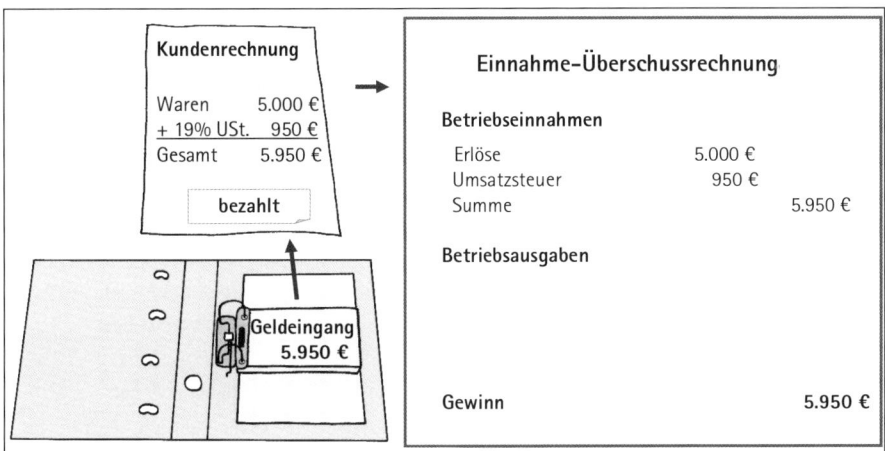

Abb. 5: Bezahlte Kundenrechnung in der Einnahme-Überschussrechnung erfassen: Unter den Betriebseinnahmen steht der Nettobetrag von 5.000 Euro getrennt von der Umsatzsteuer von 950 Euro.

Führen Sie später die eingenommene Umsatzsteuer an das Finanzamt ab, ist diese Zahlung eine Betriebsausgabe. Umgekehrt zählen Erstattungen vom Finanzamt laut Umsatzsteuer-Voranmeldung oder Umsatzsteuererklärung zu den Betriebseinnahmen.

Weitere Betriebseinnahmen

Auch diese Einnahmen zählen zu Ihren Betriebseinnahmen, soweit sie in Ihrem Unternehmen vorkommen:

- Erlöse aus dem Verkauf von Anlagevermögen,
- Sachbezüge der Arbeitnehmer: Privatentnahmen von Waren und die Privatnutzung von Kfz,
- Privatnutzung durch Unternehmer von Personenfirmen: Privatentnahmen von Waren sowie die Privatnutzung von Kfz und Telefon.

Was ist bei den Betriebsausgaben zu beachten?

Betriebsausgaben sind alle Ausgaben, die notwendig waren, um Ihre Erlöse erzielen zu können. Beim Verkauf von Maschinen sind das unter anderen die Einkaufs- oder Herstellungskosten der Maschinen. Aber auch die Kosten, die angefallen sind, um den Betrieb am Laufen zu halten (Personalkosten, Mieten, Kfz-Kosten, Versicherungen etc.).

Die Ausgaben müssen grundsätzlich nach allgemeiner Verkehrsauffassung angemessen sein. D. h. die Ausgaben stehen in einem realistischen Verhältnis zu Ihren Einnahmen.

Aber denken Sie daran, nur gezahlte Rechnungen zählen zu den Betriebsausgaben. Das gilt auch für geleistete Anzahlungen an Lieferanten und Handwerker. Lediglich die Anzahlung von Anlagevermögen zählt nicht zu den Betriebsausgaben, denn Anlagevermögen wird abgeschrieben und hierfür gelten eigene Voraussetzungen.

Zahlen Sie bar, ist das Zahlungsdatum in der Regel das Belegdatum. Erfolgt die Zahlung per Kreditkarte, EC-Karte, Überweisung, Lastschrift oder Scheck finden Sie Datum der Zahlung auf Ihrem Kontoauszug.

Achtung
Zahlen Sie per EC-Karte oder Kreditkarte, können Sie den Beleg bereits bei Unterschrift des Zahlungsbelegs als Betriebssausgaben erfassen, was in der Praxis allerdings selten gemacht wird. Das gilt auch für die Zahlung per Scheck. Hier zählt das Geld als geflossen, sowie der Scheck ausgegeben wird. Verschicken Sie den Scheck per Post, gilt das Datum des Postausgangsbuches.

Die gezahlte Vorsteuer sowie Umsatzsteuer-Zahlungen an das Finanzamt mindern den Gewinn

Sind Sie zum Vorsteuerabzug berechtigt, müssen Sie in der Einnahme-Überschussrechnung grundsätzlich die Nettowerte sowie die enthaltene Vorsteuer gesondert ausweisen. Die gezahlte Vorsteuer und Umsatzsteuerzahlungen an das Finanzamt zählen ebenfalls zu den Betriebsausgaben, soweit sie tatsächlich geflossen sind.

Beispiel
Auf dem nächsten Blatt des Kontoauszugs geht eine bezahlte Rechnung vom Bankkonto ab. Auch hier zählt das Zahlungsdatum und nicht das Rechnungsdatum. In der Einnahme-Überschussrechnung erfassen Sie den Wareneinkauf mit dem Nettowert von 3.000 Euro. Die gezahlte Vorsteuer in Höhe von 570 Euro wird gesondert ausgewiesen.

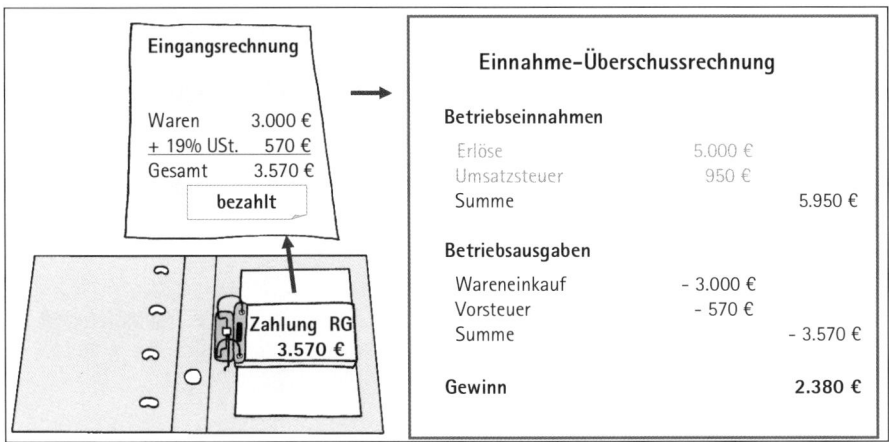

Abb. 6: **Bezahlte Eingangsrechnung in der Einnahme-Überschussrechnung erfassen:** *Unter den Betriebsausgaben wird der Nettowert von 3.000 Euro ausgewiesen, getrennt von der Vorsteuer in Höhe von 570 Euro.*

Umgang mit Gutschriften und Nachlässen

Werden bei der Zahlung Gutschriften oder Nachlässe vom Rechnungsbetrag abgezogen, müssen Sie nur den Differenzbetrag in der Einnahme-Überschussrechnung erfassen. Die gesonderte Erfassung von Skonti, Boni und sonstigen Nachlässen ist nicht erforderlich.

Beispiel

Aufgrund einer Warenrücklieferung liegen Ihnen eine Rechnung über 2.380 Euro sowie eine Gutschrift des Lieferanten über 595 Euro vor. Sie ziehen die Gutschrift vom Rechnungsbetrag ab und überweisen den Differenzbetrag von 1.785 Euro. In der Einnahme-Überschussrechnung müssen Sie nur den tatsächlich gezahlten Betrag von 1.785 Euro erfassen.

Am Jahresende können Sie Ihren Gewinn beeinflussen, indem Sie offene Rechnungen noch im alten Jahr bezahlen oder erst im neuen Jahr. Gleichzeitig können Sie mit Ihren Kunden vereinbaren, dass sie Ihre Rechnungen noch im alten Jahr bzw. erst im neuen Jahr bezahlen. Natürlich nur, wenn es auch unter wirtschaftlichen Gesichtspunkten sinnvoll ist und Ihre Liquidität dies zulässt.

Fazit

In der Einnahme-Überschussrechnung werden nur Betriebseinnahmen und -ausgaben erfasst, die im Abschlussjahr geflossen sind. Das gilt auch für Wareneinkäufe und Anzahlungen.

Lediglich bei den regelmäßigen Einnahmen und Ausgaben ist die 10-Tages-Frist zu beachten. Nicht nur die Nettowerte sind in der Gewinnermittlung zu erfassen, sondern auch die Umsatzsteuer und die Vorsteuer.

Am Jahresende müssen die meisten Einnahme-Überschussrechner das Formular „Anlage EÜR" beim Finanzamt einreichen. Nur bei Kleinunternehmern genügt die einfache Übersicht.

Umsatzsteuerpflicht ja oder nein?

Was ist der Unterschied zwischen Mehrwertsteuer, Umsatzsteuer und Vorsteuer?

Sicher sind Ihnen die Begriffe **Mehrwertsteuer**, **Umsatzsteuer** und **Vorsteuer** schon begegnet. Hier wird nicht Ihr Verdienst besteuert, sondern der Verkauf von Waren und Dienstleistungen (sofern diese nicht von der Mehrwertsteuer befreit sind). Verkaufen Sie Ihrem Kunden Waren, müssen Sie ihm zusätzlich zum Warenwert die Mehrwertsteuer (MwSt.) in Rechnung stellen.

Im Geschäftsleben spricht man von **Mehrwertsteuer** und Umsatzsteuer. Wenn Sie sich allerdings mit dem Finanzbeamten oder Ihrem Steuerberater unterhalten, wird Ihnen auffallen, dass beide nur die Begriffe Umsatzsteuer und Vorsteuer verwenden.

Umsatzsteuer (USt): Man spricht von Umsatzsteuer, wenn sie in Rechnung gestellt bzw. eingenommen wird, z. B. beim Verkauf von Waren an Ihre Kunden.

Vorsteuer: Davon ist die Rede, wenn Sie selbst Umsatzsteuer bezahlt haben, z. B. beim Einkauf von Waren.

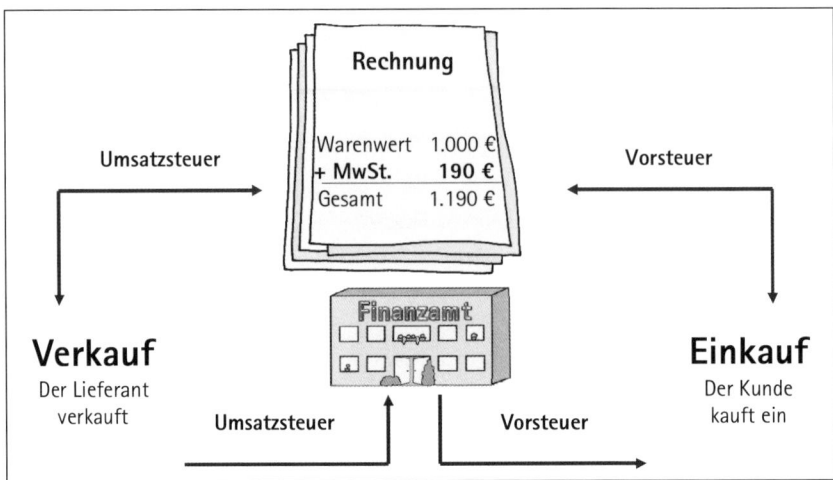

Abb. 1: **Die Mehrwertsteuer auf der Rechnung hat mehrere Namen:** *Beim Einkauf spricht man von Vorsteuer und beim Verkauf von Umsatzsteuer.*

Beispiel

Gehen Sie tanken, ist die gesetzliche Mehrwertsteuer für den Tankwart Umsatzsteuer. Für Sie stellt diese Mehrwertsteuer Vorsteuer dar.

Was verlangt das Finanzamt von Unternehmen?

Sind Ihre Umsätze umsatzsteuerpflichtig, müssen Sie Ihren Kunden zusätzlich zum Warenwert Umsatzsteuer berechnen. Der Kunde schuldet Ihnen also den vollen Rechnungsbetrag in Höhe von 1.190 Euro. Doch von diesem Betrag gehören 190 Euro, nämlich die enthaltene Umsatzsteuer, dem Finanzamt. Deshalb müssen Sie diese später dahin weiterleiten.

Berechnen Sie Ihren Kunden in der Regel Umsatzsteuer, erhalten Sie beim Einkauf die enthaltene Vorsteuer vom Finanzamt zurück. Das heißt auch, Sie sind zum Vorsteuerabzug berechtigt. Wenn Sie Waren einkaufen zahlen Sie den vollen Rechnungsbetrag inkl. Vorsteuer an Ihren Lieferanten. Später erhalten Sie die Vorsteuer aus der Rechnung von 190 Euro vom Finanzamt wieder zurück. Ja, das Unternehmen ist Geldeintreiber für den Staat.

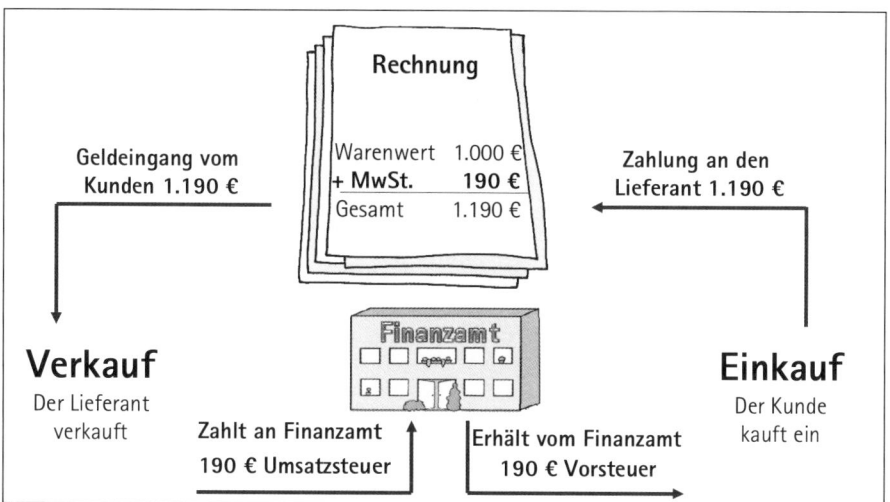

Abb. 2: ***Eine Rechnung mit Mehrwertsteuer, was ist zu tun?*** *Der Lieferant muss die 190 Euro Umsatzsteuer an das Finanzamt abführen. Der Kunde erhält die Vorsteuer von 190 Euro zurück.*

Mehrwertsteuer bedeutet für Sie also nur Arbeit, denn Sie müssen sie von Ihren Kunden kassieren und an das Finanzamt weiterleiten. Im Gegenzug müssen Sie Mehrwertsteuer an Ihre Lieferanten bezahlen und vom Finanzamt zurückfordern.

Komisch, denken Sie jetzt sicher. Was soll das? Ist die Sache mit der Umsatzsteuer und Vorsteuer nur eine Geldschieberei? Nein, vergessen Sie nicht, dass nur Unternehmen, die Umsatzsteuer in Rechnung stellen, auch die **Vorsteuer wieder zurückfordern** können (Ausnahme: Export). Alle anderen zahlen die Vorsteuer und erhalten nichts vom Finanzamt zurück. Die Umsatzsteuer wird also überwiegend von Privatpersonen bezahlt. Wer viel einkauft, zahlt deshalb viel Steuern!

Achtung
Nur ein Hinweis: in der Praxis erhalten die Unternehmen nicht so einfach die Vorsteuer zurück. Die Rechnung muss einwandfrei ausgestellt sein und die Lieferung oder Leistung muss erbracht oder die Zahlung muss erfolgt sein. Das ist auch der Grund, warum das Gesetz zwischen Umsatzsteuer und Vorsteuer unterscheidet, für das Abführen der Umsatzsteuer gibt es keine strengen Regeln, wohl aber für den Vorsteuerabzug.

Umsatzsteuerpflicht ja oder nein?

Jedes Unternehmen muss seinen Gewinn oder Verlust ermitteln. Dies geschieht entweder nach den Regeln der Einnahme-Überschussrechnung oder den Regeln der

Bilanz mit Gewinn- und Verlustrechnung. Dagegen muss sich nicht jedes Unternehmen mit der Umsatzsteuer befassen. Hier kommt es darauf an, ob die Waren oder die Dienstleistungen, die Ihr Unternehmen verkauft bzw. erbringt, umsatzsteuerpflichtig sind oder nicht.

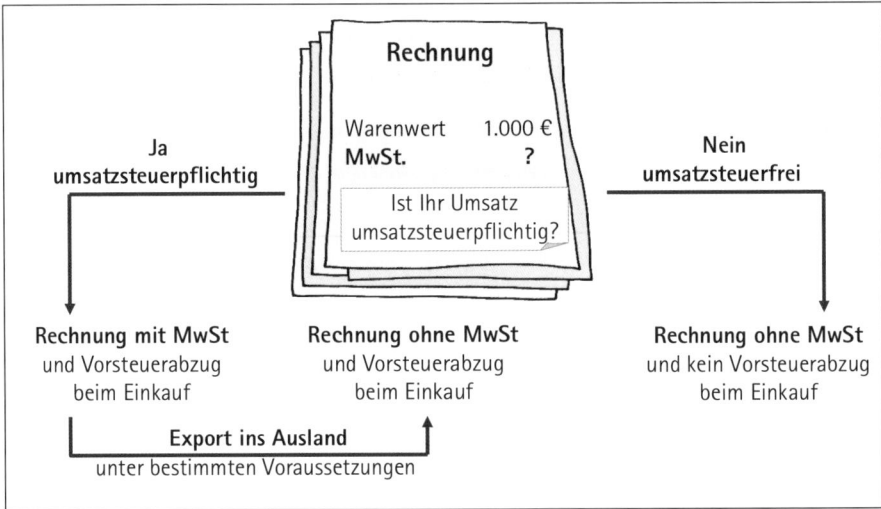

*Abb. 3: **Ist Ihr Umsatz umsatzsteuerpflichtig ja oder nein?** Wer steuerpflichtige Umsätze ausführt, ist auch zum Vorsteuerabzug berechtigt, meist auch beim Export ins Ausland. Wer steuerfreie Umsätze ausführt, ist nicht zum Vorsteuerabzug berechtigt.*

Umsatzsteuerpflicht

In welchen Fällen müssen Sie Umsatzsteuer in Rechnung stellen und anschließend an das Finanzamt abführen?

*   Wenn Sie Lieferungen und Leistungen gegen Entgelt im Rahmen Ihres Unternehmens ausführen.

*   Wenn Sie als Unternehmer/-in Waren oder sonstige Leistungen (private Autonutzung/Telefonnutzung) in Anspruch nehmen.

Es sei denn, Sie verkaufen Waren oder bieten Dienstleistungen an, die von der Umsatzsteuer befreit sind.

Umsatzsteuerfreiheit

Welche Lieferungen und Leistungen sind von der Umsatzsteuer befreit? Ein Blick in § 4 Umsatzsteuergesetz (UStG) hilft hier weiter:

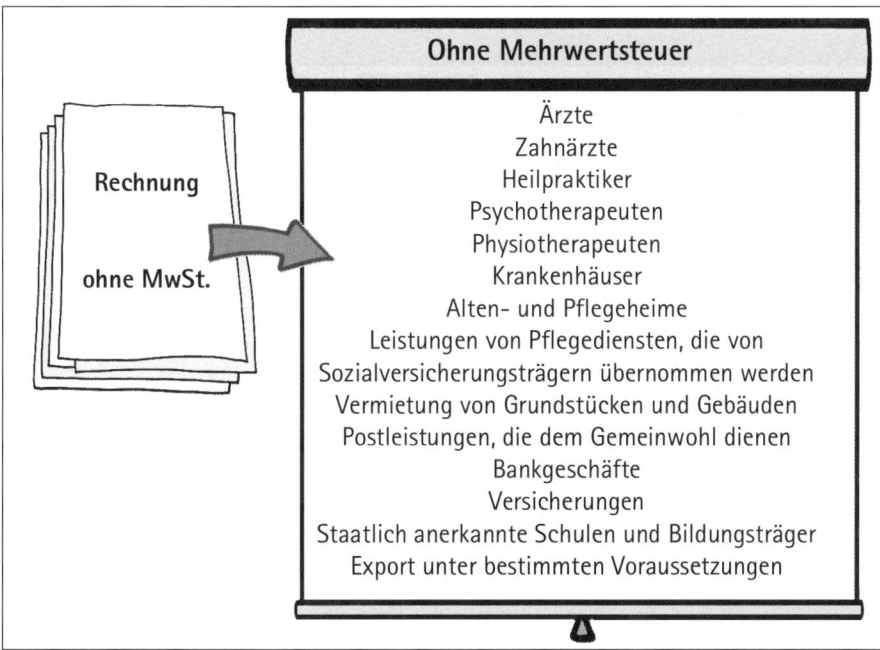

Ohne Mehrwertsteuer

Rechnung

ohne MwSt.

Ärzte
Zahnärzte
Heilpraktiker
Psychotherapeuten
Physiotherapeuten
Krankenhäuser
Alten- und Pflegeheime
Leistungen von Pflegediensten, die von
Sozialversicherungsträgern übernommen werden
Vermietung von Grundstücken und Gebäuden
Postleistungen, die dem Gemeinwohl dienen
Bankgeschäfte
Versicherungen
Staatlich anerkannte Schulen und Bildungsträger
Export unter bestimmten Voraussetzungen

Abb. 4: **Rechnungen ohne Mehrwertsteuer:** *Diese Umsätze werden ohne Mehr- wertsteuer berechnet.*

Im ideellen Bereich von Vereinen fällt keine Umsatzsteuer an. Die Einnahmen können sein: Mitgliedsbeiträge, Spenden, Zuschüsse.

Die Ausnahme beim Export ins Ausland

Nur wer Umsatzsteuer in Rechnung stellt, ist auch zum Vorsteuerabzug berechtigt. Allerdings gibt es eine Ausnahme beim Export ins Ausland. Umsatzsteuerpflichtige Geschäfte mit ausländischen Kunden sind unter bestimmten Voraussetzungen im Ausland steuerpflichtig und nicht in Deutschland.

In diesem Fall stellt man dem ausländischen Kunden nur den Nettobetrag ohne Umsatzsteuer in Rechnung und der Kunde zahlt anschließend die Umsatzsteuer in seinem Land. Trotzdem erhalten Sie die gezahlte Vorsteuer aus Rechnungen, die mit diesem Auftrag zusammenhängen, vom Finanzamt zurück (z. B. beim Kauf von Material im Inland).

Das Gesetz spricht beim Export in ein EU-Ausland von innergemeinschaftlicher Lieferung und beim Export in andere Länder von Ausfuhrlieferungen.

Weniger Arbeit bei umsatzsteuerfreien Umsätzen

Sind Ihre Umsätze von der Umsatzsteuer befreit und sind Sie nicht zum Vorsteuerabzug berechtigt, haben Sie weder mit der Umsatzsteuer noch mit der Vorsteuer etwas zu tun. Sie haben also viel weniger Arbeit. Ihre Erträge bzw. Erlöse enthalten keine Umsatzsteuer und gehen in voller Höhe in die Gewinnermittlung ein. Die in den Kosten enthaltene Vorsteuer müssen Sie nicht herausrechnen, sondern der gesamte Rechnungsbetrag zählt zu den Betriebsausgaben.

Kaufen Sie allerdings für Ihr deutsches Unternehmen im Ausland ein, müssen Sie, selbst wenn Ihre Erlöse von der Umsatzsteuer befreit sind, dafür sorgen, dass Sie dafür die deutsche Umsatzsteuer und nicht die Ausländische zahlen. Das geschieht an der Grenze beim Zoll oder innerhalb der EU auf Formularen.

Welchen Steuersatz müssen Sie berechnen?

Grundsätzlich müssen Sie 19 % Umsatzsteuer berechnen, es sei denn, die Ware oder die Leistung unterliegt dem ermäßigten Steuersatz von 7 %. Darüber gibt das Umsatzsteuergesetz Auskunft. Führen Sie einen land- und forstwirtschaftlichen Betrieb, dann können es auch 5,5 % oder 10,7 % sein.

Unselbstständige Nebenleistungen sind mit dem gleichen Steuersatz zu berechnen wie die Hauptleistungen. Was heißt das?

Beispiel
Verkaufen Sie einen PC zuzüglich Fracht, Porto oder Mautgebühren, müssen Sie den Computer und die Versandkosten mit 19 % USt berechnen. Unabhängig davon, ob in den Versandkosten Vorsteuer enthalten war oder nicht.

Der Umsatzsteuersatz 19 %

In der Regel werden der Warenverkauf oder die Dienstleistung mit dem Steuersatz von 19 % berechnet. Das gilt für Handwerksbetriebe, Marketingfirmen, beratende

Volkswirte, Betriebswirte und Ingenieure, Notare, Druckereien, Handelsvertreter, Kosmetiker, Fitnessstudios und viele mehr. Sie berechnen 19 % Umsatzsteuer.

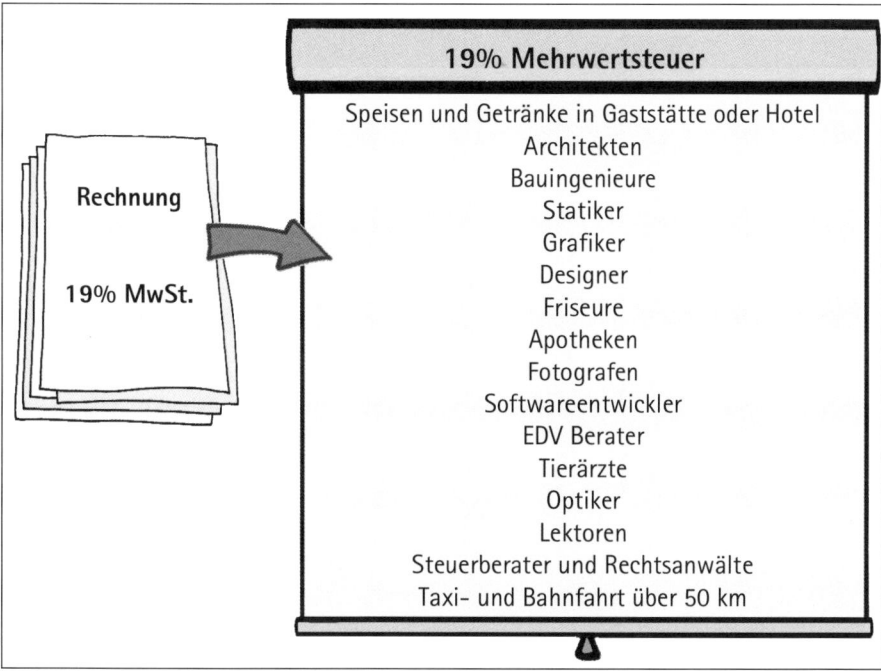

Abb. 5: *Rechnungen mit 19 % Mehrwertsteuer: Diese Umsätze werden zuzüglich 19 % Mehrwertsteuer berechnet.*

Führen Vereine einen wirtschaftlichen Geschäftsbetrieb, müssen die Einnahmen mit 19 % Umsatzsteuer berechnet werden. Die Einnahmen können sein: Verkauf von Speisen und Getränken, Sportveranstaltungen, Vereinsfeste, Verkauf von Sportgeräten, Werbeeinnahmen durch Sponsoren.

Der ermäßigte Umsatzsteuersatz 7 %

In der Anlage 2 zum Umsatzsteuergesetz finden Sie die Waren oder Leistungen, die dem ermäßigten Steuersatz unterliegen. Dazu gehören Lebensmittel (außer Getränke), Pflanzen, Blumen, Bücher, Zeitschriften, Waren des Kunstgewerbes, Hotelübernachtungen und vieles mehr. Getränke zählen laut Umsatzsteuergesetz nicht zu den Lebensmitteln.

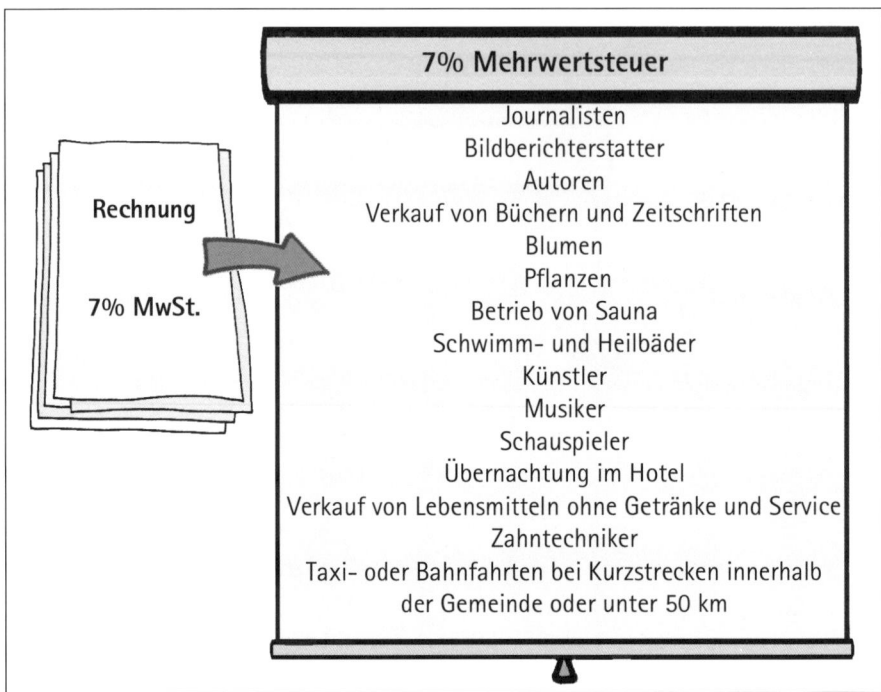

Abb. 6: **Rechnungen mit 7 % Umsatzsteuer:** *Diese Umsätze werden zuzüglich 7 % Umsatzsteuer berechnet.*

Der Verkauf von Lebensmitteln ist mit 7 % zu berechnen. Doch sobald das Essen vor Ort verzehrt und vielleicht sogar serviert wird, ist es mit 19 % zu berechnen. Mit anderen Worten, wer seinen Kunden die Lebensmittel nicht nur verkauft, sondern auch eine Möglichkeit bietet, es zu verzehren, muss es mit 19 % berechnen. Beim Partyservice können nur dann 7 % berechnet werden, wenn die Speisen überwiegen und nicht der Service.

Bietet ein Verein Leistungen für seine Mitglieder an, die nicht durch den Mitglieds-beitrag gedeckt sind, handelt es sich um Einnahmen aus Zweckbetrieb. Diese Ein-nahmen sind mit 7 % Umsatzsteuer zu berechnen. Diese Einnahmen können sein: kulturelle und sportliche Veranstaltungen, genehmigte Lotterien, Vermietung von Sportstätten an Mitglieder, Behindertenwerkstätten, Volkshochschulen. Der Verkauf von Speisen und Getränken sowie Werbeeinnahmen stellen immer einen wirtschaft-lichen Geschäftsbetrieb dar.

Die Durchschnittssteuersätze 5,5 % und 10,7 %

Forstwirtschaftliche Erzeugnisse (außer Sägewerkserzeugnisse) werden mit dem Steuersatz von 5,5 % berechnet und alle anderen landwirtschaftlichen Erzeugnisse (außer Getränke) mit 10,7 %. Diese Steuersätze sind Durchschnittssteuersätze, da in diesen Betrieben nicht nur die Lebensmittel verkauft, sondern auch Leistungen erbracht werden. Das Gemüse zum Beispiel muss gesät und geerntet werden.

Welche Unternehmer können sich von der Umsatzsteuer befreien?

Sie haben die Möglichkeit, sich beim Finanzamt von der Umsatzsteuer befreien zu lassen. Dies gilt für Freiberufler, Gewerbebetriebe und Vereine gleichermaßen.

Voraussetzung:
Ihr Umsatz (Einnahmen nicht Gewinn) liegt

* im Vorjahr oder im Gründungsjahr nicht über 17.500 Euro
* und im laufenden Jahr voraussichtlich nicht über 50.000 Euro.

> **Achtung**
> Zu den Umsätzen zählen auch unentgeltliche Wertabgaben (Privatnutzung Kfz, private Warenentnahme) und Sachbezüge.

Die Grenze von 17.500 Euro gilt für 12 Monate. Das ist im Gründungsjahr zu beachten. Für Unternehmen, die erst im Mai starten, ist diese Grenze entsprechend niedriger, wie das folgende Beispiel zeigt.

> **Beispiel**
> Sie haben sich im Mai selbstständig gemacht und hatten im Gründungsjahr einen Umsatz von 12.000 Euro. Diese 12.000 Euro haben Sie in acht Monaten erwirtschaftet, also hätten Sie in zwölf Monaten (12.000 Euro: 8 x 12) 18.000 Euro eingenommen. In diesem Fall ist die Umsatzgrenze von 17.500 Euro überschritten.

Haben Sie diese 12.000 Euro bereits als Planzahl beim Antrag auf die Kleinunternehmerregelung angegeben, gilt die Kleinunternehmerregelung von Beginn an nicht. Haben Sie jedoch eine niedrigere Planzahl angegeben und überschreiten Sie diese Grenze dann doch, müssen Sie zu Beginn des folgenden Jahres Ihren Kunden Umsatzsteuer in Rechnung stellen. Das gilt auch für spätere Jahre, in denen Sie diese Grenze überschreiten.

Achtung

Auf dem Betriebsanmeldebogen des Finanzamtes werden Sie gefragt, ob Sie die „Besteuerung von Kleinunternehmern" beantragen möchten. Haben Sie diese Frage mit Ja oder Nein beantwortet? Im Zweifel genügt ein Anruf beim Finanzamt oder Ihrem Steuerberater. Haben Sie die Frage zunächst mit Nein beantwortet, müssen Sie den Antrag schriftlich stellen.

Verzichten Sie freiwillig auf die „Besteuerung für Kleinunternehmer", da Sie in den ersten Jahren hohe Investitionen tätigen und die Vorsteuer abziehen möchten, sind Sie an diese Entscheidung fünf Jahre gebunden. In der Fachsprache heißt das „optieren".

Tipp

Auch wenn Sie sich nicht mit der Umsatzsteuer befassen müssen, sollten Sie trotzdem darauf achten, Ihre Rechnungen richtig auszustellen mit dem Hinweis „steuerfrei nach § 19 UStG. Kleinunternehmer".

Fazit

Das Gesetz schreibt vor, welche Umsätze von der Umsatzsteuer befreit sind und welche nicht. Das gilt auch für die verschiedenen Umsatzsteuersätze, hier ist genau vorgeschrieben, welche Umsätze mit 7 % und welche mit 19 % zu berechnen sind.

Stellen Sie Ihren Kunden Umsatzsteuer in Rechnung, sind Sie auch zum Vorsteuerabzug berechtigt. Unter bestimmten Voraussetzungen auch beim Export ins Ausland.

Wer umsatzsteuerfreie Umsätze tätigt, ist nicht zum Vorsteuerabzug berechtigt. In diesem Fall zählt der Rechnungsbetrag inkl. Umsatzsteuer zu den Betriebseinnahmen und Betriebsausgaben.

Umsatzsteuer und Vorsteuer mit dem Finanzamt abrechnen

Umsatzsteuer abführen und Vorsteuer abziehen

Stellen Sie Ihren Kunden Umsatzsteuer in Rechnung? Sind Sie zum Vorsteuerabzug berechtigt? Wenn ja, dann müssen Sie in regelmäßigen Abständen die Umsatzsteuer sowie die Vorsteuer mit dem Finanzamt abrechnen. Diese Abrechnung erfolgt auf folgenden Formularen vom Finanzamt:

- Umsatzsteuer-Voranmeldung (monatlich oder vierteljährlich)
- Umsatzsteuererklärung (jährlich bzw. die Abrechnung am Jahresende)

Umsatzsteuer abführen beim Verkauf

Sind Ihre Umsätze umsatzsteuerpflichtig, so müssen Sie Ihren Kunden zusätzlich zum Warenwert Umsatzsteuer berechnen. Der Kunde schuldet Ihnen zwar den vollen Rechnungsbetrag, doch die enthaltene Umsatzsteuer gehört dem Finanzamt.

Die Umsätze sowie die Umsatzsteuer eines Monats, eines Quartals oder eines Jahres werden zusammengefasst. Die Summe der Nettobeträge sowie die Summe der Umsatzsteuer tragen Sie in das Formular ein.

Beispiel

Sie haben Waren im Wert von 1.000 Euro verkauft. Sie stellen Ihrem Kunden den Warenwert zuzüglich 19 % Umsatzsteuer in Rechnung. Die Kunden zahlen an Sie einen Betrag von 1.190 Euro. In das Formular tragen Sie in diesem Fall den Umsatz netto sowie die Umsatzsteuer ein. Daraus ergibt sich zunächst einen Zahllast von 190 Euro.

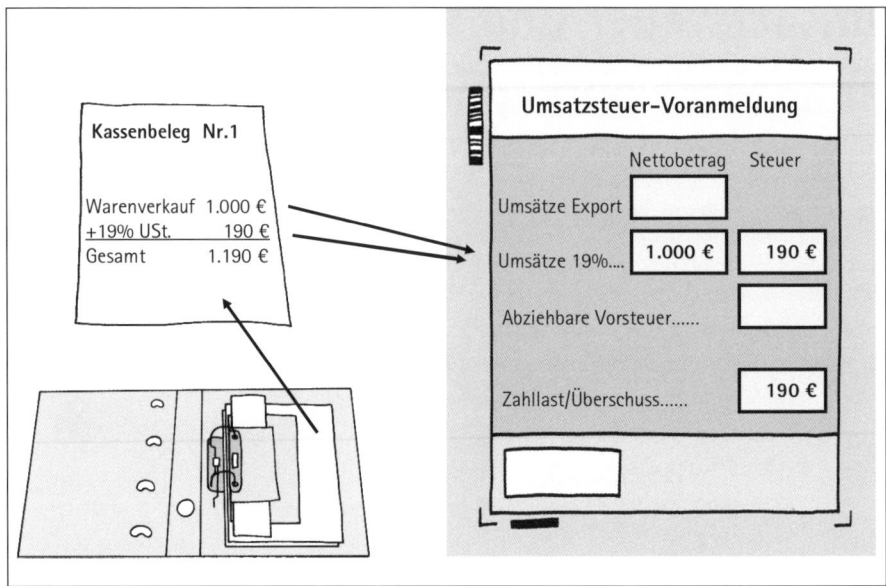

Abb. 1: **So wird ein Warenverkauf in der Umsatzsteuer-Voranmeldung erfasst:** *Einzutragen sind der Nettoumsatz und die Umsatzsteuer. Die Zahllast beträgt 190 Euro.*

Rechnungen an ausländische Kunden

Umsatzsteuerpflichtige Geschäfte mit ausländischen Kunden sind unter bestimmten Voraussetzungen in Deutschland steuerfrei, sie sind dafür aber im Ausland steuerpflichtig. In diesem Fall stellen Sie dem ausländischen Kunden nur den Nettobetrag ohne Umsatzsteuer in Rechnung und der Kunde zahlt anschließend die Umsatzsteuer seines Landes.

Das Gesetz spricht beim Export in ein EU-Ausland von innergemeinschaftlicher Lieferung und beim Export in andere Länder von Ausfuhrlieferungen. Liegen solche Umsätze vor, müssen Sie diese ebenfalls in den Umsatzsteuerformularen erfassen.

Vorsteuer abziehen beim Einkauf

Erhalten Sie Rechnungen inkl. Vorsteuer und sind Sie zum Vorsteuerabzug berechtigt, schulden Sie Ihrem Lieferanten zwar den vollen Rechnungsbetrag, doch die enthaltene Vorsteuer erhalten Sie später vom Finanzamt wieder zurück.

Die Summe der Vorsteuerbeträge eines Monats, eines Quartals oder eines Jahres werden zusammengefasst und in das Formular eingetragen. Die Nettobeträge der Rechnungen nicht. Die abziehbare Vorsteuer mindert die abzuführende Umsatzsteuer.

Beispiel

Sie haben Waren eingekauft in Höhe von 400 Euro. Ihr Lieferant stellt Ihnen zusätzlich zum Warenwert 19 % Umsatzsteuer in Rechnung. Sie schulden dem Lieferanten 476 Euro, erhalten aber später 76 Euro Vorsteuer vom Finanzamt zurück. In das Formular tragen Sie nur die Vorsteuer ein, den Nettowert nicht. Dadurch mindert sich die Zahllast von 190 Euro auf 114 Euro.

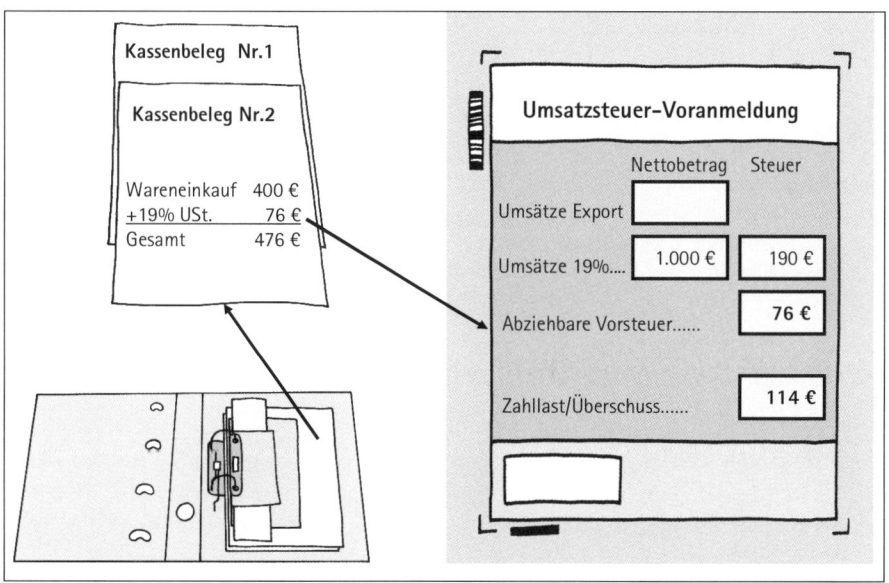

Abb. 2: ***So wird ein Wareneinkauf in der Umsatzsteuer-Voranmeldung erfasst:*** *Bei Ausgaben wird nur die Vorsteuer in das Formular eingetragen, der Nettobetrag der Rechnung nicht.*

Vorsteuerabzug beim Einkauf für ausländische Kunden

In der Regel sind nur die Unternehmen zum Vorsteuerabzug berechtigt, die Ihren Kunden Umsatzsteuer berechnen. Das gilt nicht immer, unter bestimmten Voraussetzungen ist ein Umsatz nicht in Deutschland, sondern im Ausland umsatzsteuerpflichtig. In diesem Fall stellen Sie Ihrem ausländischen Kunden zwar keine Umsatzsteuer in Rechnung, erhalten aber trotzdem die Vorsteuer aus Rechnungen, die mit diesem Auftrag zusammenhängen, vom Finanzamt zurück (z. B. beim Kauf von Material im Inland).

Wie oft im Jahr müssen Sie mit dem Finanzamt abrechnen?

Abhängig von der Höhe Ihres jährlichen Umsatzsteuerbetrages müssen Sie monatlich, vierteljährlich oder jährlich mit dem Finanzamt abrechnen. Mit Umsatzsteuerbetrag ist die jährliche Zahllast gemeint. Wie hoch ist Ihre Umsatzsteuerzahllast im Jahr, d. h. die abzuführende Umsatzsteuer abzüglich der abziehbaren Vorsteuer?

Abrechnung monatlich	Umsatzsteuerbetrag über 7.500 Euro im Jahr
Abrechnung vierteljährlich	Umsatzsteuerbetrag über 1.000 Euro bis 7.500 Euro im Jahr
Abrechnung jährlich	Umsatzsteuerbetrag bis 1.000 Euro im Jahr

Achtung

Alle neu gegründeten Unternehmen müssen im ersten und zweiten Jahr die Umsatzsteuer-Voranmeldung **monatlich** abgeben, egal wie hoch der Umsatzsteuerbetrag ist. Haben Sie allerdings die Kleinunternehmerregelung beantragt, ist keine Abgabe erforderlich.

Die Umsatzsteuer-Voranmeldung

Dieses Formular verwenden Sie für die monatliche sowie die vierteljährliche Abrechnung. Die monatliche Abgabe erfolgt am zehnten Tag des Folgemonats und die vierteljährliche Abgabe zehn Tage nach Ablauf des Quartals, am 10. April, 10. Juli, 10. Oktober und am 10. Januar. Gleichzeitig mit der Abgabe wird die Zahlung fällig. Bei Scheckzahlung ist der Scheck drei Tage vor dem Abgabetermin einzureichen.

Die elektronische Übermittlung der Umsatzsteuer-Voranmeldung ist vorgeschrieben. Im Internet erhalten Sie unter www.elster.de die kostenlose Software für die Online-Übermittlung. Buchführungsprogramme sind mit dieser Funktion ausgestattet und übermitteln auf Knopfdruck das ausgefüllte Formular. Nur vor der ersten Übermittlung müssen Sie die Teilnahmeerklärung ausfüllen, unterschreiben und an das Finanzamt faxen oder schicken. Danach werden alle Daten nur noch online übermittelt.

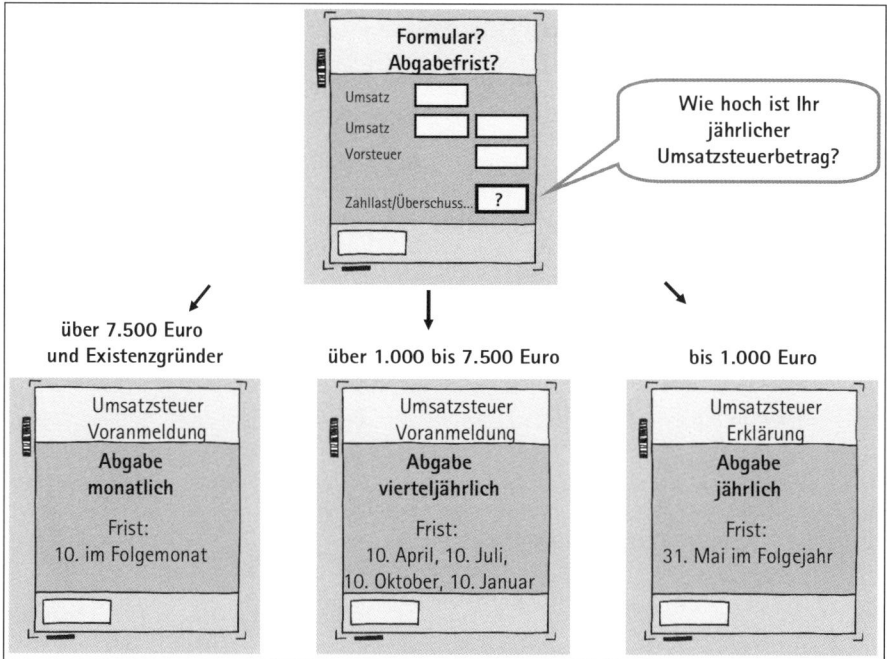

Abb. 3: **Wie oft müssen Sie abrechnen?** *Das ist abhängig von Ihrem jährlichen Umsatzsteuerbetrag. Für monatliche und vierteljährliche Abrechnung verwenden Sie die Umsatzsteuer-Voranmeldung, für die jährliche Abrechnung die Umsatzsteuererklärung.*

Umsatzsteuererklärung

Auf diesem Formular erfolgt die jährliche Abrechnung. Jährlich abrechnen muss jedes Unternehmen, das mit der Umsatzsteuer zu tun hat. Auch Unternehmen, die monatlich oder vierteljährlich die Umsatzsteuer-Voranmeldung an das Finanzamt senden, müssen zum Schluss noch einmal abrechnen.

Die Umsatzsteuererklärung muss in der Regel zum 31. Mai des Folgejahres abgegeben werden. Sie wird nicht online übermittelt, sondern im Original eingereicht, mit der Unterschrift des Unternehmers bzw. des Geschäftsführers. Die Zahlung wird exakt vier Wochen nach der Abgabe des Formulars unaufgefordert fällig.

Achtung

Die verspätete Abgabe bzw. Versendung der Formulare kostet Verspätungszuschlag oder Bußgeld, und die verspätete Zahlung kostet Verzugszinsen.

Mögliche Fristverlängerungen

Mit dem Formular „Antrag auf Dauerfristverlängerung" können Sie die Verlängerung der monatlichen und vierteljährlichen Abgabetermine beantragen, um jeweils einen Monat.

Fristverlängerung bei monatlicher Abgabe

Am 10. Februar senden Sie nicht die Umsatzsteuer-Voranmeldung für Januar, sondern das Formular „Antrag auf Dauerfristverlängerung" an das Finanzamt. Gleichzeitig zahlen Sie eine Sondervorauszahlung in Höhe von $\frac{1}{11}$ des Umsatzsteuerbetrags vom Vorjahr. Dadurch müssen Sie erst am 10. März die Umsatzsteuer-Voranmeldung für Januar abgeben und bezahlen.

Beispiel

Ihr Umsatzsteuerbetrag des Vorjahres beträgt 11.000 Euro, davon 1/11 ergibt eine Sondervorauszahlung in Höhe von 1.000 Euro.

In der Umsatzsteuer-Voranmeldung für Dezember, die am 10. Februar des Folgejahres fällig ist, ziehen Sie die Sondervorauszahlung wieder ab.

Beispiel

Die Umsatzsteuer-Voranmeldung Dezember des aktuellen Jahres ist am 10. Februar des Folgejahres fällig.

Umsatzsteuer Dezember	3.000,00 Euro
Vorsteuer Dezember	-1.200,00 Euro
Umsatzsteuer Zahllast vorerst	1.800,00 Euro
abzüglich der Sondervorauszahlung	1.000,00 Euro
Umsatzsteuer Zahllast Dezember	800,00 Euro

Möchten Sie auch für das Folgejahr eine Fristverlängerung beantragen, dann reichen Sie am 10. Februar nicht nur die Voranmeldung für Dezember ein, sondern auch eine neue Dauerfristverlängerung zusammen mit einer neuen Sondervorauszahlung.

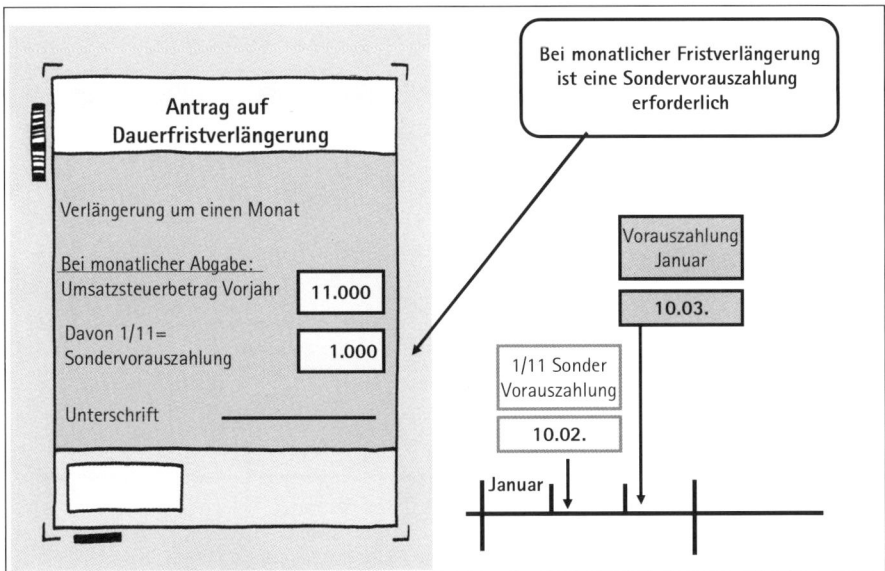

Abb. 4: *Antrag auf Dauerfristverlängerung, wenn Sie monatlich abrechnen: In diesem Fall reichen Sie dieses Formular am 10. Februar ein und leisten gleichzeitig eine Sondervorauszahlung, die Voranmeldung für Januar ist dann erst am 10. März einzureichen.*

Fristverlängerung bei vierteljährlicher Abgabe

Hier genügt es, das Formulars „Antrag auf Dauerfristverlängerung" zusammen mit Ihrer Unterschrift beim Finanzamt einzureichen, eine Sondervorauszahlung ist für die vierteljährliche Fristverlängerung nicht erforderlich.

Ihr neuer Abgabe- und Zahlungstermin für das erste Quartal ist somit der 10 Mai, für die anderen Quartale der 10. August, der 10. November sowie der 10. Februar.

Diese Fristverlängerung gilt dann auch für Folgejahre automatisch weiter, solange Sie nichts unternehmen.

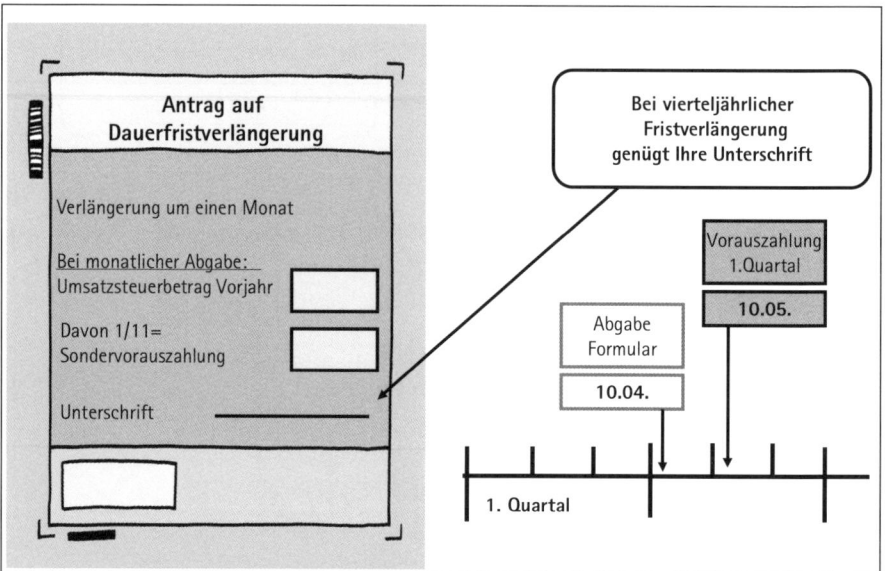

Abb. 5: **Antrag auf Dauerfristverlängerung, wenn Sie vierteljährlich abrechnen:** *Hier genügt Ihre Unterschrift auf dem Formular, eine Sondervorauszahlung ist nicht erforderlich. Die Voranmeldung für das 1. Quartal ist dann erst am 10. Mai statt am 10. April einzureichen.*

Fazit

Wie hoch war der Umsatzsteuerbetrag Ihres Unternehmens im Vorjahr? Davon ist es abhängig, ob Sie monatlich, vierteljährlich oder jährlich mit dem Finanzamt abrechnen müssen.

Nur Existenzgründer (außer Kleinunternehmer) müssen in den ersten zwei Jahren monatlich abrechnen, unabhängig vom Umsatz.

Für die monatliche und vierteljährliche Abrechnung verwenden Sie das Formular Umsatzsteuer-Voranmeldung, für die jährliche Abrechnung die Umsatzsteuererklärung.

Es besteht die Möglichkeit, die Abgabefristen jeweils um einen Monat zu verlängern, das erledigen Sie mit dem Formular Antrag auf Dauerfristverlängerung.

Belege sortieren bei der Bilanz mit Gewinn- und Verlustrechnung

Ihre Belege richtig sortieren

Je besser Ihre Belege sortiert sind, umso leichter kann der Steuerberater oder ein Prüfer später die Buchführung kontrollieren. Es gibt viele Möglichkeiten, die Belege richtig zu sortieren. Hier zeigen wir Ihnen eine Variante, die empfehlenswert ist, wenn die Sie Ihre Buchführung mit Hilfe einer Buchführungssoftware erledigen.

In jedem Fall müssen Sie Ihre Belege ordentlich sortieren und vollständig aufbewahren, und das zeitlich fortlaufend.

Belege auf verschiedene Stapel sortieren

Bilanzierende wenden die doppelte Buchführung an, und diese verfolgt jede Veränderung in den Werten des Unternehmens. Aus diesem Grund müssen Sie alles erfassen, was tatsächlich im laufenden Jahr auf Ihren Bankkonten und in Ihrer Kasse passiert. Gleichzeitig müssen Sie alle erzielten Umsätze, berechnete und zu erwartende Ausgaben erfassen, die wirtschaftlich in das Abschlussjahr gehören, egal wann sie geflossen sind. Hier ist es zunächst empfehlenswert, die Belege in vier Gruppen zu unterteilen – in Kundenrechnungen, Eingangsrechnungen, Kontoauszüge und Kassenbelege.

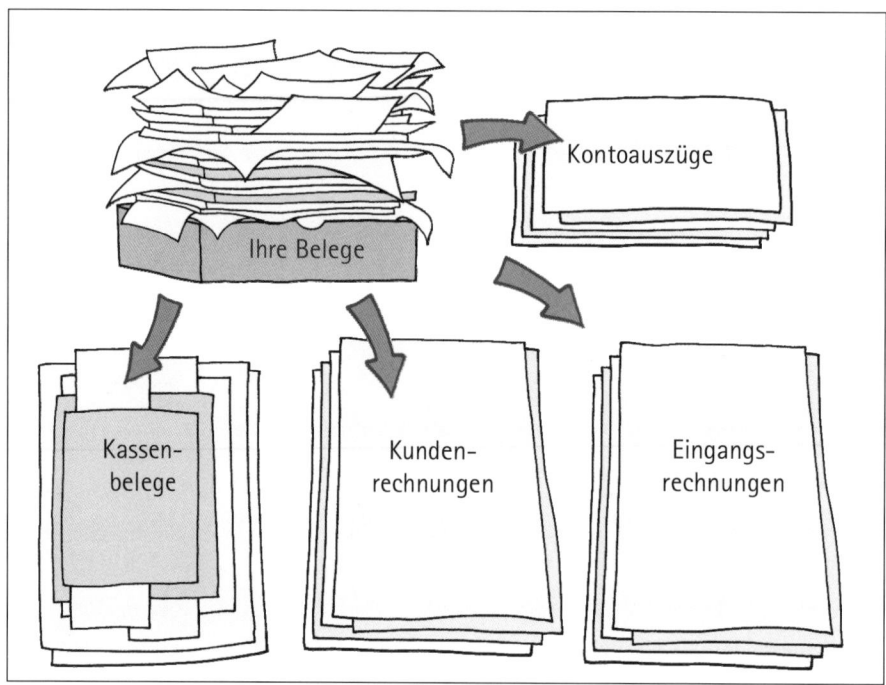

Abb. 1: **Verschiedene Belegstapel bilden:** *Die Kundenrechnungen getrennt von den Eingangsrechnungen, Kassenbelegen und Auszügen.*

Ist diese Arbeit erledigt, können Sie einen Stapel nach dem anderen sortieren. Die Kontoauszüge nach Auszugsnummer und die Rechnungen nach Datum.

Kassenbelege vorbereiten

Zu den Kassenbelegen gehören alle Rechnungen und Quittungen, die bar gezahlt oder eingenommen wurden, wie zum Beispiel Porto, Benzin und ähnliches.

Im Rahmen der Gewinnermittlungsart Bilanz mit Gewinn- und Verlustrechnung sind Sie verpflichtet, eine Kasse zu führen, wenn Einnahmen und Ausgaben bar fließen.

Sie beginnen damit, die Kassenbelege nach Datum zu sortieren, wobei der erste Beleg ganz unten liegt und der Neueste ganz oben. Zur besseren Übersicht sind die Belege durchgehend zu nummerieren.

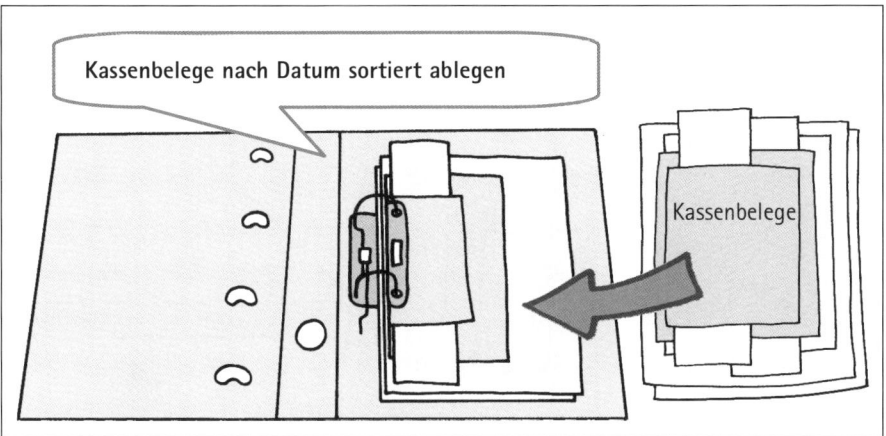

Abb. 2: **Der Ordner für die Kassenbelege:** *Im ersten Schritt sortieren Sie die Kassenbelege nach Datum und heften sie ein. Außerdem sollten Sie die Belege durchgehend nummerieren.*

Kassenbelege zusätzlich im Kassenbericht erfassen

Während Sie die Kassenbelege abheften, müssen Sie die Einnahme- und Ausgabebelege gleichzeitig in einen Kassenbericht eintragen. Diesen Bericht müssen Sie täglich führen. Täglich heißt, an jedem Tag, an dem Bargeschäfte getätigt wurden.

Achtung
Sie müssen außerdem darauf achten, dass Ihr Kassenstand niemals negativ wird.

Beispiel
Ein Bankkonto kann einen positiven oder negativen Saldo haben, eine Kasse niemals. Stellen Sie sich Ihre Kasse vor. Was können Sie herausnehmen, wenn nichts mehr drin ist?

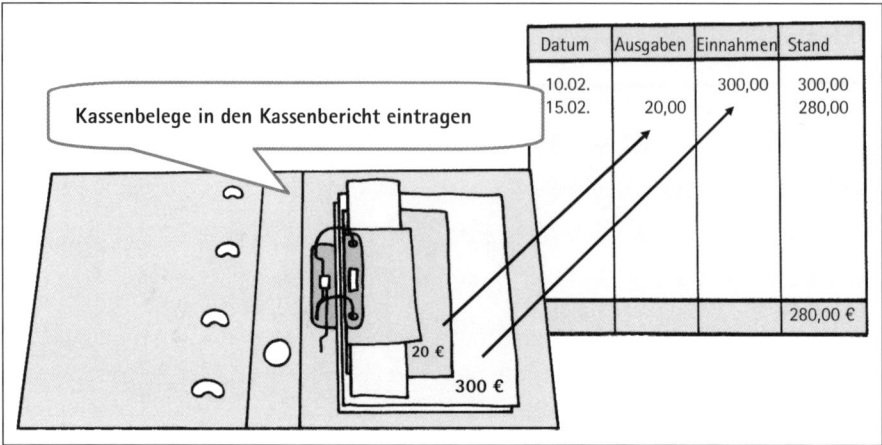

Abb. 3: **Kassenbericht führen:** *Sind die Belege nach Datum sortiert, tragen Sie jeden Einnahme- und Ausgabebeleg in den Kassenbericht ein. Dabei ist der Kassenstand zu beobachten, er muss positiv bleiben.*

Ihre Kassenbelege heften Sie in ein eigenes Fach im Ordner oder in einen extra Ordner. Den Kassenbericht heften Sie immer auf die entsprechenden Belege oben auf.

Was ist zu tun, wenn Geld in der Kasse fehlt?

Wenn Geld in der Kasse fehlt, müssen Sie einen entsprechenden Betrag einlegen, bevor Sie die nächste Zahlung tätigen. Entweder heben Sie das Geld vom Geschäftskonto ab und legen es in die Kasse ein oder Sie legen es aus Ihrem privaten Geldbeutel ein.

Tipp

Für diesen Geldeingang erstellen Sie dann einen sogenannten Eigenbeleg. Kommt das Geld vom Geschäftskonto, buchen Sie es später auf das Konto „Geldtransit", wird es privat eingelegt, buchen Sie es bei Personenfirmen auf das Konto „Privateinlagen" und bei Kapitalgesellschaften auf das Konto „Verbindlichkeiten gegenüber Gesellschafter".

Bei einem Beleg, den Sie unterwegs mit dem privaten Geldbeutel gezahlt haben, haben Sie zwei Möglichkeiten. Entweder tragen Sie den Beleg ein und entnehmen sich das Geld aus der Kasse oder Sie erfassen zunächst eine Geldeinlage in Höhe des Rechnungsbetrags und dann erst den Ausgabebeleg.

Kunden- und Eingangsrechnungen ablegen

Die Kundenrechnungen werden getrennt von den Eingangsrechnungen aufbewahrt, und zwar jeweils in einem eigenen Ordner.

Kundenrechnungen sortieren

Bilanzierende müssen jede Kundenrechnung, die nicht sofort gezahlt wird, buchen. So werden die Erträge sowie die Forderungen fristgerecht in der Bilanz sowie in der Gewinn- und Verlustrechnung erfasst.

Aus diesem Grund sollten Sie die Rechnungen eines Monats zunächst zusammen lassen bzw. sammeln und buchen. Erst nach der Eingabe legen Sie die Rechnungen im Rechnungsordner ab, zum Beispiel sortiert von A–Z oder sortiert nach Rechnungsnummer.

Abb. 4: **Der Ordner für Rechnungen:** *Die Rechnungen sollten Sie erst nach der Eingabe ablegen, zum Beispiel sortiert nach A-Z.*

Eingangsrechnungen sortieren

Alle Eingangsrechnungen, die Sie nicht sofort bezahlt haben, müssen Sie erfassen. So werden die Kosten bzw. Aufwendungen sowie die Verbindlichkeiten zum richtigen Zeitpunkt in Bilanz und Gewinn- und Verlustrechnung berücksichtigt.

Hier gehen Sie genauso vor wie bei den Kundenrechnungen, solange die Rechnungen noch nicht erfasst wurden, sollten sie nicht abgelegt werden.

Erst nach der Eingabe heften Sie die Rechnungen in einen Ordner, zum Beispiel sortiert nach A-Z.

Kontoauszüge sortieren

Ihre Kontoauszüge legen Sie sortiert nach Auszugsnummern ab, dadurch sind sie automatisch nach Datum sortiert. Der erste Kontoauszug sollte ganz unten und der neueste Auszug oben auf liegen.

Haben Sie mehrere Bankkonten, müssen Sie zunächst die Kontoauszüge nach Bankkontonummern sortieren. Erst wenn alle Auszüge eines Kontos zusammen sind, sortieren Sie diese nummerisch. In diesem Fall brauchen Sie für jedes Konto ein eigenes Fach im Ordner.

Abb. 5: **Der Ordner für die Kontoauszüge:** *Sind die Kontoauszüge nach Bankkonten sortiert, legen Sie die Auszüge von jedem Konto nummerisch ab und heften diese in ein eigenes Fach im Ordner.*

Für Beträge, die regelmäßig abgebucht werden aufgrund von Verträgen, wie Mieten und Versicherungen gibt es in der Regel keine Belege. Das ist in Ordnung so, hier genügt es, die Verträge in einem gesonderten Ordner aufzubewahren.

Belege, die jetzt noch übrig sind

Damit sind Belege gemeint, die entweder von einem privaten Konto gezahlt wurden oder ganz unerwartet wieder auftauchen.

Rechnungen, die über ein privates Konto gezahlt wurden

Einen solchen Beleg können Sie im Kassenbericht erfassen und das Geld dafür entnehmen. Oder Sie erfassen zunächst eine Geldeinlage im Kassenbericht und dann erst den Beleg.

Belege, die nachträglich auftauchen

Obwohl das Kassenbuch geschrieben ist, kommt es schon mal vor, dass ein Kassenbeleg ganz unerwartet aus einer Jackentasche oder aus einem Handschuhfach auftaucht. Solange der Beleg aus dem aktuellen Jahr ist, können Sie den Beleg so behandeln als sei er vom aktuellen Tag. In diesem Fall erfassen Sie ihn ganz normal im Kassenbericht und legen ihn auf die Belege oben auf, allerdings müssen Sie das Funddatum auf dem Beleg notieren und dieses auch zum Buchen verwenden. Gleichzeitig vermerken Sie im Buchungstext das tatsächliche Rechnungsdatum.

Möchten Sie die Rechnung trotzdem im richtigen Monat erfassen, weil zum Beispiel der Rechnungsbetrag zu hoch ist oder eine Einnahme zum richtigen Zeitpunkt gebucht werden sollte, dann erfassen Sie diese Rechnungen im richtigen Monat zunächst über die Konten Forderungen und Verbindlichkeiten. Genauso, wie Sie sonst auch die Kunden- und Eingangsrechnungen eingeben.

Am Tag des Fundes ist dann nur noch der Geldfluss in der Kasse zu erfassen. Dann wird die Forderung oder Verbindlichkeit ausgeglichen.

In diesem Fall sollten Sie den Beleg kopieren. Das Original legen Sie im richtigen Monat unter Kunden- oder Lieferantenrechnungen ab und die Kopie legen Sie später beim Geldfluss zu den Kassenbelegen.

> **Achtung**
> Belege über Anlagevermögen sollten Sie immer am richtigen Tag erfassen, so geht keine Abschreibungszeit verloren.

Die Ordner mit Ihren Belegen müssen Sie zehn Jahre aufbewahren. Die Aufbewahrungsfrist beginnt am Ende des Jahres, in dem zum Beispiel die Rechnung ausgestellt wurde. Im Falle einer Betriebsprüfung müssen Sie diese Unterlagen unter anderem vorlegen.

Fazit

Möchten Sie Ihre Buchführung mit einer Software erledigen, empfiehlt es sich, Ihre Belege wie folgt zu sortieren:

Die Kundenrechnungen können Sie nach der Eingabe in einem Ordner mit A-Z-Register ablegen. Das gilt auch für die Eingangsrechnungen.

Die Kassenbelege sollten Sie nach Datum sortieren, durchgehend nummerieren und gleichzeitig in einem Kassenbericht erfassen.

Die Kontoauszüge werden nach Auszugsnummer sortiert und in einen Ordner geheftet. Haben Sie mehrere Bankkonten, brauchen Sie mehrere Ordner bzw. Fächer im Ordner.

Belege sortieren bei der Einnahme-Überschussrechnung

Inhalt

Dieses Kapitel befasst sich mit dem richtigen Umgang mit Belegen für Einnahme-Überschussrechner. Sie finden hier Antwort auf die Fragen:

- Wie werden die Belege bei der Einnahme-Überschussrechnung sortiert?
- Wie sind die Barbelege vorzubereiten?
- Wann ist ein Kassenbuch erforderlich?
- Wie werden die Barbelege richtig abgelegt?
- Wie werden die Bankbelege sortiert?
- Was passiert mit Belegen, die danach noch übrig sind?
- Wie geht man mit Rechnungen um, die erst später über das Bankkonto fließen oder die über ein privates Bankkonto bezahlt wurden?
- Was ist zu tun, wenn Barbelege nachträglich auftauchen?

Ihre Belege richtig sortieren

Die Einnahme-Überschussrechnung ist eine einfache Gegenüberstellung von Betriebseinnahmen und Betriebsausgaben. Wie sich diese Zahlen zusammensetzen, müssen Sie anhand von Belegen nachweisen. Aus diesem Grund sollten Sie Ihre Belege ordentlich sortieren und vollständig aufbewahren, am besten sogar zeitlich fortlaufend.

Es gibt viele Möglichkeiten, die Belege richtig zu sortieren. Hier zeigen wir Ihnen eine Variante, die empfehlenswert ist, wenn Sie Ihre Belege mithilfe einer Buchführungssoftware erfassen.

Je besser Ihre Belege sortiert sind, umso leichter kann der Steuerberater oder ein Prüfer später die Buchführung kontrollieren.

Welcher Beleg wurde wie gezahlt?

Bei der Einnahme-Überschussrechnung zählen nur Rechnungen und Belege für Beträge, die tatsächlich geflossen sind. Eine Kundenrechnung zählt erst zu den Betriebseinnahmen, wenn der Kunde gezahlt hat. Umgekehrt gilt das auch für Ihre Kosten. Rechnungen zählen erst zu den Betriebsausgaben, wenn sie gezahlt wurden.

Es sollte also erkennbar sein, zu welchem Zeitpunkt das Geld einging oder bezahlt wurde. Bei Belegen, die bar gezahlt wurden, z. B. für Porto, Benzin und ähnliches, gilt das Belegdatum. Aber wie ist es mit Rechnungen, die über ein Bankkonto abgewickelt wurden? Hier geben die Kontoauszüge die erforderliche Information.

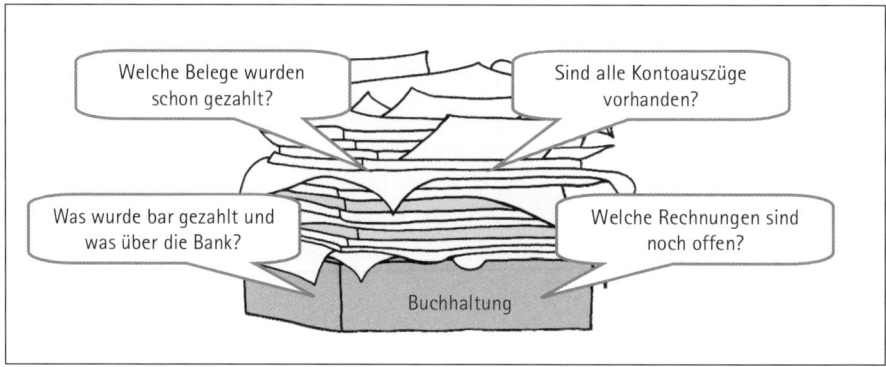

Abb. 1: *Ihre Belegsammlung sortieren: Aus diesem Stapel müssen Sie zunächst alle Kontoauszüge und Rechnungen heraussuchen.*

Belege auf verschiedene Stapel sortieren

Es ist empfehlenswert, die Belege zunächst in zwei Gruppen zu unterteilen – in Bankbelege und Barbelege.

Zu den Bankbelegen gehören alle Rechnungen, deren Beträge über das Bankkonto bezahlt oder eingenommen werden, sowie die Kontoauszüge. Zu den Barbelegen gehören alle Rechnungen und Quittungen, die bar gezahlt wurden, entweder aus der Firmenkasse oder dem privaten Geldbeutel.

Alle übrigen Belege gehören erst einmal auf einen gesonderten Stapel.

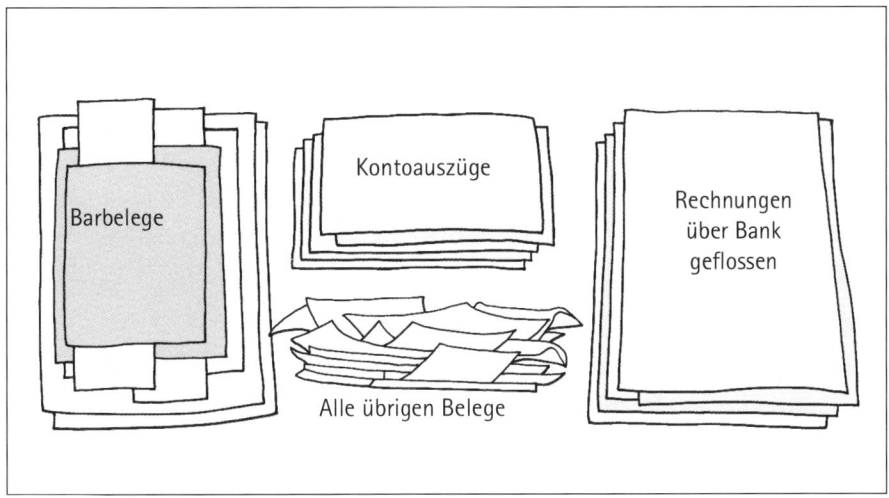

Abb. 2: **Verschiedene Belegstapel bilden:** *Barbelege getrennt von den Kontoauszügen und Rechnungen, die über die Bank geflossen sind.*

Ist diese Arbeit erledigt, können Sie Stapel für Stapel sortieren. Die Barbelege zum
Beispiel nach Datum und die Kontoauszüge nach Auszugsnummer.

Wie sind die Barbelege vorzubereiten?

Barbelege werden nach Datum sortiert, wobei der erste Beleg ganz unten liegt und
der Neueste ganz oben. Zur besseren Übersicht sind die Belege durchgehend zu
nummerieren.

Wann ist ein Kassenbericht erforderlich?

Einnahme-Überschussrechner müssen nur in besonderen Fällen einen Kassenbericht
führen, nämlich dann, wenn durch die Kasse die Bareinnahmen ermittelt werden.

Betreiben Sie einen Kiosk oder haben Sie Einnahmen aus Gastronomie oder Einzel-
handel, dann sind Sie verpflichtet einen Kassenbericht zu führen. D. h. Sie müssen
täglich alle Einnahmen und Ausgaben, die bar erledigt werden, aufzeichnen. Natürlich können Sie auch jederzeit freiwillig einen Kassenbericht führen.

> **Achtung**
> Sie müssen darauf achten, dass Ihr Kassenstand niemals negativ wird.

Beispiel

Ein Bankkonto kann einen positiven oder negativen Saldo haben, eine Kasse niemals. Stellen Sie sich Ihre Kasse vor. Was können Sie herausnehmen, wenn nichts mehr drin ist?

Wenn Geld in der Kasse fehlt, müssen Sie einen entsprechenden Betrag einlegen, bevor Sie die Zahlung tätigen. Entweder heben Sie das Geld vom Geschäftskonto ab und legen es in die Kasse ein oder Sie legen es aus Ihrem privaten Geldbeutel ein.

Tipp

Für diesen Geldeingang erstellen Sie dann einen sogenannten Eigenbeleg. Kommt das Geld vom Geschäftskonto, buchen Sie ihn später auf das Konto „Geldtransit". Wird es privat eingelegt, buchen Sie auf das Konto „Privateinlage".

Bei einem Beleg, den Sie unterwegs mit dem privaten Geldbeutel gezahlt haben, haben Sie zwei Möglichkeiten. Entweder tragen Sie den Beleg ein und entnehmen das Geld aus der Kasse oder Sie erfassen zunächst eine Privateinlage in Höhe des Rechnungsbetrags und dann erst den Beleg.

Ihre Kassenbelege heften Sie in ein eigenes Fach im Ordner oder in einen separaten Ordner. Und ganz oben auf heften Sie den Kassenbericht.

Belege nach Datum sortieren und ablegen?

Alle anderen Einnahme-Überschussrechner sind nicht verpflichtet, einen Kassenbericht zu führen, sie müssen auch keinen Kassenbestand haben. Hier werden Ausgaben in der Regel aus dem privaten Geldbeutel bezahlt und da Sie keinen Kassenbestand führen, werden alle Barbelege einfach nur nach Datum sortiert abgelegt und nummeriert.

In diesem Fall müssen Sie in Ihrer Buchführungssoftware die Bezeichnung des Kontos „Kasse" umbenennen in „Barbelege" oder ein Verrechnungskonto speziell für die Einnahme-Überschussrechnung verwenden.

Würden Sie das Konto „Kasse" benutzen, obwohl Sie nur selten Bareinnahmen erhalten, wird der Kassenstand negativ sein. Das wird das Finanzamt auf den ersten Blick sehr verwundern. Durch die Umbenennung ist klar, dass Sie keinen Kassenbericht führen, sondern Ihre Barbelege erfassen.

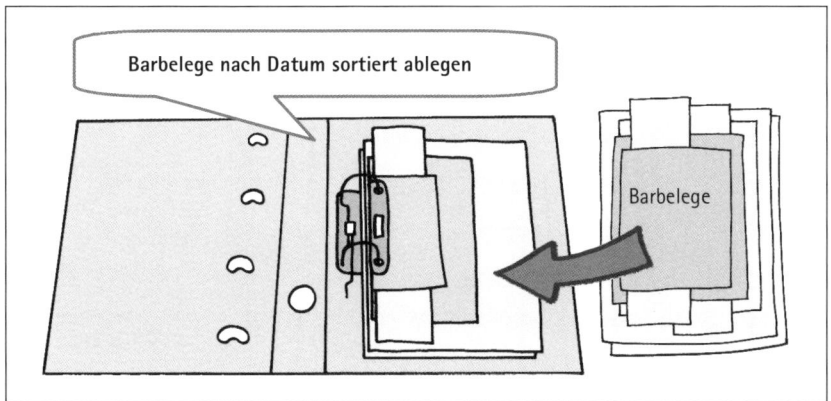

Abb. 3: **Der Ordner für die Barbelege:** *Hier heften Sie Ihre Barbelege nach Datum sortiert und nummeriert ab.*

Tipp

Professionelle Buchhalter/innen führen immer eine Kontrolle durch. Sie addieren vor der Eingabe die Barbelege und kontrollieren nach der Eingabe, ob die Summen übereinstimmen. So werden Tippfehler ausgeschlossen. Eine Methode, die zur Nachahmung empfohlen wird.

Bankbelege sortieren

Zunächst sortieren Sie die Kontoauszüge. Die Eingangsrechnungen, die über das Bankkonto gezahlt wurden, heften Sie später hinter die Kontoauszüge. Das gilt auch für die Kundenrechnungen.

Kontoauszüge ablegen pro Bankkonto

Ihre Kontoauszüge legen Sie sortiert nach Auszugsnummern ab, dadurch sind sie automatisch nach Datum sortiert. Der erste Kontoauszug sollte ganz unten und der neueste Auszug oben auf liegen.

Haben Sie mehrere Bankkonten, müssen Sie die Auszüge zunächst nach Bankkontonummern sortieren und dann erst nach Nummern. Die Kontoauszüge für jedes Bankkonto müssen Sie in ein eigenes Fach im Ordner heften.

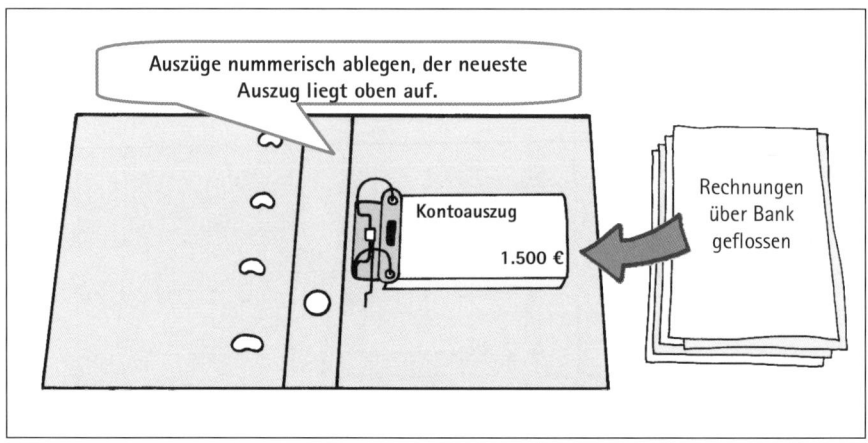

Abb. 4: *Der Ordner für die Kontoauszüge: Zuerst heften Sie Ihre Kontoauszüge nummerisch sortiert ab. Noch liegen die Rechnungen, die über das Bankkonto geflossen sind daneben.*

Rechnungen hinter die Kontoauszüge heften

Auf jedem Kontoauszug stehen in der Regel mehrere Geldein- oder -ausgänge. Die Rechnungen dazu heften Sie jeweils hinter den entsprechenden Auszug.

Abb. 5: *Rechnungen abheften: Rechnungen, die sich auf die verschiedenen Positionen Ihres Kontoauszugs beziehen, heften Sie dahinter.*

Für Beträge, die regelmäßig abgebucht werden aufgrund von Verträgen, wie z. B. Miete, Versicherungen, Löhne und Gehälter, gibt es in der Regel keine Belege. Das ist

in Ordnung so, hier genügt es, die Verträge in einem gesonderten Ordner aufzubewahren.

> **Achtung**
> Alle offenen Rechnungen heften Sie einfach auf den letzten Kontoauszug, am besten mit
> einem weiteren Trennblatt. Diese Belege verbleiben hier so lange, bis der entsprechende
> Kontoauszug eingeht. Dann werden diese Belege wie zuvor beschrieben hinter den Aus-
> zug geheftet.

Belege, die jetzt noch übrig sind

Jetzt geht es um Rechnungen oder Quittungen, die das Unternehmen betreffen, aber
von einen privaten Bankkonto gezahlt wurden bzw. eingegangen sind. Und um Belege, die für eine gewisse Zeit verschwunden waren.

Rechnungen, die über ein privates Konto gezahlt wurden

Hier kommt es darauf an, ob Sie einen Kassenbericht führen oder nur eine einfache
Barbelegsammlung. Führen Sie einen Kassenbericht, können Sie den Beleg darin
erfassen und das Geld entnehmen. Oder Sie erfassen zunächst eine Privateinlage im
Kassenbericht und dann erst den Beleg. Führen Sie die einfache Barbelegsammlung,
so heften Sie den Beleg einfach dazu.

Barbelege, die nachträglich auftauchen

Obwohl der Kassenbericht geschrieben ist oder die Barbelege nach Datum sortiert
und nummeriert sind, kommt es schon mal vor, dass ein Barbeleg ganz unerwartet
aus einer Jackentasche oder aus einem Handschuhfach auftaucht.

Solange der Beleg aus dem aktuellen Jahr ist, können Sie den Beleg so behandeln als
sei er vom aktuellen Tag. In diesem Fall erfassen Sie ihn ganz normal im Kassenbericht oder legen ihn auf die Barbelegsammlung oben auf. Allerdings müssen Sie das
Funddatum auf dem Beleg notieren und dieses auch zum Buchen verwenden.
Gleichzeitig vermerken Sie bei der Eingabe im Buchungstext das tatsächliche Rechnungsdatum.

Möchten Sie die Rechnung trotzdem im richtigen Monat erfassen, weil zum Beispiel
der Rechnungsbetrag zu hoch ist oder eine Einnahme zum richtigen Zeitpunkt gebucht werden sollte, dann erfassen Sie diese Rechnungen im richtigen Monat zunächst über ein Verrechnungskonto. Am Tag des Fundes ist dann nur noch der
Geldfluss einzugeben.

Eine Quittung über den Barkauf von Büromaterial wurde im April ausgestellt und im Juni gefunden. Im April buchen Sie „Büromaterial an Verrechnungskonto". Würde es sich um eine Einnahme handeln, müssten Sie „Verrechnungskonto an Erlöse" buchen.

Im Juni buchen Sie dann die Zahlung in der Kasse auf das Verrechnungskonto, womit das Konto wieder ausgeglichen ist.

Achtung

Belege über Anlagevermögen sollten Sie immer am richtigen Tag erfassen, so geht keine Abschreibungszeit verloren.

Die Ordner mit Ihren Belegen müssen Sie zehn Jahre aufbewahren. Die Aufbewahrungsfrist beginnt am Ende des Jahres, in dem zum Beispiel die Rechnung ausgestellt wurde. Im Falle einer Betriebsprüfung müssen Sie diese Unterlagen unter anderem vorlegen.

Fazit

Möchten Sie Ihre Belege in ein Buchführungsprogramm eingeben, empfiehlt es sich, die Barbelege bzw. Kassenbelege nach Datum zu sortieren und durchgehend zu nummerieren. Hier sollte der älteste Beleg ganz unten und der Neueste ganz oben liegen.

Ihre Kontoauszüge sollten Sie nach Auszugsnummer sortieren und in einen Ordner heften. Anschließend heften Sie die Rechnungen, die über das Bankkonto abgewickelt wurden, hinter den entsprechenden Auszug. Alle anderen Rechnungen heften Sie bis zur Zahlung oben auf.

Die Bilanz mit einem Buchführungsprogramm

Inhalt

In diesem Kapitel erfahren Sie, wie Sie Ihre Belege in ein Buchführungsprogramm eingeben, welche Buchungen daraufhin von der Software vorgenommen werden und was Sie bei der Erfassung der Belege beachten müssen.

- Wie arbeiten Buchführungsprogramme?
- Welche Daten müssen Sie eingeben?
- Warum müssen Sie für jede Buchung zwei Kontonummern angeben?
- Welche Reihenfolge ist dabei einzuhalten?
- Welche Berichte und Auswertungen werden vom Buchführungsprogramm automatisch erstellt?

Wie arbeiten Buchführungsprogramme?

Diese Programme arbeiten mit einem Kontenrahmen und sind so programmiert, dass mit einer Eingabe gleichzeitig mehrere Arbeitsgänge erledigt werden.

Sie müssen Ihre Belege nach Datum sortieren und nacheinander zusammen mit den **richtigen Kontonummern** und die **Kontonummern in der richtigen Reihenfolge** eingeben. Im Hintergrund erledigt die Software dann alles automatisch, sie eröffnet die erforderlichen Konten, ermittelt die Salden, schließt die Konten wieder und erstellt die Bilanz und die Gewinn- und Verlustrechnung. D. h. nach jeder Buchung können Sie Ihre Ergebnisse sehen.

Ist in den Rechnungsbeträgen Umsatzsteuer enthalten, geben Sie einfach den Bruttobetrag zusammen mit dem Steuersatz ein, der auf Ihrem Beleg steht. Dann rechnet das Programm die enthaltene Steuer im Hintergrund automatisch heraus und sammelt jeweils die Umsatzsteuer sowie die Vorsteuer auf eigenen Konten.

Welche Daten müssen Sie eingeben?

Sind die Belege nach Datum sortiert, geben Sie jede Kundenrechnung, jede Eingangsrechnung, jeden Kassenbeleg sowie jede Position der Kontoauszüge nacheinander in die Eingabemaske des Programms ein. Jede Software hat eigene Eingabemasken und die Reihenfolge ist sehr unterschiedlich. Aber alle verlangen von Ihnen mindestens diese Angaben: Zwei Kontonummern, den Umsatzsteuersatz Ihres Beleges, einen Buchungstext sowie den Betrag inkl. Umsatzsteuer. So kann das Programm die Daten richtig verarbeiten.

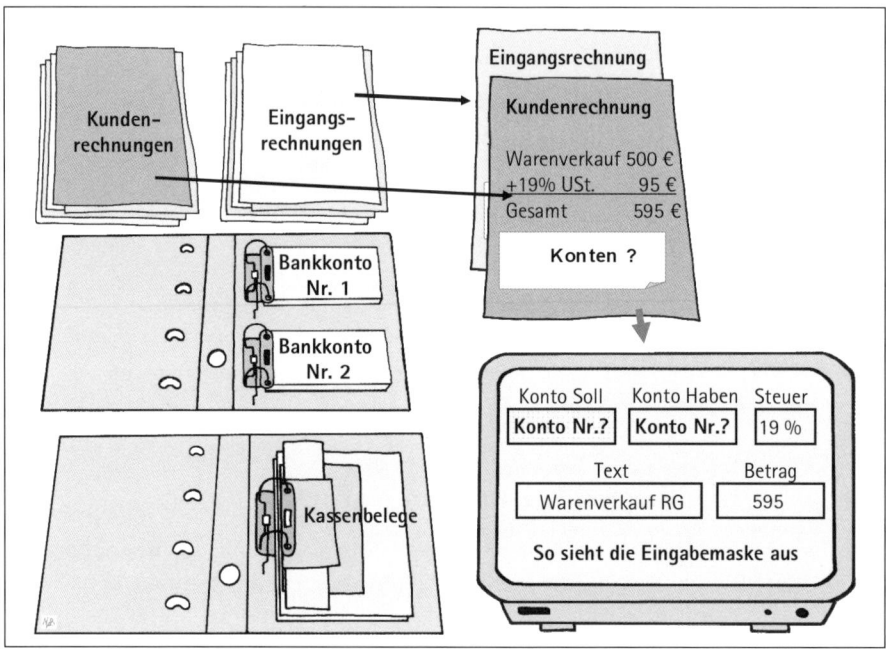

Abb. 1: **So sieht die Eingabemaske aus:** *Hier erfassen Sie jede Kundenrechnung, jede Eingangsrechnung, jeden Kassenbeleg und jede Position der Kontoauszüge.*

Zur besseren Übersicht starten wir damit, zunächst nur die Kundenrechnung sowie die Eingangsrechnungen im Programm zu erfassen. Wie Sie die Kassenbelege und Kontoauszüge eingeben, sehen Sie im letzten Abschnitt.

Rechnungen erfassen mit zwei Kontonummern

Für jede Rechnung brauchen Sie zwei Konten. Welche sind das?

Konten für Kundenrechnungen

Erfassen Sie Kundenrechnungen, verwenden Sie das Konto „Debitor oder Forderungen". Damit steht das erste Konto fest. Um das zweite Konto zu finden, müssen Sie sich fragen, um welche Art der Einnahme es sich handelt. Und das steht auf der

Rechnung, zum Beispiel Warenverkauf. Die Kontonummern dafür finden Sie im Kontenrahmen.

Beispiel

Sie haben eine Kundenrechnung über einen Warenverkauf in Höhe von 595 Euro inkl. 19 % USt. erstellt. Für die Kundenrechnungen brauchen Sie also das Konto „10000 Debitor". Das zweite Konto ist abhängig vom Beleg. Um welche Art der Einnahme handelt es sich? Hier steht das Konto „8400 Erlöse" zur Verfügung.

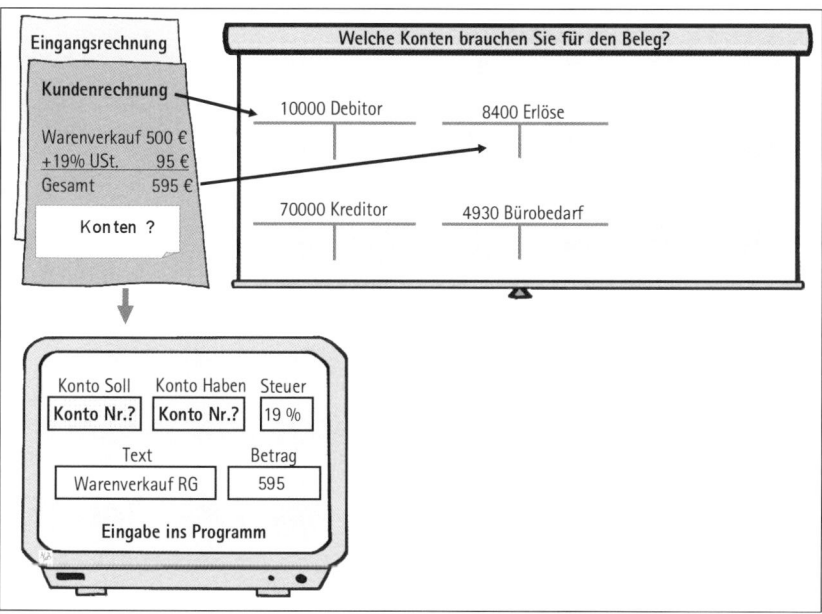

Abb. 2: **Die Konten für eine Kundenrechnung:** *Für diesen Warenverkauf brauchen Sie die Konten 10000 Debitor und 8400 Erlöse.*

Debitorenkonten sind Unterkonten vom Konto Forderungen. Erfassen Sie Ihre Kundenrechnungen sowie deren Zahlung auf verschiedenen Debitorenkonten, sehen Sie die Salden pro Kunde. Gleichzeitig wird die Software im Hintergrund die Summe aller Debitorenkonten automatisch zusammenfassen und in der Bilanz in einer Summe auf dem Konto Forderungen ausweisen.

Konten für Eingangsrechnungen

Für die Eingabe von Eingangsrechnungen verwenden Sie immer das Konto „Kreditor oder Verbindlichkeiten". Um das zweite Konto zu finden, müssen Sie sich die Rechnung ansehen und fragen, um welche Art der Ausgabe es sich handelt.

Beispiel

Sie haben Briefpapier gekauft und Sie erhalten eine Eingangsrechnung über 238 Euro inkl. 19 % USt. Für die Eingangsrechnung brauchen Sie das Konto „70000 Kreditor". Das zweite Konto ist abhängig vom Beleg. Um welche Art der Ausgabe handelt es sich? Hier steht das Konto „4930 Bürobedarf" zur Verfügung.

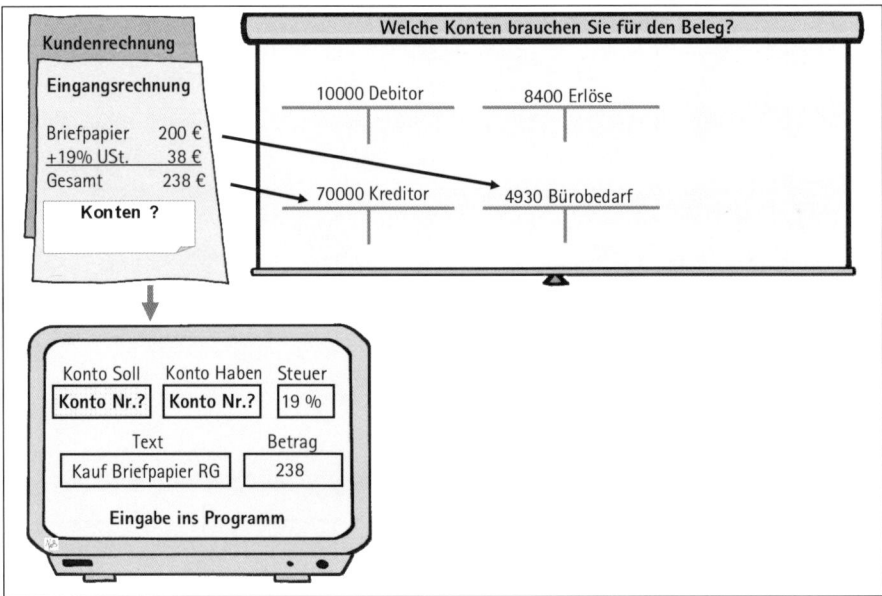

Abb. 3: ***Konten für eine Eingangsrechnung:*** *Für den Einkauf von Büromaterial brauchen Sie die Konten 70000 Kreditor und 4930 Bürobedarf.*

Wenn Sie Ihre Eingangsrechnungen auf Kreditorenkonten buchen, wird die Software im Hintergrund die Summe aller Kreditorenkonten automatisch zusammenfassen und in der Bilanz in einer Summe auf dem Konto Verbindlichkeiten ausweisen.

Hinweis zur Kontenauswahl

Hier sehen Sie nur eine kleine Auswahl von Konten, was nicht der Realität entspricht. In der Praxis ist die Kontenauswahl wesentlich größer, aus diesem Grund sollten Sie sich vor der Eingabe einen Überblick über Ihren Kontenplan verschaffen. Suchen Sie sich vorab nur die Konten aus, die Sie wahrscheinlich brauchen, vielleicht hilft Ihr Steuerberater dabei.

Liegt Ihnen die Bilanz und die Gewinn- und Verlustrechnung des Vorjahres vor, sehen Sie, welche Konten für Ihre Belege verwendet wurden. Und Sie erkennen, dass Sie gar nicht so viele Konten brauchen. Spätestens bei der Belegerfassung werden Sie feststellen, dass sich die wenigen Konten sehr oft wiederholen. Mit anderen Worten, die richtigen Konten zu verwenden, ist reine Übungssache.

Jetzt müssen Sie nur noch wissen, in welcher Reihenfolge Sie die Konten eingeben müssen. Doch vorher noch ein Hinweis zu Debitoren- und Kreditorenkonten.

Die richtige Reihenfolge der Kontonummern

Die Kontonummern in der richtigen Reihenfolge zu erfassen, ist ebenfalls reine Übungssache. Dazu müssen Bilanzierende im laufenden Jahr ein paar Regeln der doppelten Buchführung bzw. der Technik der Buchführung anwenden.

Ein Konto besteht aus zwei Seiten, die linke Seite heißt **Soll** und die rechte Seite heißt **Haben**. Für jeden Geschäftsvorfall müssen Sie ein Konto im Soll und ein Konto im Haben buchen. Für die Erfassung von Kundenrechnungen und Eingangsrechnungen müssen Sie folgende Grundsätze einhalten. Dann wissen Sie, in welchem Fall ein Konto im Soll oder im Haben gebucht wird.

Zwei Regeln der doppelten Buchführung für Kundenrechnungen und Eingangsrechnungen:

	Aussage	Fibukonto erfassen im Soll	Fibukonto erfassen im Haben
Debitor (Forderung)	steigt	Debitor	
	sinkt		Debitor
Kreditor (Verbindlichkeit)	steigt		Kreditor
	sinkt	Kreditor	

Kundenrechnungen erfassen

Erfassen Sie Ihre Kundenrechnungen, brauchen Sie immer das Konto Debitor (Forderungen). Steigen die Forderungen durch diese Rechnung, buchen Sie das Konto Debitor im Soll, und sinken die Forderungen, buchen Sie es im Haben. Wenn Sie sich an diese Regel halten, brauchen Sie das zweite Konto nur noch auf der anderen Seite zu erfassen.

Beispiel

Durch die Kundenrechnung über 595 Euro steigen die Forderungen, das Konto „10000 Debitor" wird im Soll gebucht und das Konto „8400 Erlöse" im Haben.

Während Sie den Bruttobetrag, den Steuersatz und die beiden Konten in der richtigen Reihenfolge eingeben, bucht die Software im Hintergrund den Bruttobetrag von 595 Euro auf dem Konto Debitor im Soll. Den Nettobetrag von 500 Euro auf das Erlöskonto im Haben sowie die heraus gerechnete Umsatzsteuer auf das Konto Umsatzsteuer.

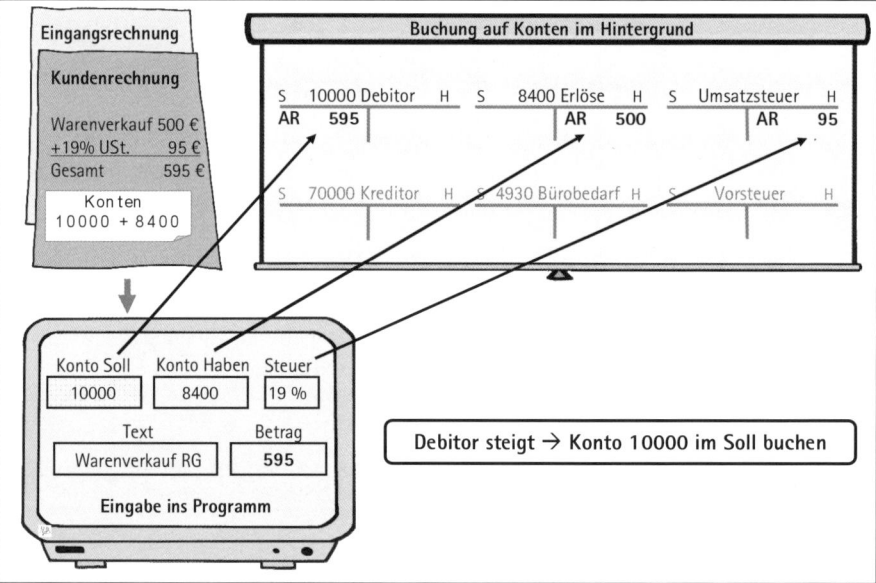

Abb. 4: ***So erfassen Sie eine Kundenrechnung im Programm:*** *Danach stehen auf dem Konto Debitor 595 Euro im Soll und im Haben 500 Euro auf dem Konto Erlöse sowie 95 Euro auf Umsatzsteuer.*

Eingangsrechnungen erfassen

Für die Erfassung von Eingangsrechnungen brauchen Sie das Konto Kreditor (Verbindlichkeiten). Steigen die Verbindlichkeiten durch diese Eingangsrechnung, buchen Sie das Konto Kreditor im Haben, und sinken die Verbindlichkeiten, buchen Sie das Kreditorenkonto im Soll. Und das zweite Konto buchen Sie jeweils auf die andere Seite.

Beispiel

Durch eine Eingangsrechnung über Büromaterial steigen die Verbindlichkeiten, d. h. das Konto „70000 Kreditor" wird im Haben gebucht und damit das Konto „4930 Bürobedarf" im Soll.

Sie geben den Bruttobetrag von 238 Euro, den Steuersatz 19 % und die beiden Konten in der richtigen Reihenfolge ein und schon bucht die Software Ihre Zahlen auf die richtigen Seiten der entsprechenden Konten. Außerdem rechnet es die enthaltene Steuer heraus und bucht diese automatisch auf das Konto Vorsteuer.

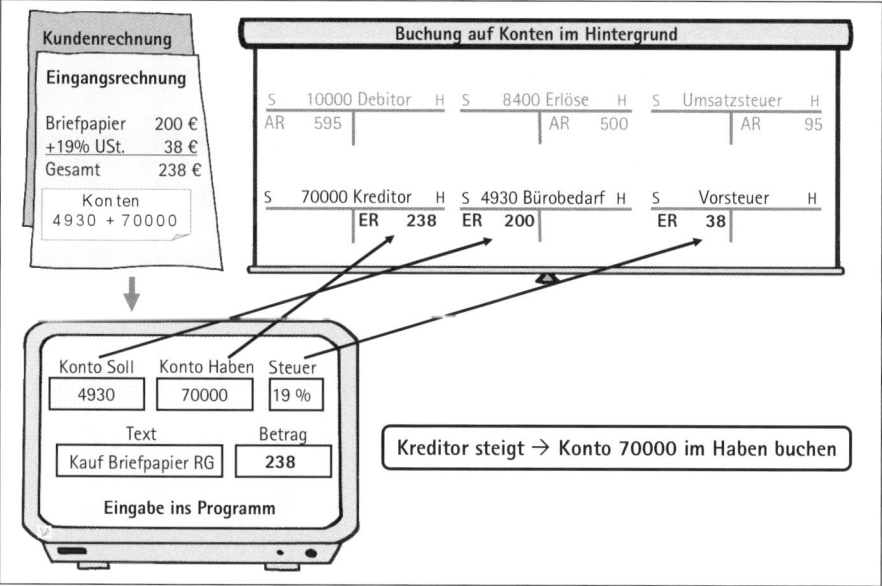

Abb. 5: ***So erfassen Sie eine Eingangsrechnung im Programm:*** *Danach stehen auf dem Konto Kreditor 238 Euro im Haben. Im Soll stehen 200 Euro auf dem Konto Bürobedarf sowie 38 Euro auf Vorsteuer.*

Ihre Berichte sind ständig abrufbereit

Möchten Sie nun sehen, wie es um Ihr Unternehmen steht, geht alles automatisch. Bei den Steuersätzen ist hinterlegt, auf welchen Konten die enthaltene Umsatzsteuer erfasst wird. Bei den Konten ist hinterlegt, in welche Formulare die Summen übertragen werden und vieles mehr. Sind alle Rechnungen erfasst, stehen Ihre Zahlen auf den Konten und die Berichte stehen Ihnen jederzeit auf Knopfdruck zur Verfügung.

Die Umsatzsteuer-Voranmeldung drucken oder übermitteln

Ihre Zahlen werden also automatisch in Ihre Umsatzsteuer-Voranmeldung eingetragen und schon sehen Sie, wie viel Umsatzsteuer Sie an das Finanzamt abführen müssen. Mit den meisten Buchführungsprogrammen können Sie dann auch die ausgefüllte Umsatzsteuer-Voranmeldung online an das Finanzamt übermitteln.

Beispiel

Die Kundenrechnung bzw. Ausgangsrechnung (AR) über 595 Euro und die Eingangsrechnung (ER) über 238 Euro stehen nun auf den verschiedenen Konten. Die Summen der Konten Erlöse, Umsatzsteuer und Vorsteuer werden automatisch in die Umsatzsteuer-Voranmeldung übertragen.

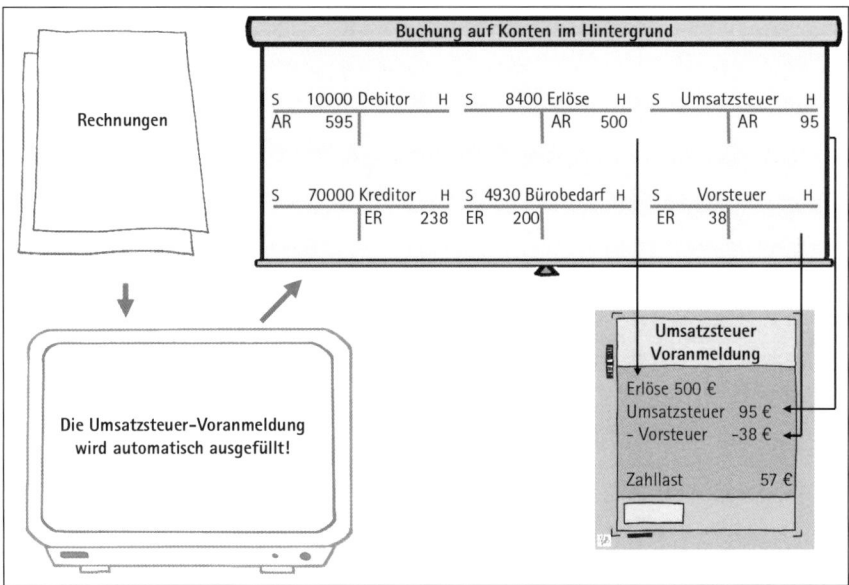

Abb. 6: **Die Umsatzsteuer-Voranmeldung:** *Diese wird automatisch ausgefüllt. Das Programm holt sich die Zahlen von den Konten Erlöse, Umsatzsteuer und Vorsteuer.*

Die Bilanz und die Gewinn- und Verlustrechnung

Ihr Ergebnis steht in der Gewinn- und Verlustrechnung, hier sehen Sie Ihre Erträge und Aufwendungen. In der Bilanz stehen Ihr Vermögen sowie Ihr Kapital. Die G+V wird wie die Bilanz automatisch erstellt.

Beispiel

Ihre Zahlen stehen also auf den Konten. Für die G+V holt sich die Software die Summen der Konten Erlöse und Bürobedarf. In die Bilanz werden die Summen der Konten Debitor (Forderungen), Vorsteuer und Umsatzsteuer übertragen, genauso wie das Ergebnis der G+V.

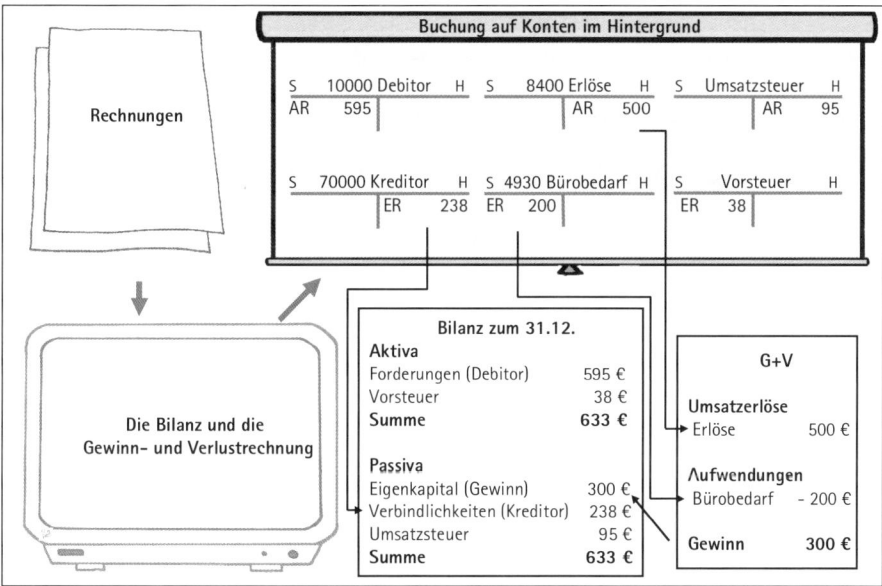

Abb. 7: **Bilanz mit G+V:** *Von den Konten Erlöse und Bürobedarf werden die Zahlen in die G+V übertragen. Und in die Bilanz werden die Summen der Konten Forderungen, Vorsteuer, Verbindlichkeiten und Umsatzsteuer übertragen sowie das Ergebnis der G+V.*

Zusätzlich bieten Ihnen die Buchführungsprogramme eine Vielzahl von Auswertungen und grafischen Darstellungen. So erfüllen Sie nicht nur Ihre Pflichten gegenüber dem Finanzamt, sondern erhalten darüber hinaus interessante Informationen über die Zahlen Ihres Unternehmens.

Kassenbelege und Kontoauszüge buchen mit zwei Kontonummern

Erfassen Sie Kassenbelege, verwenden Sie das Konto „Kasse", und erfassen Sie die Positionen Ihrer Kontoauszüge, verwenden Sie das Konto „Bank". Damit steht das jeweils erste Konto fest. Um das zweite Konto zu finden, müssen Bilanzierende aufpassen. Sie müssen sich fragen, wofür das Geld einging oder um welche Art der Einnahme es sich handelt.

Handelt es sich bei dem Geldeingang um die Begleichung einer offenen Forderung? Zahlt der Kunde eine offene Rechnung, die Sie bereits erfasst haben? In diesem Fall sind der Erlös und die Umsatzsteuer bereits gebucht, deshalb buchen Sie auf das Debitorenkonto ohne Steuersatz. Oder handelt es sich tatsächlich um einen Erlös, der bisher noch nicht gebucht wurde? Dann ist das zweite Konto in der Regel ein Erlöskonto.

Für Ausgaben gilt das Gleiche. Worum handelt es sich? Ist es die Zahlung einer offenen Eingangsrechnung, die Sie bereits gebucht haben? Wenn ja, dann buchen Sie auf Kreditorenkonto, auch ohne Steuersatz. Nur bei Ausgaben, die tatsächlich noch nicht gebucht wurden, ist das zweite Konto ein Ausgabekonto.

Konten in der richtigen Reihenfolge

Für die Erfassung von Kassenbelegen und Kontoauszügen müssen Sie die folgenden zwei Regeln der doppelten Buchführung beachten, um festzulegen, ob ein Konto im Soll oder im Haben gebucht wird.

	Aussage	Fibukonto erfassen im Soll	Fibukonto erfassen im Haben
Kassenstand	steigt	Kasse	
	sinkt		Kasse
Banksaldo	steigt	Bank	
	sinkt		Bank

Kassenbelege erfassen

Erfassen Sie Ihre Kassenbelege, brauchen Sie immer das Konto Kasse. Steigt der Kassenstand durch diese Belege, buchen Sie das Konto Kasse im Soll und sinkt der Kassenstand, buchen Sie es im Haben. Und das zweite Konto buchen Sie jeweils auf der anderen Seite.

Beispiel

Ein Kunde zahlt bar eine Rechnung über einen Warenverkauf in Höhe von 119 Euro inkl. 19 % USt. Für den Kassenbeleg Nr. 1 brauchen Sie das Konto „1000 Kasse". Das zweite Konto ist das Konto „8400 Erlöse", denn dieser Beleg wurde bisher nicht gebucht. Durch diese Bareinnahme steigt der Kassenstand, also buchen Sie das Konto „1000 Kasse" im Soll und das andere im Haben.

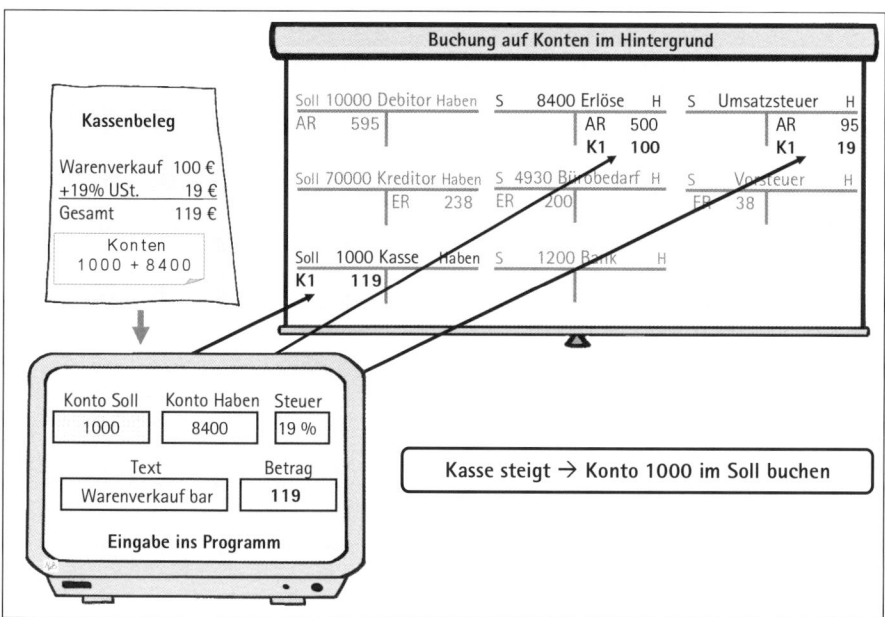

Abb. 8: *So erfassen Sie eine Bareinnahme im Programm:* *Danach stehen auf dem Konto Kasse 119 Euro im Soll. Und im Haben stehen 100 Euro auf dem Konto Erlöse sowie 19 Euro auf Umsatzsteuer.*

Positionen der Kontoauszüge erfassen

Für die Erfassung der Positionen Ihrer Kontoauszüge brauchen Sie immer das Konto Bank. Steigt der Banksaldo durch einen Geldeingang, buchen Sie das Konto Bank im Soll und sinkt der Banksaldo durch eine Zahlung, buchen Sie es im Haben. Und das zweite Konto eben auf der anderen Seite.

Beispiel

Ein Kunde zahlt eine offene Rechnung über 595 Euro. Durch diesen Geldeingang steigt der Banksaldo, deshalb wird das Konto „1200 Bank" im Soll gebucht. In diesem Fall ist das zweite Konto kein Erlöskonto, sondern das Konto „10000 Debitor", denn die Rechnung wurde bereits erfasst und steht in der Bilanz unter Forderungen. In diesem Fall geben Sie keinen Steuersatz ein, da die Umsatzsteuer bei der Erfassung der Rechnung bereits gebucht wurde. Nach der Eingabe stehen 595 Euro auf dem Konto Bank im Soll und beim Debitor im Haben.

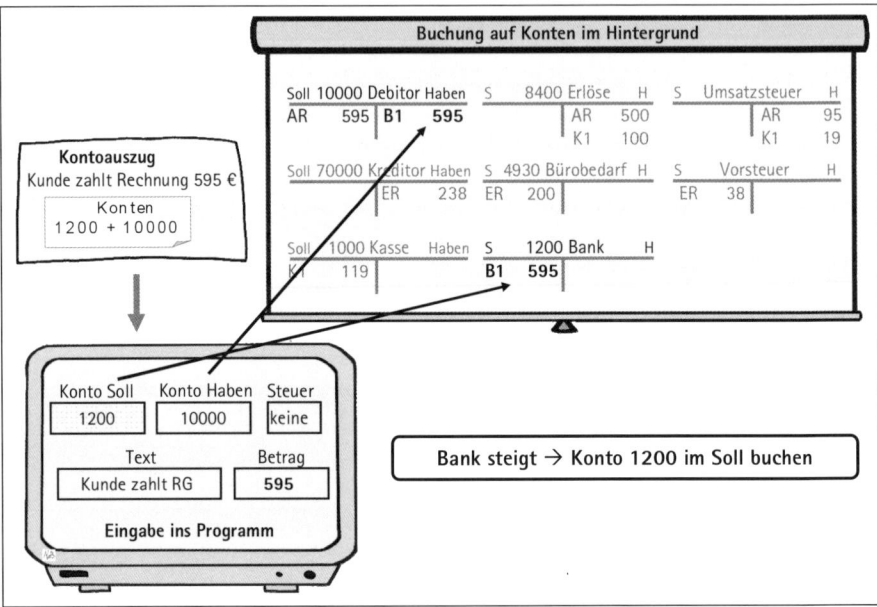

Abb. 9: ***So sieht der Ausgleich einer offenen Forderung aus:*** *Beim Konto Bank stehen 595 Euro im Soll und beim Debitorenkonto im Haben.*

Fazit

Geben Sie die richtigen Kontonummern in der richtigen Reihenfolge zusammen mit dem Steuersatz in ein Buchführungsprogramm ein, so erstellt die Software alle Berichte auf Knopfdruck. Sie erfassen Ihre Belege immer nach dem gleichen Schema:

Bei Kundenrechnungen das Konto Debitor im Feld „Konto Soll" und das Ertragskonto im Feld „Konto Haben".

Bei Eingangsrechnungen das Konto Kreditor im Feld „Konto Haben" und das Aufwandskonto im Feld „Konto Soll".

Bei Geldeingängen das Konto Kasse bzw. Bank im Feld „Konto Soll" und das andere Konto im Feld „Konto Haben".

Bei Zahlungen das Konto Kasse bzw. Bank im Feld „Konto Haben" und das andere Konto im Feld Konto Soll".

Die Einnahme-Überschussrechnung mit einem Buchführungsprogramm

Inhalt

Sie können Ihre Einnahme-Überschussrechnung ganz bequem mit einem Buchführungsprogramm erledigen. Das Programm wird Ihnen eine Menge Arbeit abnehmen. Hier erfahren Sie wie es funktioniert.

- Wieso Buchführung anwenden für die Einnahme-Überschussrechnung?
- Wann lohnt sich die Belegerfassung mit einem Programm?
- Welche Daten müssen eingegeben werden?
- Welche Kontonummern werden in welcher Reihenfolge eingegeben?
- Wie erstellt das Programm die Umsatzsteuer-Voranmeldung und die Einnahme-Überschussrechnung?

Einnahme-Überschussrechnungen und Buchführung?

Komisch, es heißt Einnahme-Überschussrechnung, also **keine Buchführungspflicht**. Weshalb dann ein Buchführungsprogramm? Weil es damit schneller und leichter geht. Wechseln Sie dadurch freiwillig zur doppelten Buchführung? Nein, denn mit einem Buchführungsprogramm können Sie nicht nur Bilanzen, sondern auch Einnahme-Überschussrechnungen erstellen, soweit die entsprechenden Einstellungen vorgenommen sind.

Wie arbeiten Buchführungsprogramme?

Diese Programme arbeiten mit einem Kontenrahmen und sind so programmiert, dass mit einer Eingabe gleichzeitig mehrere Arbeitsgänge erledigt werden.

Sie müssen Ihre Belege nicht mehr nach Kategorien sortieren, sondern nur noch nach Datum. Geben Sie dann die Belege nacheinander ein, zusammen mit den **richtigen Kontonummern** und die **Kontonummern in der richtigen Reihenfolge**, sortiert das Programm Ihre Einnahmen und Ausgaben automatisch in die gewünschten Kategorien, und zwar auf die verschiedenen Konten.

Ist in den Rechnungsbeträgen Umsatzsteuer enthalten, geben Sie einfach den Bruttobetrag zusammen mit dem Steuersatz ein, der auf Ihrem Beleg steht. Dann rechnet das Programm die enthaltene Steuer im Hintergrund automatisch heraus und sammelt jeweils die Umsatzsteuer sowie die Vorsteuer auf eigenen Konten.

Haben Sie viele Belege und müssen Sie zusätzlich zur Gewinnermittlung auch die Umsatzsteuer und Vorsteuer mit dem Finanzamt abrechnen, lohnt es sich, ein Buchführungsprogramm einzusetzen. Das spart viel Rechnerei und Schreibarbeit.

Welche Daten müssen Sie eingeben?

Sind die Belege nach Datum sortiert, geben Sie jeden Barbeleg sowie jede Position Ihrer Kontoauszüge nacheinander in die Eingabemaske des Programms ein. Jede Software hat eigene Eingabemasken und die Reihenfolge ist sehr unterschiedlich. Aber alle verlangen von Ihnen mindestens diese Angaben: Zwei Kontonummern, den Umsatzsteuersatz Ihres Beleges, einen Buchungstext sowie den Betrag inkl. Umsatzsteuer. So kann das Programm die Daten richtig verarbeiten.

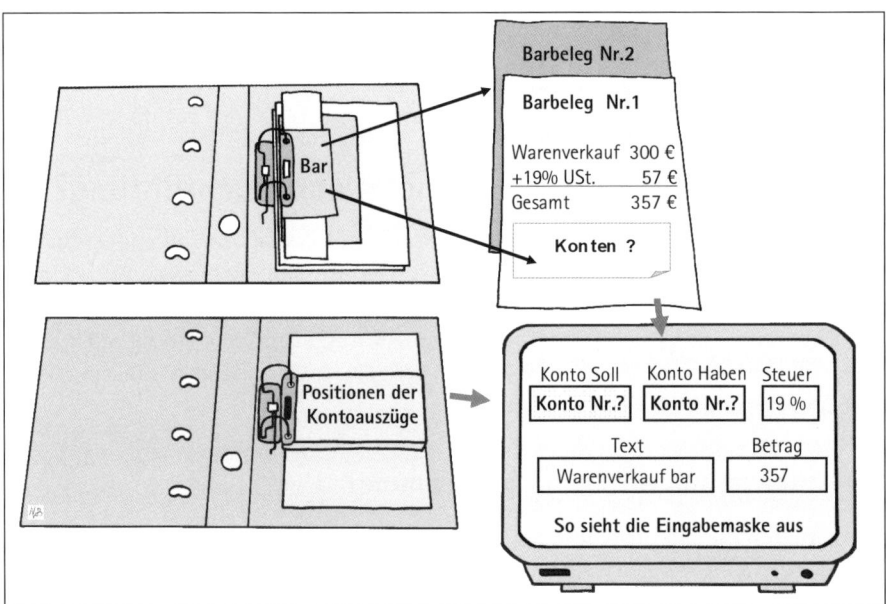

Abb. 1: **So sieht die Eingabemaske aus:** *Hier erfassen Sie jeden Barbeleg und jede Position Ihrer Kontoauszüge.*

Belegerfassung mit zwei Kontonummern

Für jeden Beleg brauchen Sie zwei Konten. Welche sind das? Erfassen Sie Barbelege, verwenden Sie das Konto „Kasse", und erfassen Sie die Positionen Ihrer Kontoauszüge, verwenden Sie das Konto „Bank". Damit steht das jeweils erste Konto fest. Es fehlt also nur noch das zweite Konto.

Konten für Einnahmebelege und Geldeingänge

Um das zweite Konto bei einer Einnahme bzw. einem Geldeingang zu finden, müssen Sie sich fragen, wofür das Geld einging oder um welche Art der Einnahme es sich handelt. Und das steht auf Ihrem Beleg, zum Beispiel Warenverkauf. Die Kontonummern dafür finden Sie im Kontenrahmen.

Beispiel

Ein Kunde zahlt bar eine Rechnung über einen Warenverkauf in Höhe von 357 Euro inkl. 19 % USt. Für den Barbeleg Nr. 1 brauchen Sie also das Konto „1000 Kasse". Das zweite Konto ist abhängig vom Beleg. Um welche Art der Einnahme handelt es sich? Hier steht das Konto „8400 Erlöse" zur Verfügung.

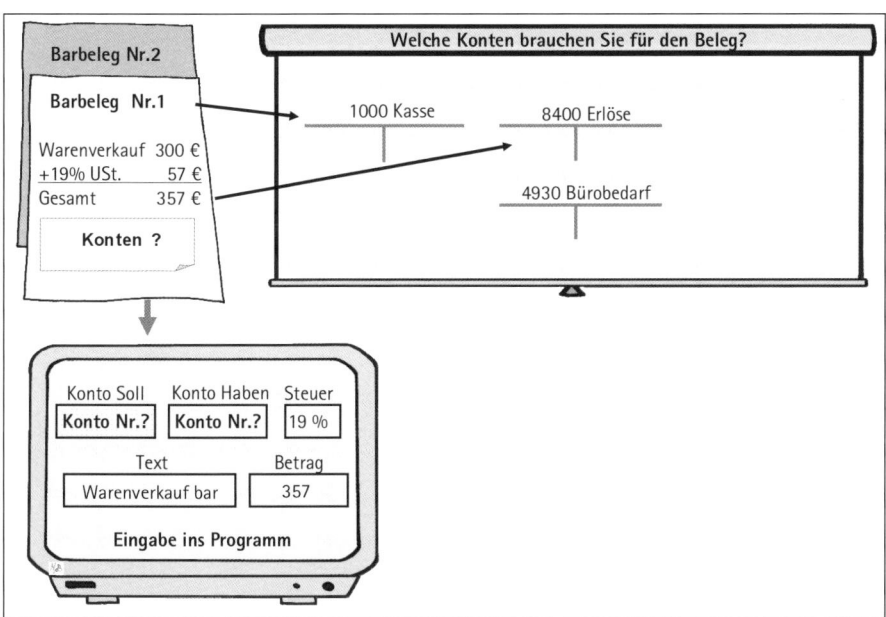

Abb. 2: **Die Konten für einen Barverkauf von Waren:** Um den Barbeleg Nr. 1 zu erfassen, brauchen Sie die Konten 1000 Kasse und 8400 Erlöse.

Konten für Ausgabebelege und Zahlungen

Das zweite Konto bei einem Ausgabebeleg oder einer Abbuchung vom Bankkonto finden Sie, wenn Sie fragen, wofür das Geld gezahlt wurde oder um welche Art der Ausgabe es sich handelt.

Beispiel

Sie haben Briefpapier bar gekauft in Höhe von 119 Euro inkl. 19 % USt. Für den Barbeleg Nr. 2 brauchen Sie wieder das Konto „1000 Kasse". Das zweite Konto ist abhängig vom Beleg. Hier steht das Konto „4930 Bürobedarf" zur Verfügung.

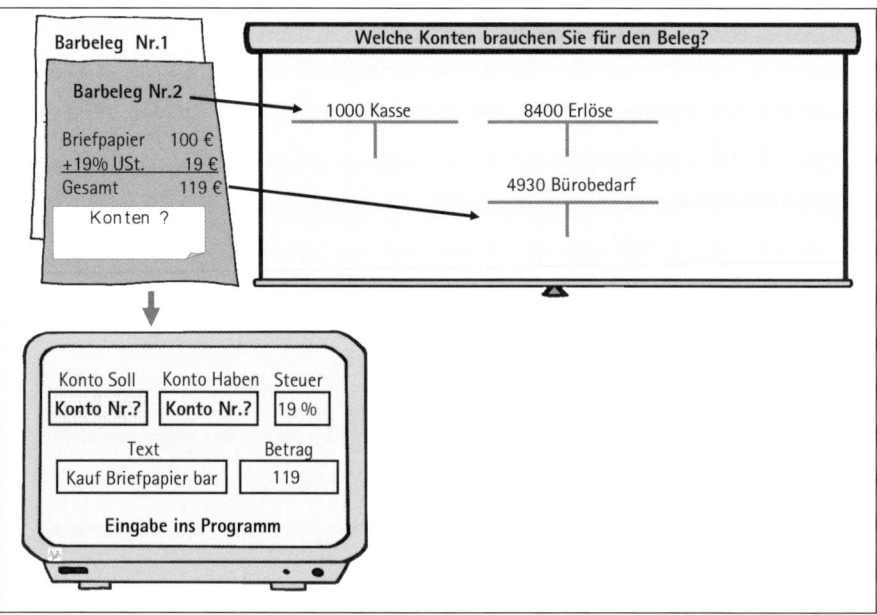

Abb. 3: **Konten für einen Barkauf von Büromaterial:** *Für den Barbeleg Nr. 2 brauchen Sie die Konten 1000 Kasse und 4930 Bürobedarf.*

Hinweis zur Kontenauswahl

Hier sehen Sie nur eine kleine Auswahl von Konten. In der Praxis ist die Kontenauswahl wesentlich größer, aber gerade für eine Einnahme-Überschussrechnung sind nur wenige Konten erforderlich. Aus diesem Grund sollten Sie sich vor der Eingabe einen Überblick über Ihren Kontenplan verschaffen. Suchen Sie sich vorab nur die Konten aus, die Sie wahrscheinlich brauchen, vielleicht hilft Ihr Steuerberater dabei. Liegt Ihnen die Einnahme-Überschussrechnung des Vorjahres vor, sehen Sie, welche Konten für Ihre Belege verwendet wurden. Spätestens bei der Erfassung Ihrer Belege werden Sie feststellen, dass sich die wenigen Konten sehr oft wiederholen. Die richtigen Konten zu verwenden, ist also reine Übungssache.

Jetzt sollten Sie nur noch wissen, in welcher Reihenfolge Sie die Konten eingeben müssen.

Die richtige Reihenfolge der Kontonummern

Die Kontonummern in der richtigen Reihenfolge zu erfassen, ist ebenfalls reine Übungssache. Dazu müssen Einnahme-Überschussrechner im laufenden Jahr zwei Regeln der doppelten Buchführung bzw. der Technik der Buchführung anwenden, denn diese Programme arbeiten nach diesen Regeln.

Ein Konto besteht aus zwei Seiten, die linke Seite heißt **Soll** und die rechte Seite heißt **Haben**. Für jeden Geschäftsvorfall müssen Sie ein Konto im Soll und ein Konto im Haben buchen. Für die Erfassung von Barbelegen und Kontoauszügen müssen Sie folgende Grundsätze einhalten. Dann wissen Sie, in welchem Fall ein Konto im Soll oder im Haben gebucht wird.

Zwei Regeln der doppelten Buchführung für Barbelege und Kontoauszüge:

	Aussage	Fibukonto erfassen im Soll	Fibukonto erfassen im Haben
Kassenstand	steigt	Kasse	
	sinkt		Kasse
Banksaldo	steigt	Bank	
	sinkt		Bank

Einnahmebelege und Geldeingänge erfassen

Erfassen Sie Ihre Barbelege, brauchen Sie immer das Konto Kasse. Steigt der Kassenstand durch diesen Beleg bzw. den Geldeingang, buchen Sie das Konto Kasse im Soll. Das gilt auch für Geldeingänge auf Ihren Kontoauszügen, dann buchen Sie das Konto Bank im Soll. Wenn Sie sich an diese Regel halten, brauchen Sie das zweite Konto nur noch auf der anderen Seite zu erfassen, im Haben.

Beispiel

Durch eine Bareinnahme steigt der Kassenstand, das Konto „1000 Kasse" wird im Soll gebucht und das Konto „8400 Erlöse" im Haben.

Während Sie den Bruttobetrag, den Steuersatz und die beiden Konten in der richtigen Reihenfolge eingeben, bucht die Software im Hintergrund wie folgt. Den Bruttobetrag von 357 Euro auf dem Konto Kasse im Soll. Den Nettobetrag von 300 Euro auf das Erlöskonto im Haben sowie die heraus gerechnete Umsatzsteuer von 57 Euro auf das Konto Umsatzsteuer im Haben.

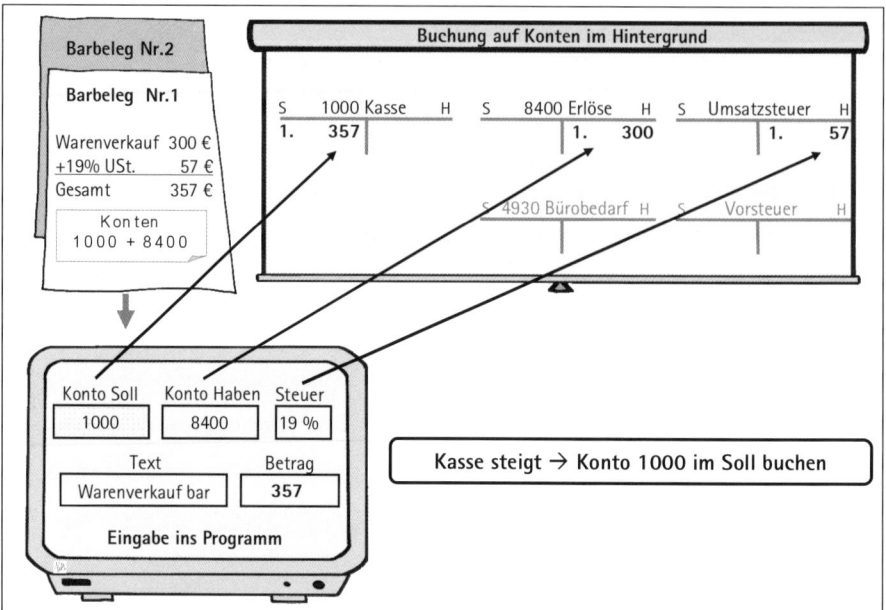

Abb. 4: ***So erfassen Sie eine Bareinnahme im Programm:*** *Danach stehen auf dem Konto Kasse 357 Euro im Soll. Und im Haben stehen 300 Euro auf dem Konto Erlöse sowie 57 Euro auf Umsatzsteuer.*

Die meisten Programme bieten Ihnen vereinfachte Eingabemasken, in denen Sie mit den Worten Einnahme oder Ausgabe oder den Vorzeichen + oder − Ihre Belege erfassen können. Im Hintergrund wenden diese Programme für Sie ganz unbemerkt die Technik der Buchführung an und buchen die Konten Kasse oder Bank selbst.

Verfügt das Programm über verschiedene Eingabemasken, ist es ganz gleich, wo Sie Ihre Belege erfassen, denn Ihre Zahlen stehen nach dem Buchen immer auf den Konten.

Ausgabebelege und Zahlungen erfassen

Sinkt der Kassenstand durch diesen Ausgabebeleg oder die Zahlung, buchen Sie das Konto Kasse, bzw. das Konto Bank im Haben. Und das zweite Konto, das Ausgabekonto erfassen Sie auf der anderen Seite, im Soll.

Beispiel

Durch eine Barzahlung von Büromaterial sinkt der Kassenstand, d. h. das Konto „1000 Kasse" wird im Haben gebucht und damit das Konto „4930 Bürobedarf" im Soll.

Sie geben den Bruttobetrag von 119 Euro, den Steuersatz 19 % und die beiden Konten in der richtigen Reihenfolge ein und schon bucht die Software Ihre Zahlen auf die richtigen Seiten der entsprechenden Konten. Außerdem rechnet es die enthaltene Steuer heraus und bucht diese automatisch auf das Konto Vorsteuer.

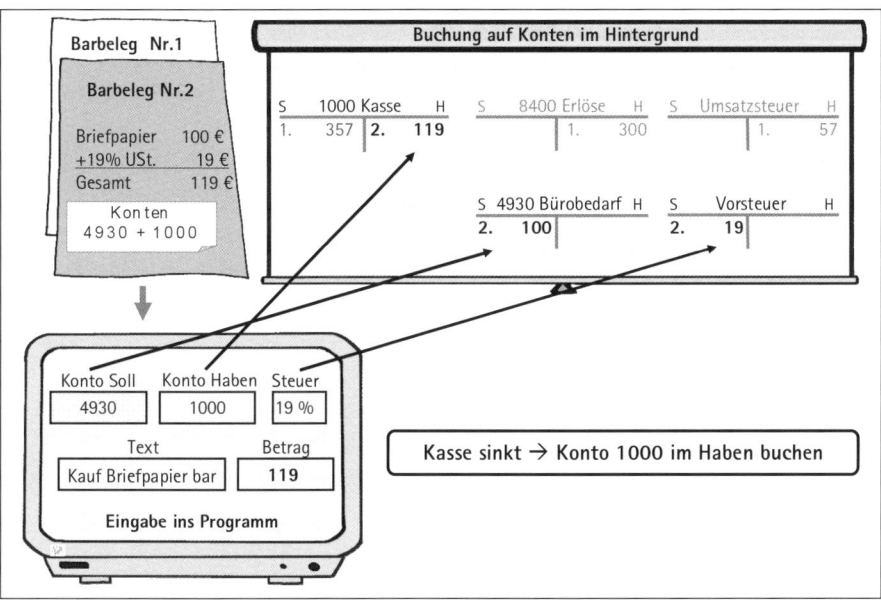

Abb. 5: **So erfassen Sie einen Barkauf im Programm:** *Danach stehen auf dem Konto Kasse 119 Euro im Haben. Im Soll stehen 100 Euro auf dem Konto Bürobedarf sowie 19 Euro auf Vorsteuer.*

Ihre Berichte sind immer abrufbereit

Möchten Sie nun Ihre Ergebnisse sehen, geht alles automatisch. Bei den Steuersätzen ist hinterlegt, auf welchen Konten die enthaltene Umsatzsteuer erfasst wird. Bei den Konten ist hinterlegt, in welche Formulare die Summen übertragen werden und vieles mehr. Nach der Belegerfassung stehen Ihre Zahlen auf den Konten und schon stehen Ihnen die Berichte jederzeit auf Knopfdruck zur Verfügung.

Die Umsatzsteuer-Voranmeldung drucken oder übermitteln

Ihre Zahlen werden also automatisch in Ihre Umsatzsteuer-Voranmeldung eingetragen und schon sehen Sie wie viel Umsatzsteuer Sie an das Finanzamt abführen müssen. Mit den meisten Buchführungsprogrammen können Sie dann auch die ausgefüllte Umsatzsteuer-Voranmeldung online an das Finanzamt übermitteln.

Beispiel

Die Bareinnahme von 357 Euro und der Barkauf von Büromaterial in Höhe von 119 Euro stehen nun auf den verschiedenen Konten. Die Summen der Konten Erlöse, Umsatzsteuer und Vorsteuer werden automatisch in die Umsatzsteuer-Voranmeldung übertragen.

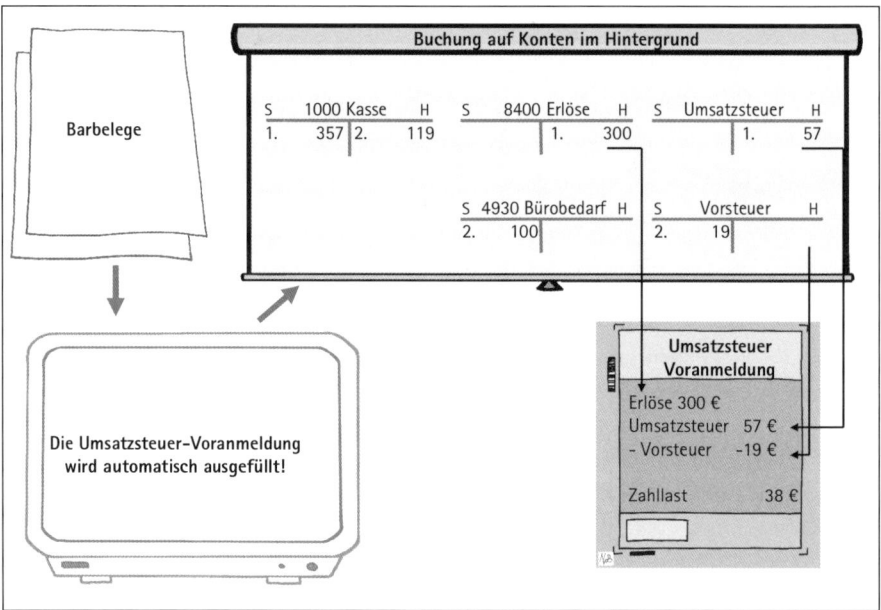

Abb. 6: **Die Umsatzsteuer-Voranmeldung:** *Diese wird nach der Eingabe automatisch ausgefüllt. Das Programm holt sich die Zahlen von den Konten Erlöse, Umsatzsteuer und Vorsteuer.*

Die Einnahme-Überschussrechnung mit oder ohne Formular

Ihr Gewinn oder Verlust steht in der Einnahme-Überschussrechnung, hier sehen Sie Ihre Betriebseinnahmen und -ausgaben. Am Jahresende müssen die meisten Einnahme-Überschussrechner den Gewinn auf dem amtlichen Formular „Anlage EÜR" ermitteln, in dem sie die Betriebseinnahmen und -ausgaben in entsprechende Felder eintragen. Nur für Kleinstunternehmen, deren Einnahmen unter 17.500 Euro liegen, genügt eine relativ formfreie Aufstellung der Betriebseinnahmen und Betriebsausgaben.

Auch die Einnahme-Überschussrechnung wird automatisch erstellt, und zwar mit und ohne Formular.

Beispiel

Ihre Zahlen stehen also auf den Konten. Für die Einnahme-Überschussrechnung und das Formular „Anlage EÜR" holt sich die Software die Summen der Konten Erlöse, Umsatzsteuer, Bürobedarf und Vorsteuer.

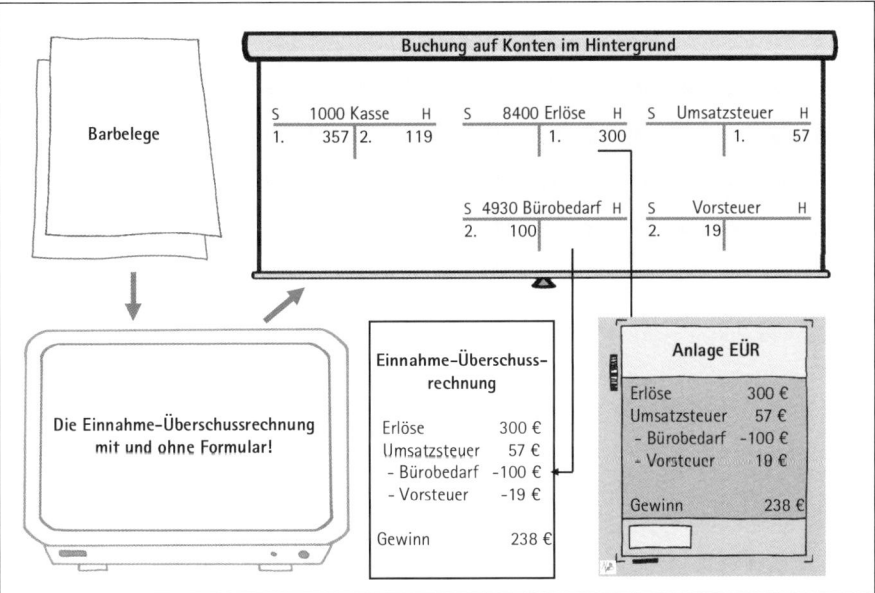

Abb. 7: ***Die Einnahme-Überschussrechnung und die Anlage EÜR:*** *Für beide Berichte überträgt das Programm die Zahlen von den Konten Erlöse, Umsatzsteuer, Bürobedarf und Vorsteuer.*

Für den Kassenbestand oder den Banksaldo von Einnahme-Überschussrechnern interessiert sich das Finanzamt nicht. Es genügt die Gegenüberstellung von Betriebseinnahmen und -ausgaben.

Hinweis zu den Konten Kasse und Bank

Zu Beginn des Jahres ist die Eingabe der Anfangsbestände Ihrer Bankkonten und ggf. Ihrer Kasse empfehlenswert, wenn Sie mit einem Buchführungsprogramm arbeiten. Damit nutzen Sie eine sehr hilfreiche Kontrollfunktion.

Das Führen eines Kassenberichts ist bei Einnahme-Überschussrechnern nur erforderlich, wenn Sie aufgrund Ihrer Tätigkeit eine Barkasse führen müssen. Das ist zum Beispiel bei einem Kiosk oder einem Bistro der Fall, wenn die Bareinnahmen durch eine Barkasse bzw. einen Kassenbericht ermittelt werden. Wenn in Ihrem Unternehmen kein Kassenbericht erforderlich ist, geben Sie keinen Anfangsbestand ein und erfassen Ihre Barbelege ohne Beachtung des Kassenstandes.

Überblick Kontenrahmen

Die Konten im Kontenrahmen

Buchführungsprogramme wenden die doppelte Buchführung an bzw. die Technik der Buchführung und diese funktioniert nur über Konten. Jeder Geschäftsvorfall bzw. jeder Beleg wird auf mindestens zwei Konten gebucht. So wird jede Veränderung in den Werten des Unternehmens erfasst. D. h. für jeden Beleg, den Sie in das Programm eingeben möchten, brauchen Sie mindestens zwei Konten. Diese Konten stehen in einem Kontenrahmen, auch Kontenplan genannt.

Wie ist ein Kontenrahmen aufgebaut?

Ein Kontenrahmen beinhaltet bis zu 1.000 Konten, wovon Sie in der Praxis in der Regel nur 30 bis 50 benötigen.

Jeder Kontenrahmen ist systematisch aufgebaut, jedes Konto hat neben der Kontenbezeichnung eine eigene Kontonummer. Die Konten sind unterteilt in die verschiedenen Bereiche der Bilanz, wie Anlage- und Umlaufvermögen sowie Fremd- und Eigenkapital. Der Bereich Eigenkapital bietet weitere Konten für Privates, Aufwendungen und Erträge.

Welche Konten gibt es?

Hier stellen wir Ihnen die verschiedenen Bereiche eines Kontenplans vor und zeigen Ihnen in jedem Bereich einen Teil der Konten. So verschaffen Sie sich einen Überblick und erfahren, welche Konten es gibt. Erst danach können Sie Überlegungen anstellen, welche Konten Sie für einen Geschäftsvorfall brauchen könnten.

Abb. 1: **Welche Konten gibt es?** *Für jeden Bereich der Bilanz gibt es Konten. Diese möchten wir Ihnen anhand dieses Unternehmens vorstellen.*

Für einen Kontenrahmen müssen Sie sich entscheiden

Es gibt sehr viele verschiedene Kontenrahmen, diese unterscheiden sich lediglich in der Nummernvergabe, d. h. sie verwenden für die gleiche Kontenbezeichnung unterschiedliche Nummern.

In den folgenden Beispielen zeigen wir Ihnen gleichzeitig die Konten der bekanntesten DATEV-Standardkontenrahmen SKR 03 und SKR 04.

> **Achtung**
> Grundsätzlich können Sie den Kontenrahmen frei wählen. Arbeiten Sie allerdings mit einem Steuerberater zusammen, d. h. möchten Sie ihm am Jahresende Ihre Daten überspielen, sollten Sie unbedingt den gleichen Kontenrahmen verwenden wie er. Dann sprechen Sie von den gleichen Kontonummern. Ein Anruf beim Steuerberater genügt.

Konten für Ihr Anlage- und Umlaufvermögen

Das Vermögen, das Ihrem Unternehmen langfristig dient, nennt man Anlagevermögen. Es wird auf der linken Seite der Bilanz, getrennt vom Umlaufvermögen, ausgewiesen. Das Umlaufvermögen verbleibt nur kurzfristig im Unternehmen. Diese Konten werden auch Aktivkonten genannt, da die linke Seite der Bilanz Aktiva heißt.

Was zählt zum Anlagevermögen?

Anlagevermögen sind Vermögensgegenstände wie Grundstücke, Gebäude, Maschinen, Fahrzeuge, Computer und viele mehr. Diese sind ein fester Bestandteil Ihrer Unternehmenseinrichtung bzw. -ausstattung. Mit dieser Ausstattung können Sie Ihr Unternehmen führen, handeln oder produzieren sowie Ihre Produkte oder Dienstleistungen vertreiben. Zum Anlagevermögen zählen auch immaterielle Vermögensgegenstände, wie Patente, Firmenwert und langfristig angelegtes Geld.

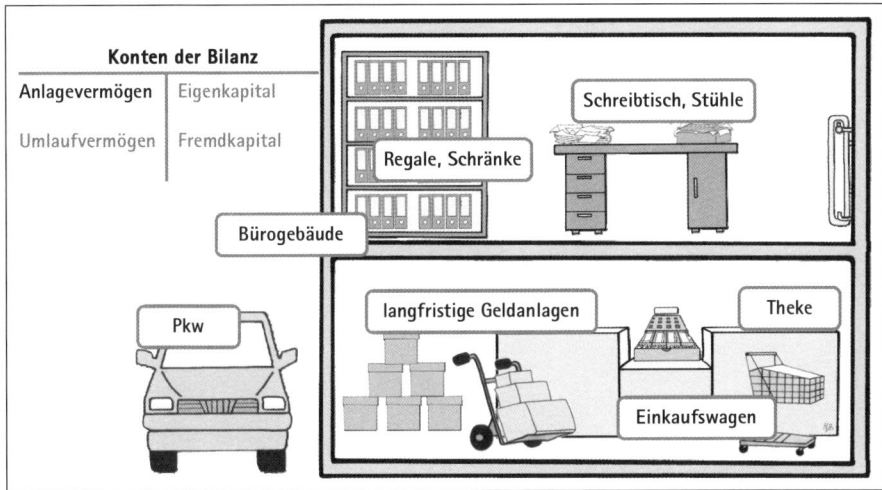

Abb. 2: **Was zählt zum Anlagevermögen?** *Dazu gehören Ihre Betriebsausstattung, sonstige Vermögensgegenstände und Werte, die Ihrem Unternehmen langfristig dienen.*

Auf diesen Konten erfassen Sie die Anschaffung, die Abschreibung und mögliche Abgänge vom Anlagevermögen.

Kontenbeispiele für das Anlagevermögen:

SKR 03	SKR 04	Kontenbezeichnung
0065	0215	unbebaute Grundstücke
0027	0135	EDV-Software, Internet-Seite
0090	0240	Geschäftsbauten
0210	0440	Maschinen
0320	0520	Kfz
0420	0650	Büroeinrichtung
0485	0675	Wirtschaftsgüter über 150 Euro bis 1.000 Euro Sammelposten
0480	0670	Geringwertige Wirtschaftsgüter bis 410 Euro

0490	0690	Sonst. Betriebs- u. Geschäftsausstattung
0120	0710	Gebäude im Bau
0510	0820	Beteiligungen
0550	0940	Darlehen

Was zählt zum Umlaufvermögen?

Zum Umlaufvermögen zählen Ihr Geld auf der Bank und in der Kasse, offene Forderungen sowie alle Waren- und Materialbestände. Im laufenden Jahr verändert sich Ihr Umlaufvermögen ständig. Sie kaufen Material und Waren ein und entnehmen bzw. verkaufen es. Sie schreiben Rechnungen, die Kunden zahlen sofort oder später und auf Ihrem Bankkonto fließen ständig Zahlungsaus- und -eingänge.

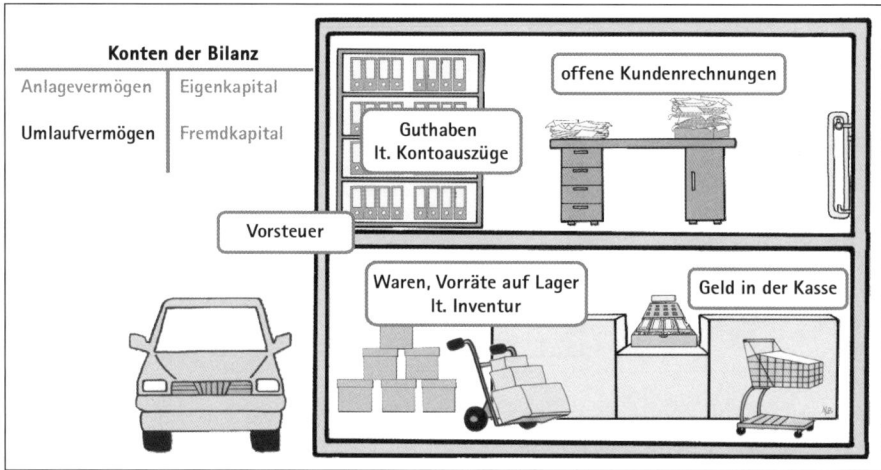

Abb. 3: **Was zählt zum Umlaufvermögen?** *Ihr kurzfristiges Vermögen, Ihr Geld auf der Bank, offene Forderungen sowie Ihre Lagerbestände.*

Auf dem Konto Kasse erfassen Sie Ihre Kassenbelege, auf dem Konto Bank die Positionen Ihres Kontoauszugs. Auf dem Konto Forderungen erfassen Sie offene Kundenrechnungen sowie die Geldeingänge der Kunden, wenn diese Rechnungen bezahlt werden.

Tipp

Arbeiten Sie mit Debitorenkonten, machen Sie parallel eine Nebenbuchhaltung, denn Debitorenkonten sind Unterkonten des Kontos Forderungen. Während Sie die offenen Kundenrechnung sowie deren Zahlung auf die verschiedenen Debitorenkonten buchen, wird die Software im Hintergrund die Summe aller Debitorenkonten automatisch zusammenfassen und in der Bilanz in einer Summe auf dem Konto Forderungen ausweisen. Gleichzeitig sehen Sie aber auch die Salden der einzelnen Debitorenkonten.

Hier im Bereich Umlaufvermögen wird der tatsächliche Wert von Warenvorräten laut Inventur erfasst. Die Inventur ist in regelmäßigen Abständen durchzuführen, d. h. mindestens einmal im Jahr. Mögliche Veränderungen der Bestände werden spätestens bei der Erstellung des Jahresabschlusses zu den Aufwendungen oder Erträgen umgebucht.

Kontenbeispiele für das Umlaufvermögen:

SKR 03	SKR 04	Kontenbezeichnung
3970	1000	Bestand Roh-, Hilfs- und Betriebsstoffe (Bestand laut Inventur)
7110	1110	Fertige Erzeugnisse (Bestand laut Inventur)
7140	1140	Waren (Bestand laut Inventur)
1000	1600	Kasse
1200	1800	Bank
1500	1300	Sonstige Forderungen
1400	1200	Forderungen aus Lieferungen und Leistungen (Summe der Debitorenkonten)
1410	1210	Forderungen aus Lieferungen und Leistungen (ohne Debitorenkonten)
1460	1240	Zweifelhafte Forderungen
1518	1186	Geleistete Anzahlungen 19 % Umsatzsteuer
1540	1435	Steuerüberzahlungen
1545	1420	Umsatzsteuerforderungen
1571	1401	Abziehbare Vorsteuer 7 %
1576	1406	Abziehbare Vorsteuer 19 %

Die Vorsteuerkonten buchen Sie in der Regel nicht direkt an, das macht das Programm automatisch, wenn Sie den Bruttobetrag eingeben zusammen mit dem richtigen Steuersatz. Auf dem Konto Steuerüberzahlungen erfassen Sie zu erwartenden Erstattungen und deren tatsächlichen Geldeingang.

Achtung
Ist das Programm auf Einnahme-Überschussrechnung eingestellt, erscheinen die Vorsteuerkonten automatisch unter den Betriebsausgaben und Umsatzsteuererstattungen vom Finanzamt unter den Betriebseinnahmen.

Kapital

Während die linke Seite der Bilanz das Vermögen zeigt, zeigt die rechte Seite das Kapital. Das Kapital setzt sich zusammen auch Fremd- und Eigenkapital. Diese Konten nennt man auch Passivkonten, denn die rechte Seite der Bilanz heißt Passiva.

Was zählt zum Fremdkapital?

Das Fremdkapital zeigt die Schulden, die das Unternehmen hat. Hier handelt es sich um kurz- und langfristige Darlehen sowie Ihre Verbindlichkeiten gegenüber Handwerkern, Lieferanten und Behörden. Alle Eingangsrechnungen, die Sie nicht sofort bezahlen, zählen zu den Verbindlichkeiten.

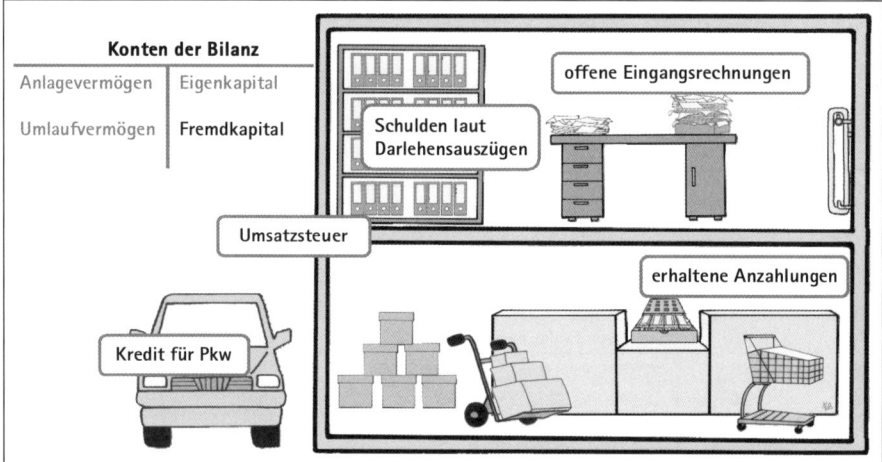

Abb. 4: **Was zählt zum Fremdkapital?** *Die Schulden bzw. Verbindlichkeiten des Unternehmens. Dazu gehören Darlehen genauso wie offene Eingangsrechnungen.*

Auf dem Konto Darlehen erfassen Sie die Darlehensauszahlung sowie die Rückzahlungsbeträge bzw. Tilgungen. Auf dem Konto Verbindlichkeiten erfassen Sie offenen Eingangsrechnungen sowie deren Zahlungen. Die ermittelte Steuernachzahlung für das Abschlussjahr sowie deren Zahlung im Folgejahr werden auf die Rückstellungskonten gebucht.

Tipp

Kreditorenkonten sind Unterkonten vom Konto Verbindlichkeiten. Sie erfassen Ihre Eingangsrechnungen sowie deren Zahlung auf verschiedene Kreditorenkonten und sehen die Salden pro Lieferant. Gleichzeitig wird die Software im Hintergrund die Summe aller Kreditorenkonten automatisch zusammenfassen und in der Bilanz in einer Summe auf dem Konto Verbindlichkeiten ausweisen.

Kontenbeispiele für das Fremdkapital:

SKR 03	SKR 04	Kontenbezeichnung
0730	3510	Verbindlichkeiten gegenüber Gesellschafter
1600	3300	Verbindlichkeiten aus Lieferungen und Leistungen (Summe der Kreditoren)
1610	3310	Verbindlichkeiten aus Lieferungen und Leistungen (ohne Kreditoren)
1700	3500	Sonstige Verbindlichkeiten
1705	3560	Darlehen
1718	3272	Erhaltene Anzahlungen für nicht erbrachte Leistungen 19 % Umsatzsteuer
1740	3720	Verbindlichkeiten aus Lohn und Gehalt
1771	3801	Umsatzsteuer 7 %
1774	3804	Umsatzsteuer innergemeinschaftlicher Erwerb 19 %
1776	3806	Umsatzsteuer 19 %
1780	3820	Umsatzsteuer-Vorauszahlung lfd. Jahr
1781	3830	Umsatzsteuer-Vorauszahlung Sondervorauszahlung
1787	3837	Umsatzsteuer nach § 13 b UStG. 19 % (Bauleistungen)
1790	3841	Umsatzsteuer Vorjahr
0956	3035	Gewerbesteuerrückstellungen
0963	3040	Körperschaftsteuerrückstellungen
0970	3070	Sonstige Rückstellungen

Die Umsatzsteuerkonten bucht das Programm automatisch an, wenn Sie den Bruttobetrag zusammen mit dem richtigen Steuersatz eingeben. Auf dem Konto Umsatzsteuer-Vorauszahlungen erfassen Sie Zahllast laut Umsatzsteuer-Voranmeldung sowie deren Zahlung.

Achtung

In der Einnahme-Überschussrechnung erscheinen die Umsatzsteuerkonten automatisch unter den Betriebseinnahmen und die Umsatzsteuerzahlungen unter den Betriebsausgaben.

Was zählt zum Eigenkapital?

Das Eigenkapital ist der Saldo von Vermögen und Schulden, man nennt es auch Reinvermögen oder Betriebsvermögen. Das Eigenkapital wächst durch Gewinne des Unternehmens und Privateinlagen und es sinkt durch Verluste, Gewinnausschüttungen und Privatentnahmen.

In diesem Bereich erfassen Sie Privateinlagen, Privatentnahmen und mögliche Gewinnausschüttungen. Die Abbuchung einer privaten Versicherung vom Geschäftskonto zählt z. B. zu den Privatentnahmen und eine Überweisung vom Privatkonto auf das Geschäftskonto zu den Privateinlagen. Der Gewinn oder Verlust des laufenden Jahres wird hier in einer Summe automatisch erfasst. Wie funktioniert das?

Während Sie im laufenden Jahr die Erträge bzw. Erlöse auf verschiedenen Ertragskonten erfassen und die erforderlichen Aufwendungen auf Aufwandskonten, werden die Summen dieser Konten automatisch in die Gewinn- und Verlustrechnung übertragen. Und das Ergebnis dieser G+V wird dann ebenfalls automatisch in den Bereich Eigenkapital übertragen.

Abb. 5: **Was zählt zum Eigenkapital?** *Dazu gehören private Entnahmen und Einlagen sowie Gewinn und Verluste des laufenden Jahres.*

Auf dem Konto Privateinlagen erfassen Sie alle Einnahmen, die den Privatbereich betreffen, und auf dem Konto Privatentnahmen alle Zahlungen für private Zwecke.

Kontenbeispiele für das Eigenkapital:

SKR 03	SKR 04	Kontenbezeichnung
0800	2900	Gezeichnetes Kapital (Kapitalgesellschaften)
0880	2010	Variables Kapital (Personenfirmen)
0860	2970	Gewinnvortrag
0868	2978	Verlustvortrag
1800	2100	Privatentnahmen
1810	2150	Privatsteuern (Einkommensteuer etc.)
1860	2300	Grundstücksaufwand (privates Wohnhaus)
1880	2130	Unentgeltliche Wertabgaben (Gegenkonto Privatnutzung Kfz und Telefon)
1890	2180	Privateinlagen

Was zählt zu den Aufwendungen?

Alle Ausgaben, die notwendig sind, um die Erträge des aktuellen Jahres zu erzielen, zählen zu den Aufwendungen. Ohne den Wareneinkauf, die Mieten für die Geschäftsräume, die Personalkosten, Versicherungen, Zinsen, Beiträge etc. können Sie keine Einnahmen erzielen. Diese Ausgaben werden auf verschiedenen Aufwandskonten erfasst.

Nach jeder Buchung werden im Hintergrund die Summen der Aufwandskonten in die G+V übertragen. Dadurch können Sie sich Ihr Ergebnis jederzeit ansehen.

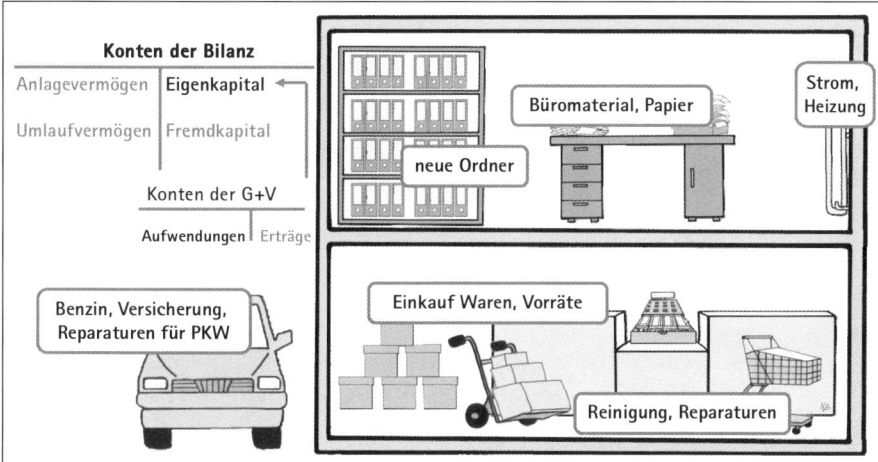

Abb. 6: **Was zählt zu den Aufwendungen?** *Ihre Ausgaben bzw. Betriebsausgaben, die notwendig sind um die Einnahmen zu erzielen. Sie mindern den Gewinn und damit das Eigenkapital.*

Auf den Aufwandskonten erfassen Sie offene Eingangsrechnungen sowie alle Geldabgänge von Ihrem Bankkonto oder aus Ihrer Kasse, für die zuvor keine Rechnung erfasst wurde.

Kontenbeispiele für Aufwendungen:

SKR 03	SKR 04	Kontenbezeichnung
3300	5300	Wareneinkauf USt 7 %
3400	5400	Wareneinkauf USt 19 %
45ff.	65ff.	Kfz-Kosten

41ff.	60ff.	Lohnkosten
4910	6800	Porto
42ff.	6305-51	Raumkosten
4805	6470	Reparaturen Betriebsausstattung
4900	6300	Sonstige Aufwendungen
43ff..	64ff.	Versicherungen, Gebühren
46ff.	66ff.	Werbe- und Reisekosten
4985	6845	Werkzeuge, Kleingeräte
4930	6815	Bürobedarf

Der Wareneinkauf wird im laufenden Jahr direkt in den Aufwand gebucht. Wurde durch die Inventur eine Bestandsminderung festgestellt, wurden also nicht nur die eingekauften Waren, sondern auch ein Teil des Lagerbestandes verkauft, wird diese Minderung auch in den Aufwand gebucht, und zwar spätestens bei der Erstellung des Jahresabschlusses.

Was zählt zu den Erträgen?

Alle Einnahmen, die Ihr Unternehmen erwirtschaftet hat, zählen zu den Erträgen. Der Warenverkauf, Beratungshonorar, Versicherungsprovisionen, erbrachte Dienstleistungen, Mieterträge und viele mehr.

Ihre Erträge bzw. Betriebseinnahmen erhöhen den Gewinn und damit das Eigenkapital. Die Summen der Ertragskonten werden in die G+V übertragen und das Ergebnis der G+V in den Bereich Eigenkapital.

> **Achtung**
> Bei der Einnahme-Überschussrechnung werden die Summen der Ertragskonten in die Betriebseinnahmen übertragen und die Aufwandskonten in die Betriebsausgaben.

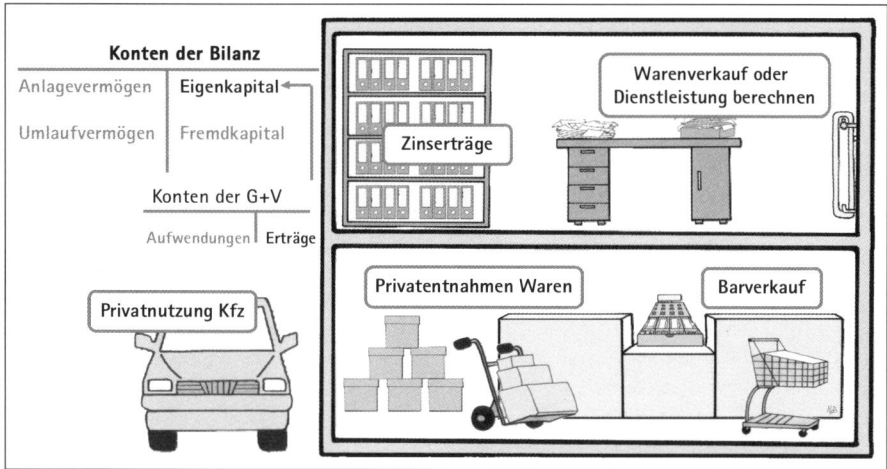

Abb. 7: **Was zählt zu den Erträgen?** *Die Betriebseinnahmen, die Ihr Unternehmen erwirtschaftet. Erträge erhöhen den Gewinn, durch Gewinnerhöhungen steigt das Eigenkapital.*

Auf den Ertragskonten erfassen Sie offene Kundenrechnungen sowie alle Geldeingänge auf Ihrem Bankkonto oder in Ihrer Kasse, für die zuvor keine Rechnung erfasst wurde. Nutzen Sie einen Geschäftswagen, wird der private Nutzungsanteil auf den entsprechenden Ertragskonten erfasst.

Kontenbeispiele für Erträge:

SKR 03	SKR 04	Kontenbezeichnung
8100	4100	Umsatzerlöse umsatzsteuerfrei
8195	4185	Erlöse als Kleinunternehmer
8300	4300	Erlöse 7 % Umsatzsteuer
8337	4337	Erträge aus Bauleistungen
8400	4400	Erlöse 19 % Umsatzsteuer
8519	4569	Provisionserlöse 19 % Umsatzsteuer
8919	4619	Privatnutzung Kfz ohne Umsatzsteuer
8921	4645	Privatnutzung Kfz 19 % Umsatzsteuer

In der Praxis ist die Kontenauswahl sehr viel größer. Lassen Sie sich davon nicht verunsichern und denken Sie daran, dass Sie in der Praxis von den 1.000 angebotenen Konten nur ca. 30 bis 50 Konten brauchen. Vielleicht möchten Sie eine Möglichkeit nutzen, die Kontenauswahl von Anfang zu verringern.

- Hat Ihr Steuerberater bisher Ihre Buchführung erledigt, sollten Sie sich von ihm die letzte Summen- und Saldenliste oder den Jahresabschluss mit Kontennachweis geben lassen. Darin sehen Sie alle Konten, die er für Ihre Belege verwendet hat.
- Wird die Buchführung neu eingerichtet, sollten Sie sich den Kontenplan ausdrucken und sich nur die Konten markieren, die Sie wahrscheinlich verwenden werden. Vielleicht kann Ihr Steuerberater dabei helfen.

Wenn Sie sich erst einmal an die wichtigsten Konten gewöhnt und das System verstanden haben, werden Sie sich sicher bald mit den umfangreichen Kontenplänen anfreunden.

Fazit

Die Konten für Anlagevermögen und Umlaufvermögen heißen Aktive Bestandskonten, kurz Aktivkonten.

Die Konten für Fremdkapital und Eigenkapital heißen Passive Bestandskonten, kurz Passivkonten.

Auf dem Passivkonto Eigenkapital wird der Gewinn oder Verlust des laufenden Jahres erfasst, aber nicht direkt. Aufwendungen werden auf Aufwandskonten und Erträge auf Ertragskonten erfasst.

Aufwands- und Ertragskonten heißen Erfolgskonten. Die Ergebnisse der Erfolgskonten werden in die G+V übertragen, das Ergebnis der G+V wiederum in das Eigenkapital.

Die Regeln der doppelten Buch-
führung – Soll an Haben

Das System der doppelten Buchführung

Die doppelte Buchführung beginnt damit, dass Sie die Vermögenswerte Ihres Unternehmens sowie die Schulden und das Eigenkapital zu einem bestimmten Zeitpunkt
feststellen und in Form einer Bilanz ausweisen. Von da an müssen Sie jede Veränderung aufzeichnen bzw. buchen. Eine Veränderung geschieht bereits beim Einkauf
von Briefmarken, die Sie zum Beispiel bar bezahlen. Diesen Vorgang nennt man
Geschäftsvorfall.

Das System der doppelten Buchführung funktioniert nach bestimmten Regeln. Regeln, die Sie nicht unbedingt hinterfragen sollten, Sie sollten sie einfach nur akzeptie-
ren und anwenden. Fangen wir an!

Die Buchung von Geschäftsvorfällen erfolgt auf Konten, auch genannt T-Konten.
Diese Konten haben zwei Seiten, die linke Seite heißt „Soll" und die Rechte „Haben".
Und damit haben Sie die erste Regel schon kennengelernt.

Wenn Sie auch alle anderen Regeln kennengelernt haben, wissen Sie, dass es vier
verschiedene Arten von Konten gibt und bei jedem Beleg bzw. Geschäftsvorfall mindestens zwei Konten angesprochen werden. Weiterhin wissen Sie, unter welchen
Voraussetzungen der Buchungsbetrag auf die linke Seite (Soll) des einen Kontos und
auf die rechte Seite (Haben) des anderen Kontos gebucht wird.

Und damit die Konten nie vertauscht werden, wird jeder Geschäftsvorfall in einen
einheitlichen Buchungssatz umgewandelt, der „Soll an Haben" lautet. D. h. sogar die
Reihenfolge der Konten steht fest. Diese finden Sie auch in den Eingabemasken von

Buchführungsprogrammen wieder. Noch kennen Sie nicht alle Regeln, aber vielleicht hilft Ihnen die folgende Abbildung, vorab das System ein bisschen zu erkennen.

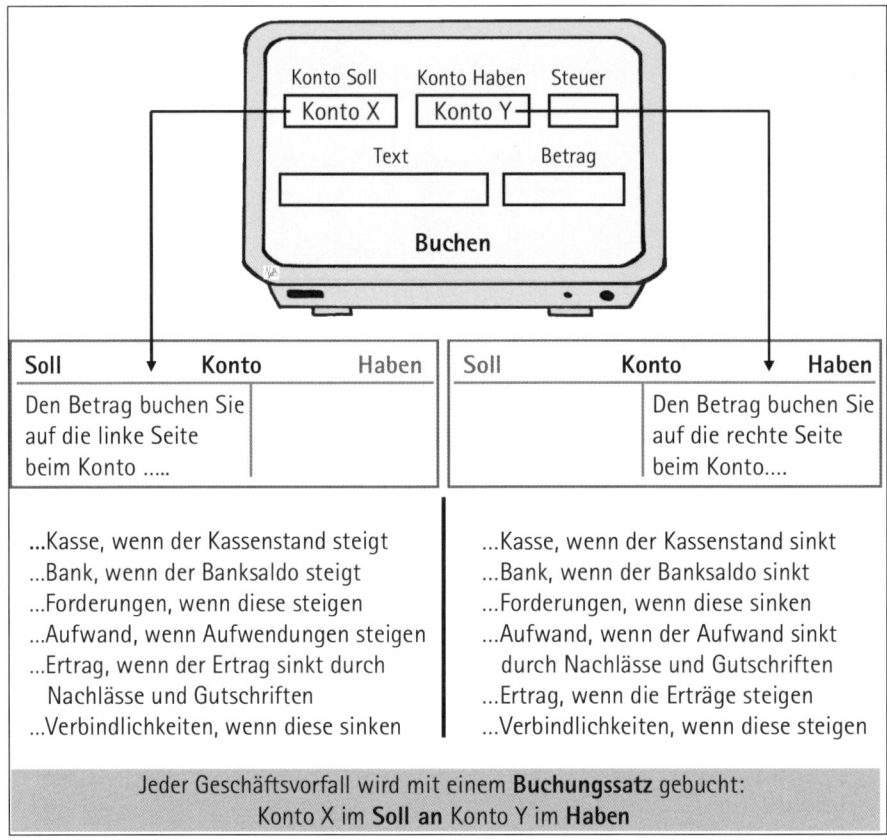

Abb. 1: *Die doppelte Buchführung: Auf einen Geschäftsvorfall treffen mindestens zwei Aussagen zu und Sie müssen für jeden Beleg mindestens ein Konto im Soll buchen und ein anderes im Haben.*

Beim Barkauf von Briefmarken über 20 Euro steigen die Aufwendungen, also buchen Sie 20 Euro auf die linke Seite beim Konto Aufwand. Gleichzeitig sinkt der Kassenstand, deshalb buchen Sie 20 Euro auf die rechte Seite beim Konto Kasse. Der Buchungssatz lautet „Aufwand (im Soll) an Kasse (im Haben)". Nun sehen wir uns die Regeln genauer an.

Buchen auf Aktiv- und Passivkonten

Hier lernen Sie die ersten beiden Kontenarten sowie deren Regeln kennen, die der Aktiv- und Passivkonten.

Die Buchführungsregeln für Aktiv- und Passivkonten

Die Bilanz besteht aus zwei Seiten, der Aktiva und der Passiva. Die Aktiva zeigt das Vermögen des Unternehmens. Die Passiva zeigt das Kapital, welches sich aus Eigen- und Fremdkapital zusammensetzt. Die Bilanz zeigt Ihre Bestände und jede Veränderung daran wird auf Konten gebucht. Man spricht hier von Bestandskonten, wobei die Konten der Aktiva „Aktivkonten" heißen und die der Passiva „Passivkonten". Für diese beiden Kontenarten gelten unterschiedliche Regeln.

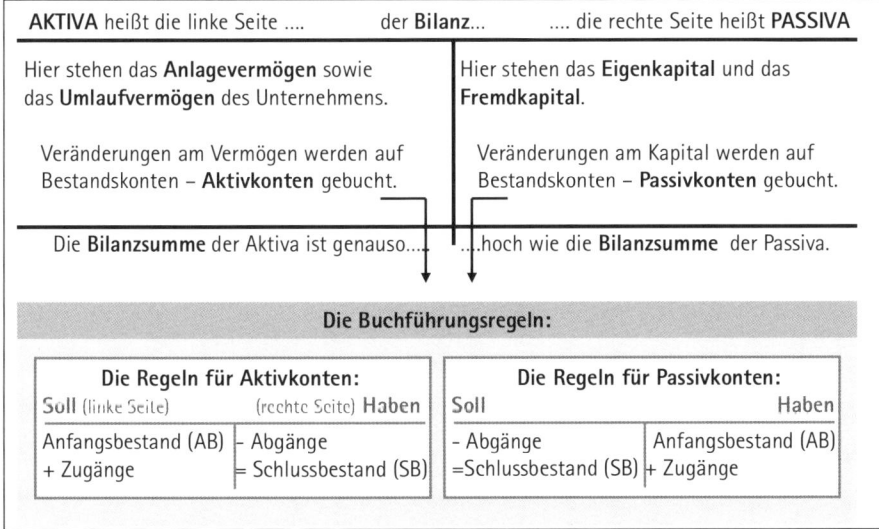

Abb. 2: ***Regeln für Aktiv- und Passivkonten:*** *Bei Aktivkonten werden Anfangsbestände und Zugänge im Soll erfasst sowie Abgänge und Schlussbestand im Haben. Bei den Passivkonten ist es genau umgekehrt.*

Bestandskonten eröffnen, darauf buchen und wieder abschließen

Für jede Position der Eröffnungsbilanz wird ein Konto eröffnet und die jeweiligen Anfangsbestände darauf eingetragen. Im laufenden Jahr werden die Geschäftvorfälle bzw. die Buchungssätze auf verschiedene Konten gebucht. Anschließend, bzw. spätestens am Jahresende, werden alle Konten abgeschlossen und die neuen Schlussbestände in die Bilanz übertragen.

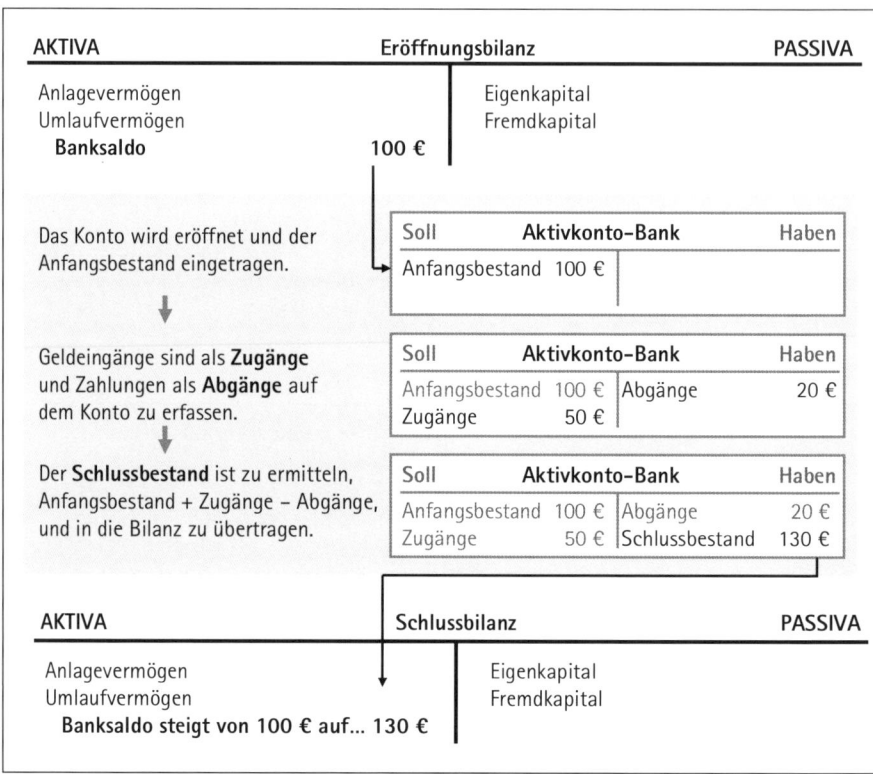

Abb. 3: **So wird das Aktivkonto Bank geführt:** *Aus der Eröffnungsbilanz wird der Anfangsbestand übernommen, im laufenden Jahr wird darauf gebucht und der Schlussbestand wird in die Bilanz übertragen.*

Wer die Buchführung in der Schule gelernt hat, kennt das Führen von Konten. Wer mit einer Buchführungssoftware arbeitet, kennt das eher nicht. Denn diese Programme führen die Konten im Hintergrund ganz automatisch. Während Sie Ihre Buchungssätze eingeben, werden die Konten automatisch eröffnet, die Buchungen darauf erfasst und sofort wieder abgeschlossen. So können Sie nach jeder Eingabe Ihre Ergebnisse sehen.

Zugänge auf Aktiv- und Passivkonten buchen

Zugänge von Aktivkonten werden im Soll gebucht und Zugänge von Passivkonten im Haben. Man spricht hier von einer Aktiv-Passivmehrung.

Beispiel

Sie nehmen ein Darlehen von 5.000 Euro auf, es wird auf Ihr Bankkonto überwiesen. In diesem Fall werden das Aktivkonto Bank sowie das Passivkonto Darlehen angesprochen.

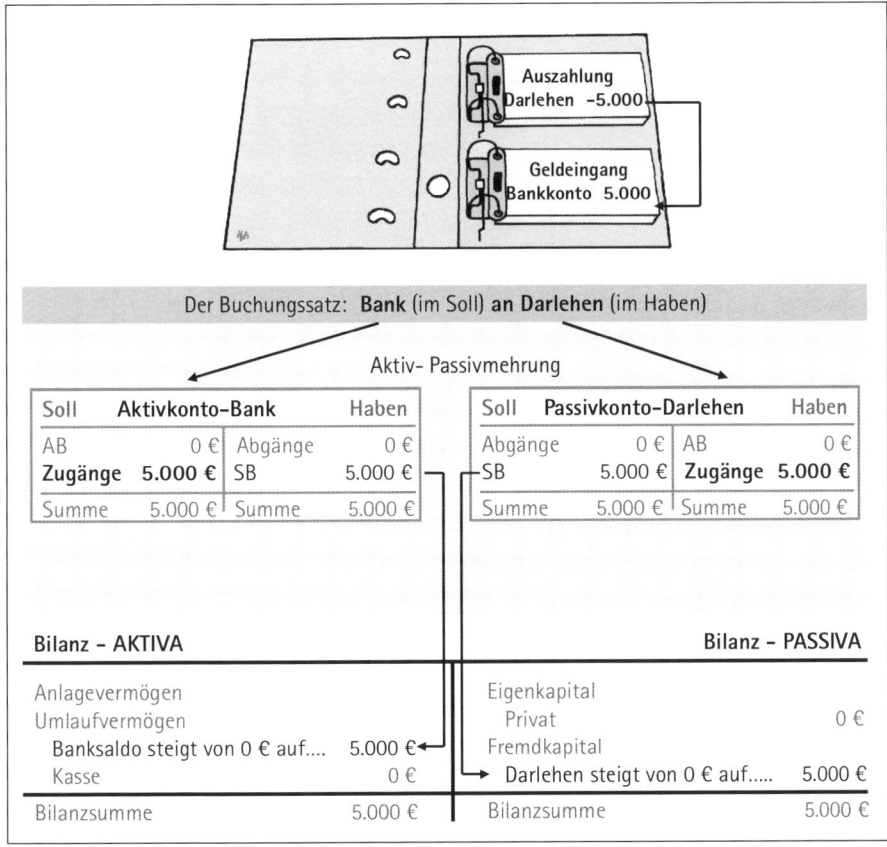

Abb. 4: **Aktiv-Passivmehrung:** *Durch die Aufnahme eines Darlehens steigen das Bankvermögen und die Schulden. Die Buchung lautet „Bank an Darlehen", weil Zugänge auf dem Aktivkonto „Bank" im Soll gebucht werden und Zugänge auf dem Passivkonto „Darlehen" im Haben.*

Zugänge und Abgänge auf Aktivkonten buchen

Zugänge von Aktivkonten werden im Soll gebucht und Abgänge im Haben. Werden bei einem Geschäftsvorfall zwei Aktivkonten angesprochen, spricht man von einem Aktivtausch.

Beispiel

Sie heben 500 Euro vom Bankkonto ab und legen das Geld in die Kasse ein. Hier werden zwei Aktivkonten angesprochen, die Konten Bank und Kasse.

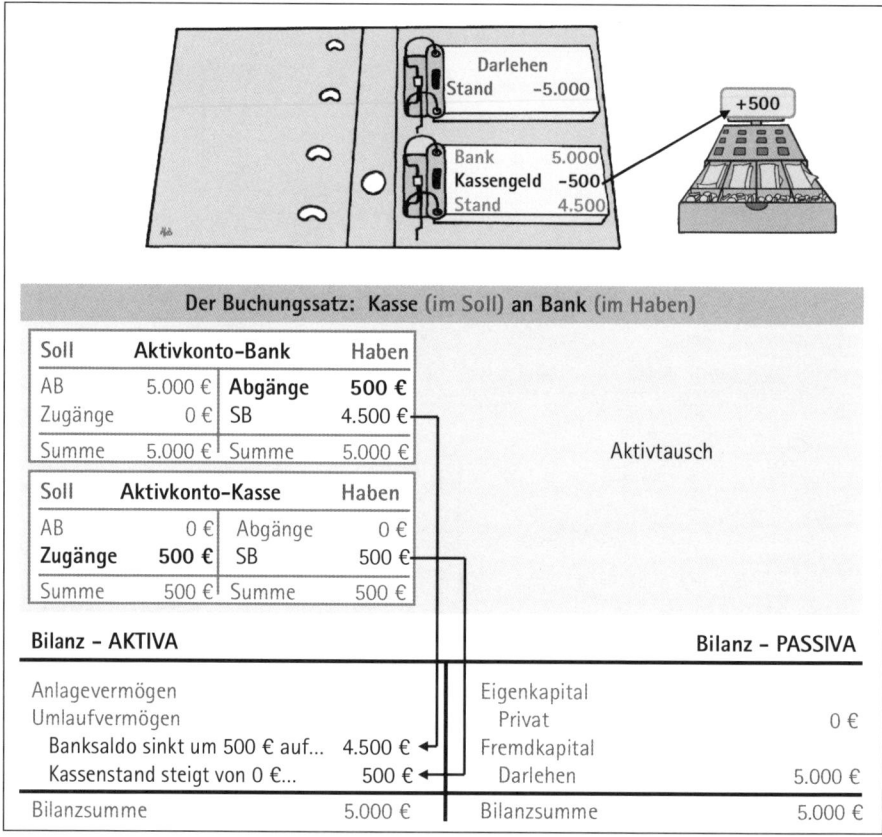

Abb. 5: **Aktivtausch:** *Sie tauschen Ihr Vermögen, der Banksaldo sinkt, während der Kassenstand steigt. Die Buchung lautet „Kasse an Bank", weil Zugänge beim Aktivkonto „Kasse" im Soll gebucht werden und Abgänge vom Aktivkonto „Bank" im Haben.*

Die neuen Schlussbestände der Konten werden in die Bilanz übertragen.

Abgänge auf Aktiv- und Passivkonten buchen

Die Abgänge von Aktivkonten werden im Haben gebucht und die Abgänge von Passivkonten im Soll. Bei einer Aktiv-Passivminderung sinkt der Bestand von einem Aktivkonto und von einem Passivkonto.

Beispiel
Vom Bankkonto wird eine Tilgung des Darlehens in Höhe von 200 Euro abgebucht. In diesem Fall sinkt das Aktivkonto Bank genauso wie das Passivkonto Darlehen.

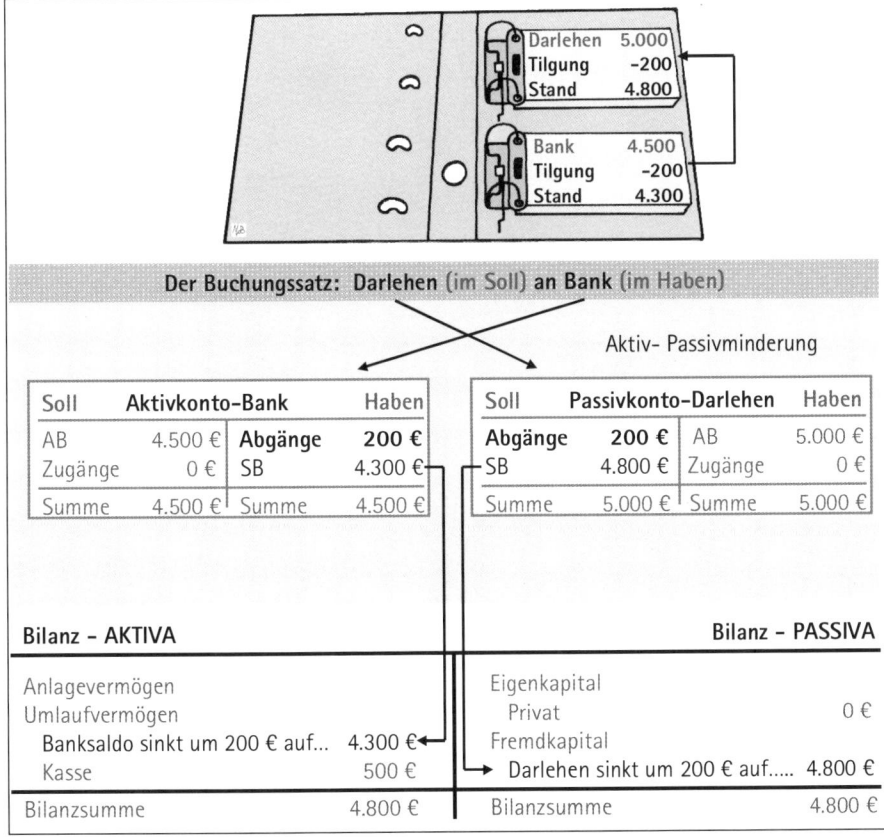

Abb. 6: **Aktiv-Passivminderung:** *Die Buchung heißt „Darlehen an Bank" weil beim Passivkonto „Darlehen" die Abgänge im Soll und beim Aktivkonto „Bank" die Abgänge im Haben gebucht werden. Die Schlussbestände der Konten werden in die Bilanz übertragen.*

Zugänge und Abgänge auf Passivkonten buchen

Zugänge auf Passivkonten werden im Haben gebucht und Abgänge im Soll. Werden zwei Passivkonten angesprochen, liegt ein Passivtausch vor.

Beispiel

Sie überweisen 1.000 Euro von Ihrem privaten Bankkonto auf das Darlehenskonto des Unternehmens. D. h. das Passivkonto Privat steigt und das Passivkonto Darlehen sinkt.

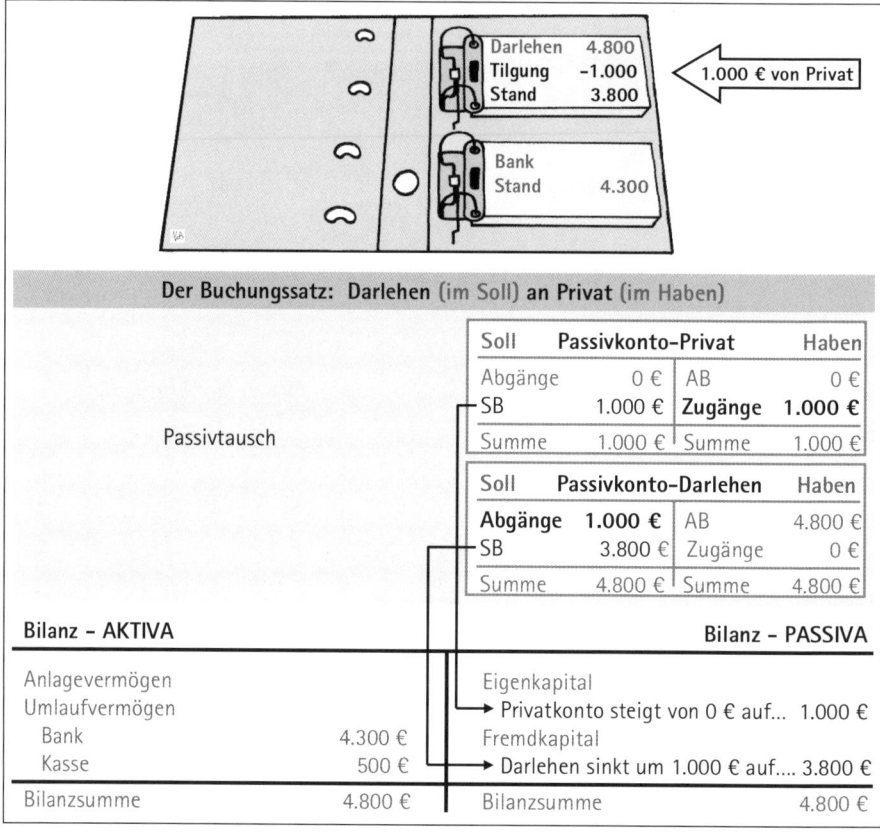

Soll	Passivkonto-Privat		Haben
Abgänge	0 €	AB	0 €
SB	1.000 €	Zugänge	1.000 €
Summe	1.000 €	Summe	1.000 €

Soll	Passivkonto-Darlehen		Haben
Abgänge	1.000 €	AB	4.800 €
SB	3.800 €	Zugänge	0 €
Summe	4.800 €	Summe	4.800 €

Der Buchungssatz: Darlehen (im Soll) an Privat (im Haben)

Passivtausch

Bilanz – AKTIVA

		Bilanz - PASSIVA	
Anlagevermögen		Eigenkapital	
Umlaufvermögen		Privatkonto steigt von 0 € auf...	1.000 €
Bank	4.300 €	Fremdkapital	
Kasse	500 €	Darlehen sinkt um 1.000 € auf....	3.800 €
Bilanzsumme	4.800 €	Bilanzsumme	4.800 €

Abb. 7: **Passivtausch:** *Hier tauschen Sie Ihr Kapital, Sie wandeln Fremdkapital um in Eigenkapital. Die Buchung lautet „Darlehen an Privat", weil beim Passivkonto „Darlehen" die Abgänge im Soll und beim Passivkonto „Privat" Zugänge im Haben gebucht werden.*

Buchen von Aufwendungen und Erträgen

Nun lernen Sie die anderen beiden Kontenarten sowie deren Regeln kennen, die Regeln der Aufwands- und Ertragskonten. Die Aufwands- und Ertragskonten heißen auch Erfolgskonten.

Die Buchführungsregeln für Aufwands- und Ertragskonten

Aufwendungen und Erträge werden auf verschiedene Aufwands- und Ertragskonten gebucht. Die Summen aller Aufwandskonten werden auf die linke Seite der Gewinn- und Verlustrechnung (G+V) übertragen und die Summen aller Ertragskonten auf die Rechte. Das Ergebnis der G+V fließt in das Konto Eigenkapital, bei Gewinn als Zugang, bei Verlust als Abgang.

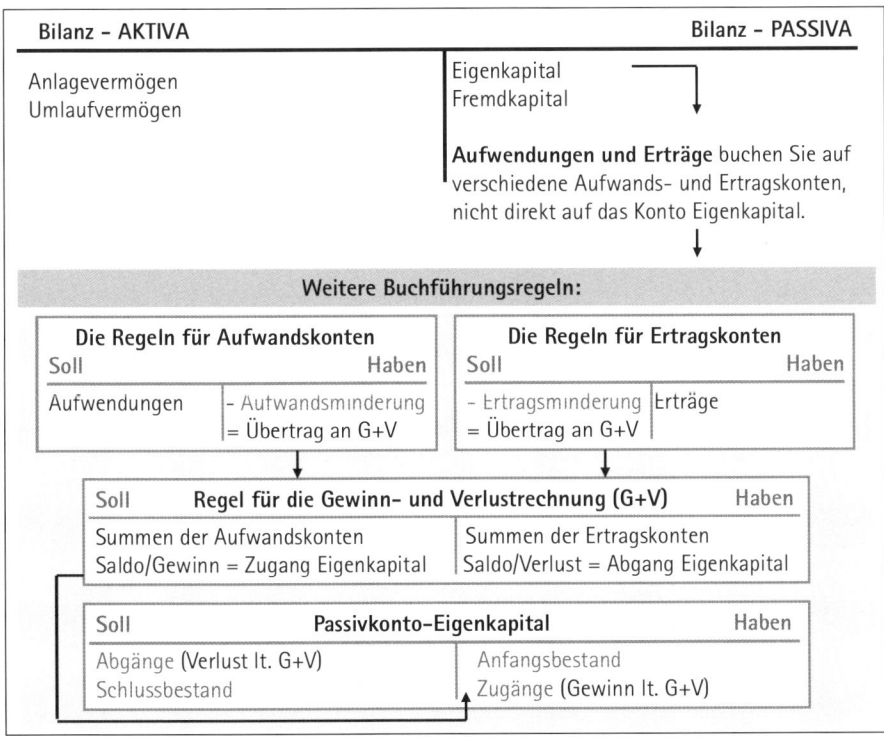

Abb. 8: **Aufwendungen und Erträge buchen:** *Diese werden auf Aufwands- und Ertragskonten gebucht. Die Summen dieser Konten werden in die G+V übertragen und das Ergebnis der G+V auf das Eigenkapital.*

Erträge buchen

Erträge erhöhen zwar das Eigenkapital, trotzdem buchen Sie diese zunächst auf Ertragskonten im Haben. Erst später werden die Summen der Ertragskonten in die G+V übertragen und das Ergebnis der G+V in das Eigenkapital.

Beispiel

Auf Ihrem Bankkonto werden 50 Euro Zinsen gutgeschrieben. Es werden also das Aktivkonto Bank sowie das Ertragskonto Zinserträge angesprochen.

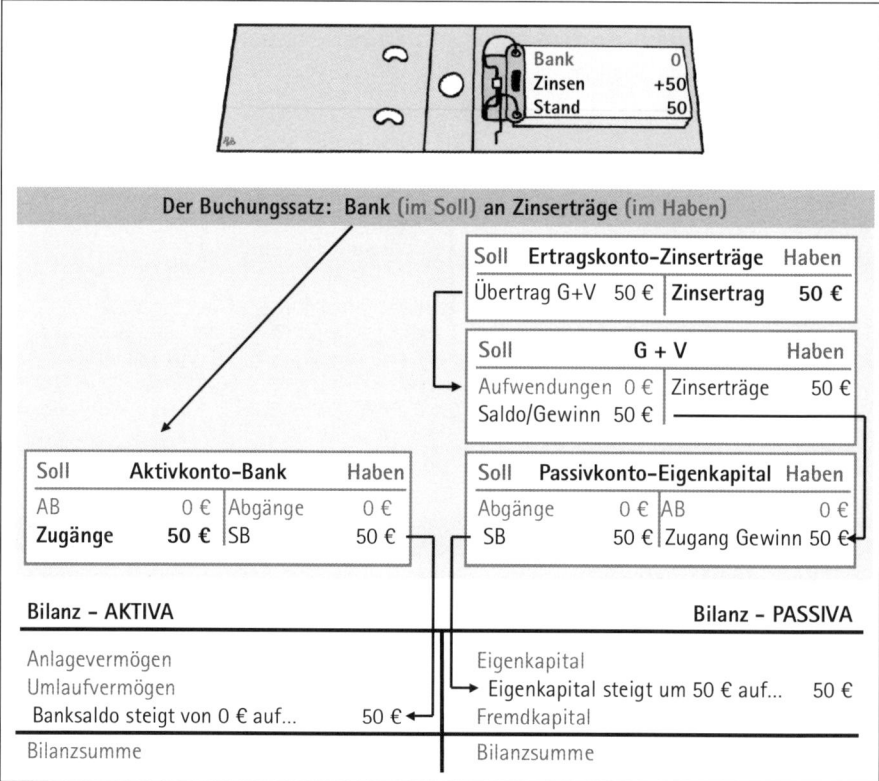

Abb. 9: **Erträge buchen:** *Ein Zinsertrag auf Ihrem Bankkonto. Die Buchung lautet „Bank an Zinserträge", weil Zugänge auf dem Aktivkonto „Bank" im Soll und Erträge auf „Ertragskonten" im Haben gebucht werden. Die Summe des Ertragskontos wird in die G+V übertragen.*

Aufwendungen buchen

Aufwendungen mindern indirekt das Eigenkapital, sie werden zunächst auf Aufwandskonten gebucht. Anschließend werden die Summen dieser Konten in die G+V übertragen.

Beispiel

Kontoführungsgebühren in Höhe von 20 Euro werden von Ihrem Bankkonto abgebucht. Hier werden das Aufwandskonto Gebühren sowie das Aktivkonto Bank angesprochen.

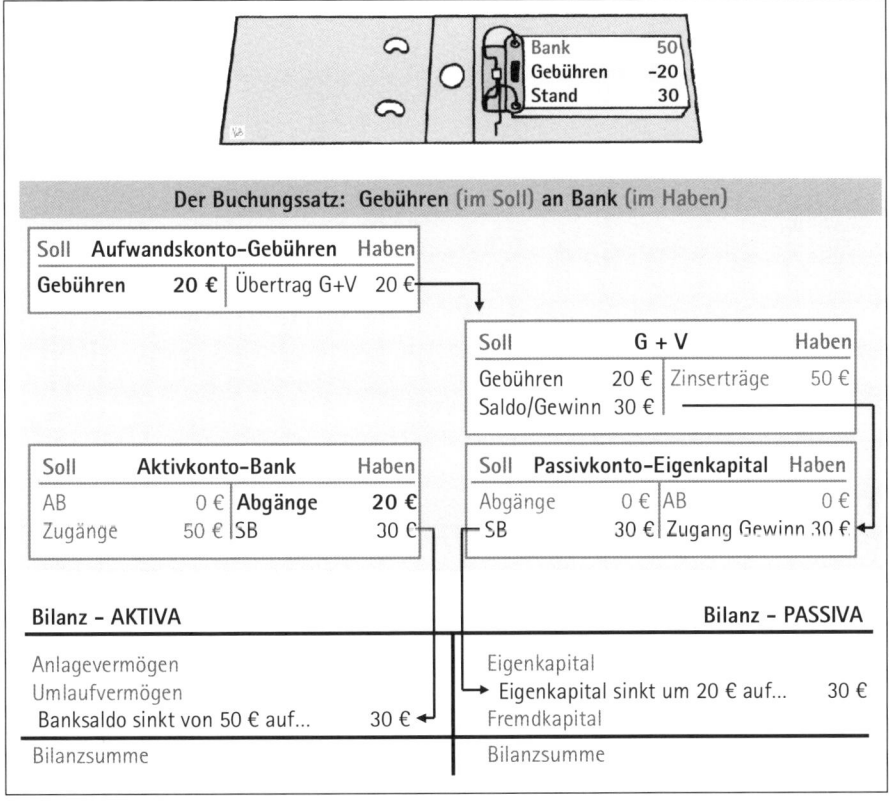

Abb. 10: **Aufwendungen buchen:** *Bankgebühren werden vom Bankkonto abgebucht. Die Buchung lautet „Gebühren an Bank", weil Aufwendungen auf „Aufwandskonten" im Soll und Abgänge auf dem Aktivkonto „Bank" im Haben gebucht werden.*

Erst wenn die Summen aller Ertrags- und Aufwandskonten in die G+V übertragen wurden, kann der Gewinn oder Verlust ermittelt werden. Das Ergebnis der G+V wird dann auf das Konto Eigenkapital übertragen. Ein Gewinn erhöht das Eigenkapital und wird deshalb als Zugang im Haben gebucht. Ein Verlust mindert es und wird im Soll gebucht.

Vielleicht ist es Ihnen aufgefallen: Trotz einiger Buchungen sind die Summen auf beiden Bilanzseiten gleich hoch. Ja, das gehört auch zum System der doppelten Buchführung, denn Sie müssen auf beiden Kontenseiten jeweils die gleichen Beträge buchen.

Fazit

Die folgenden Regeln gelten immer, kein Buchführungsprogramm, kein erfahrener Buchhalter benutzt andere Regeln:

Im Soll buchen Sie
- Anfangsbestand und Zugänge von Aktivkonten (Vermögen),
- Aufwendungen (Betriebsausgaben) oder Ertragsminderungen,
- Schlussbestand und Abgänge von Passivkonten (Kapital).

Im Haben buchen Sie
- Anfangsbestand und Zugänge von Passivkonten (Kapital),
- Erträge (Betriebseinnahmen) oder
- Schlussbestand und Abgänge von Aktivkonten (Vermögen).

Die Bestandskonten (Aktiv- und Passivkonten) werden eröffnet. Bei jeder Buchung werden mindestens zwei Konten angesprochen, eines im Soll und eines im Haben. Im Buchungssatz „Soll an Haben" müssen Sie immer das Konto zuerst nennen, das Sie im Soll buchen und danach erst das andere Konto.

Später werden alle Konten abgeschlossen. Die Salden der Erfolgskonten (Aufwands- und Ertragskonten) fließen in die Gewinn- und Verlustrechnung, der Saldo der G+V fließt in das Konto „Eigenkapital" und die Salden der Aktiv- und Passivkonten werden in die Bilanz übertragen – und schon haben Sie das Ergebnis.

Von der Inventur über das Inventar zur Eröffnungsbilanz

Inhalt

Zu bestimmten Terminen verlangt das Finanzamt eine Bilanz von Ihnen. Um diese anzufertigen, müssen die Vermögenswerte der Firma mit einer Inventur festgestellt werden. Wie das geht, erfahren Sie in diesem Kapitel.

- Was wird bei der Inventur gezählt?
- Welche Arten von Inventur gibt es?
- Inventur und Inventar – was ist der Unterschied?
- Wie wird eine Eröffnungsbilanz erstellt?
- Wie fließen noch nicht bezahlte Rechnungen in die Vermögenswerte ein?

Alles beginnt mit der Inventur

Bei der Inventur handelt es sich um eine tatsächliche Bestandsaufnahme. Sie müssen überprüfen, welches Vermögen und welche Schulden in Ihrem Unternehmen tatsächlich vorhanden sind.

Bei den Vermögensgegenständen, wie Büroeinrichtung, Fahrzeuge, Waren und Material ermitteln Sie zunächst die Mengen und dann die Werte, man spricht hier von der körperlichen Inventur. Bei Vermögenswerten und Schulden entnehmen Sie die Werte aus Ihren Buchführungsunterlagen, den Kontoauszügen, den offenen Rechnungen oder ähnlichem. Diese Art der Bestandsaufnahme nennt man Buchinventur.

Bilanzierende Unternehmen sind zur Inventur verpflichtet, und zwar gleich bei der Gründung des Unternehmens, am Schluss eines jeden Geschäftsjahres und bei der Aufgabe oder Veräußerung des Unternehmens. Einnahme-Überschussrechner müssen in der Regel keine Inventur durchführen. Wird das Unternehmen jedoch aufgegeben oder veräußert müssen, auch Einnahme-Überschussrechner eine Aufgabebilanz erstellen und dazu ist eine Inventur erforderlich.

Eine Inventur am Ende jedes Geschäftsjahres

Zum Ende des Geschäftsjahres, in der Regel zum 31.12., verlangt das Finanzamt von Ihnen eine Bilanz, die Gegenüberstellung von Vermögen und Kapital. Für diese Bilanz ist eine Inventur zwingend erforderlich, also müssen Sie grundsätzlich zum Bilanzstichtag die Werte feststellen.

Bei der **Stichtagsinventur** muss die Bestandsaufnahme innerhalb der letzten zehn Tage vor dem 31.12. erfolgen oder in den ersten zehn Tagen danach. Allerdings müssen Sie alle Veränderungen, die zwischen der Inventur und dem Stichtag erfolgen, aufzeichnen und den Wert zum 31.12. rechnerisch ermitteln bzw. fortschreiben.

So ist es auch bei der **verlegten Inventur**. Hier zählen Sie innerhalb der letzten drei Monate vor oder der ersten zwei Monate nach dem 31.12. und führen genaue Aufzeichnungen, um dann die Werte auf den Stichtag hoch oder zurückzurechnen.

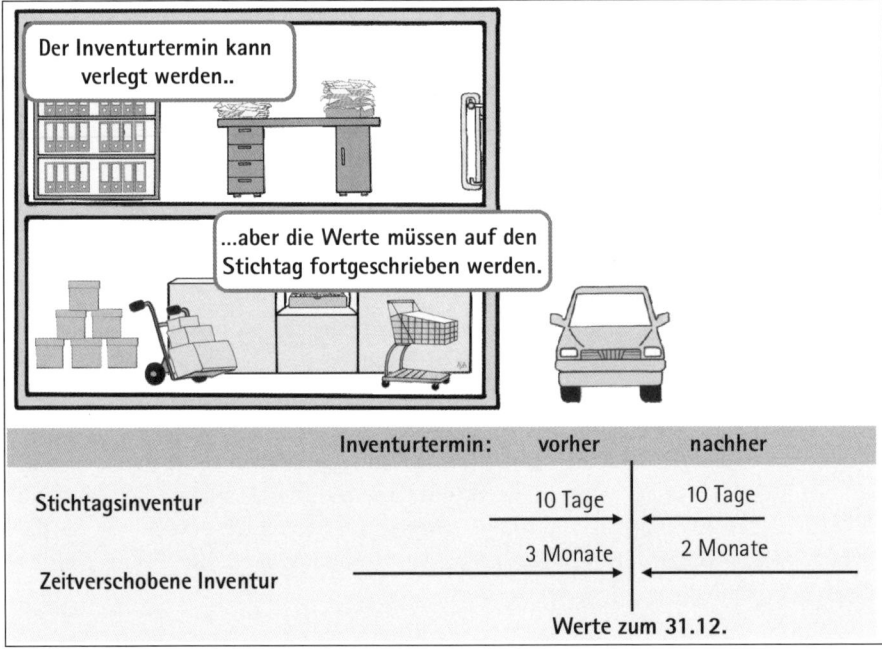

Abb. 1: **Inventurtermin:** *Es ist möglich, die tatsächliche Bestandsaufnahme vor oder nach dem Stichtag durchzuführen. In diesem Fall müssen Sie Ihre Inventurergebnisse anhand von Belegen bis zum Stichtag fortführen.*

Sehr viele Industriebetriebe, Groß- und Einzelhändler sowie Internetshops führen heutzutage die **permanente Inventur** durch. Sie erfassen jede Lieferung und jeden Abgang per EDV. In diesem Fall liegen die tatsächlichen Werte zum 31.12. auf Knopfdruck vor. Trotzdem müssen diese Unternehmen einmal im Jahr die EDV-Werte mit den tatsächlichen Werten vergleichen, aber nicht alle auf einmal und nicht am Bilanzstichtag, sondern an irgendeinem Tag im Jahr.

Die Ergebnisse der Inventur in die Inventarliste eintragen

Nachdem Sie die Inventur durchgeführt haben, müssen Sie Ihre Ergebnisse in einer Inventarliste zusammenfassen. Diese Liste besteht aus drei Bereichen, dem Vermögen, den Schulden und dem Reinvermögen bzw. Eigenkapital.

Das Vermögen ist nach der Flüssigkeit zu sortieren. Zuerst führen Sie das langfristig genutzte Anlagevermögen auf, wie zum Beispiel Gebäude, Fahrzeuge, Büroeinrichtung und ähnliches. Danach führen Sie das Umlaufvermögen auf, das nur sehr kurzfristig im Unternehmen bleibt, wie Waren- und Materialbestände, Forderungen und Geld.

Die Schulden sind nach ihrer Fälligkeit zu ordnen. Zuerst die langfristigen Schulden wie Darlehen und anschließend die kurzfristigen Schulden aus offenen Rechnungen oder einem kurzfristig überzogenen Girokonto.

Die Bestandsaufnahme vom Anlagevermögen

Das Anlagevermögen wird grundsätzlich in einem Anlageverzeichnis erfasst. In diesem Verzeichnis sind alle Gegenstände aufgeführt, die zu Ihrer Betriebsausstattung gehören. Im Rahmen der Inventur müssen Sie überprüfen, ob zum einen noch alle Gegenstände vorhanden sind und zum anderen auch alle noch funktionsfähig sind.

Ist zum Beispiel ein Computer nicht mehr nutzbar, ein Schrank defekt oder ein Werkzeug verschwunden, muss das Anlageverzeichnis korrigiert werden. In der Inventarliste dürfen nur Gegenstände stehen, die vorhanden und funktionsfähig sind.

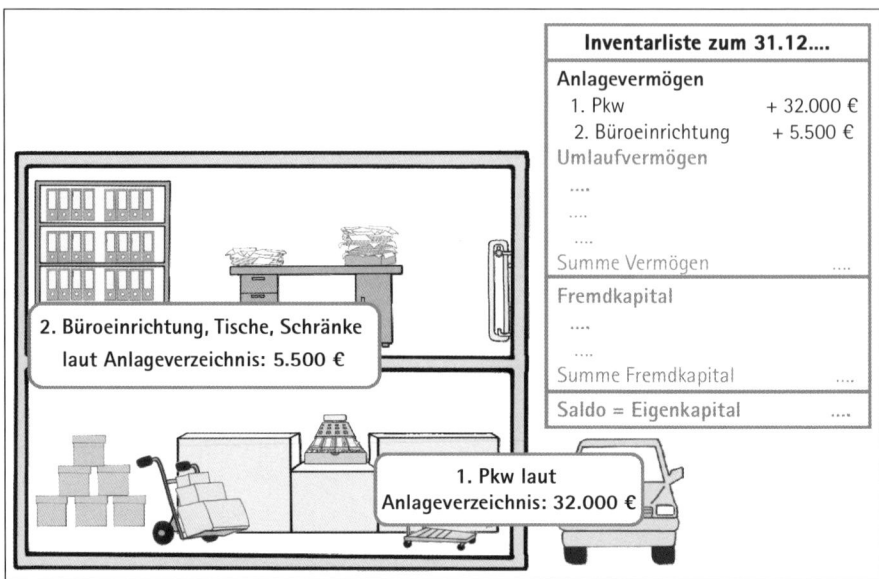

Abb. 2: **Inventur Anlagevermögen:** *Es ist in einem Anlageverzeichnis erfasst. Durch die Inventur wurde festgestellt, dass es vollständig vorhanden und funktionsfähig ist. Deshalb können Sie die Werte vom Pkw und der Büroeinrichtung in die Inventarliste übernehmen.*

Die Werte von langfristigen Geldanlagen oder Beteiligungen Ihres Unternehmens entnehmen Sie Ihren Buchführungsunterlagen.

Die Bestandsaufnahme vom Umlaufvermögen

Die Warenbestände werden durch die körperliche Inventur ermittelt, die Forderungen und Geldbestände durch die Buchinventur.

Waren- und Materialbestände ermitteln

Die aufwändigste Arbeit bei der Inventur ist sicher die Ermittlung von Vorratsbeständen. Hier wird gezählt, gemessen oder gewogen. Bestände von Material oder Waren, die sich schlecht zählen, messen oder wiegen lassen, können Sie mithilfe der **Stichprobeninventur** errechnen, hier werden mathematisch-statistische Verfahren genutzt.

Stehen die Mengen fest, müssen Sie die Werte ermitteln, wozu Sie zunächst die durchschnittlichen Anschaffungskosten brauchen. Für die Wertermittlung von unfertigen und fertigen Erzeugnissen brauchen Sie die Herstellungskosten, die vorab separat festzulegen sind.

Forderungen überprüfen

Bilanzierende müssen alle offenen Kundenrechnungen buchen, die Summe der Forderungen könnten Sie also aus den Buchführungsunterlagen übernehmen. Vorausgesetzt, Sie können tatsächlich mit einem Geldeingang in dieser Höhe rechnen. Zweifelhafte Forderungen müssen gesondert ausgewiesen werden und ausgefallene Forderungen müssen raus.

Die Geldbestände finden Sie auf den Kontoauszügen sowie dem Kassenbericht.

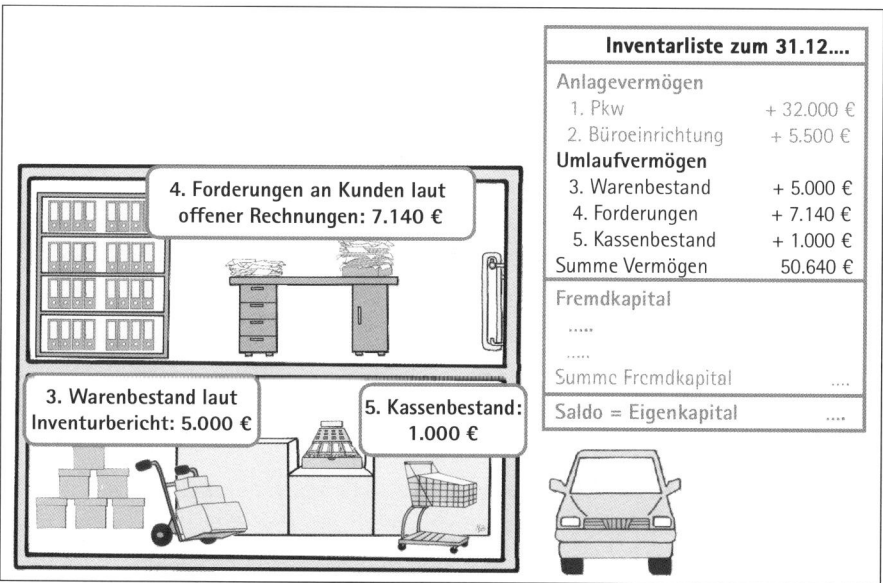

Abb. 3: **Inventur Umlaufvermögen:** *Den Warenbestand laut Inventurliste, die Forderungen an Ihre Kunden und den Kassenbestand übernehmen Sie in die Inventarliste. Danach beträgt die Summe Ihres Vermögen insgesamt 50.640 Euro.*

Sind das Anlagevermögen sowie das Umlaufvermögen vollständig erfasst, können Sie die Summe des Vermögens ermitteln. Und danach sind die Schulden in der Inventarliste zu erfassen.

Die Bestandsaufnahme vom Kapital

Für die Ermittlung der Schulden brauchen Sie wieder Ihre Buchführungsunterlagen. Sie überprüfen die Darlehensstände und die Höhe der offenen Verbindlichkeiten. Auch hier ist zu prüfen, ob alle offenen Eingangsrechnungen tatsächlich in dieser Höhe noch offen sind.

Ist das gesamte Fremdkapital in der Inventarliste erfasst und die Summe ermittelt, können Sie das Reinvermögen berechnen. Das Reinvermögen wird auch Eigenkapital oder Betriebsvermögen genannt.

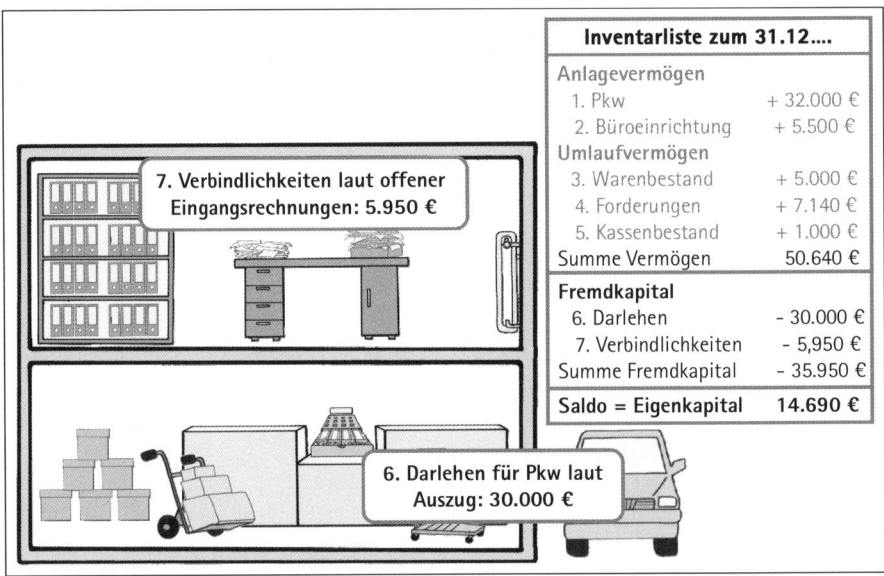

Inventarliste zum 31.12....	
Anlagevermögen	
1. Pkw	+ 32.000 €
2. Büroeinrichtung	+ 5.500 €
Umlaufvermögen	
3. Warenbestand	+ 5.000 €
4. Forderungen	+ 7.140 €
5. Kassenbestand	+ 1.000 €
Summe Vermögen	50.640 €
Fremdkapital	
6. Darlehen	- 30.000 €
7. Verbindlichkeiten	- 5.950 €
Summe Fremdkapital	- 35.950 €
Saldo = Eigenkapital	14.690 €

7. Verbindlichkeiten laut offener Eingangsrechnungen: 5.950 €

6. Darlehen für Pkw laut Auszug: 30.000 €

Abb. 4: **Inventur Kapital:** *Die Verbindlichkeiten aus offenen Rechnungen und das Darlehen übernehmen Sie in die Inventarliste. Das Fremdkapital beträgt insgesamt 35.950 Euro. Das Vermögen abzüglich des Fremdkapitals ergibt ein Eigenkapital von 14.690 Euro.*

Nun sind alle Zahlen vorhanden, die für eine Eröffnungsbilanz erforderlich sind.

Von der Inventarliste zur Eröffnungsbilanz

Das Ziel ist es, die Werte aus der Inventarliste in die Eröffnungsbilanz zu übernehmen. Dazu müssen Sie wissen, dass auf der linken Seite der Bilanz, der Aktiva, das Vermögen erfasst wird und auf der rechten Seite, der Passiva, das Kapital.

Die Buchführungsregeln für Anfangsbestände

Anfangsbestände werden immer zusammen mit dem Eröffnungsbilanzkonto gebucht. Damit steht das erste Konto fest.

Das zweite Konto ist entweder das Vermögenskonto oder das Kapitalkonto. In der Buchführungssprache heißen diese Aktivkonten (Vermögen) und Passivkonten (Kapital). Und dafür gelten bestimmte Buchführungsregeln.

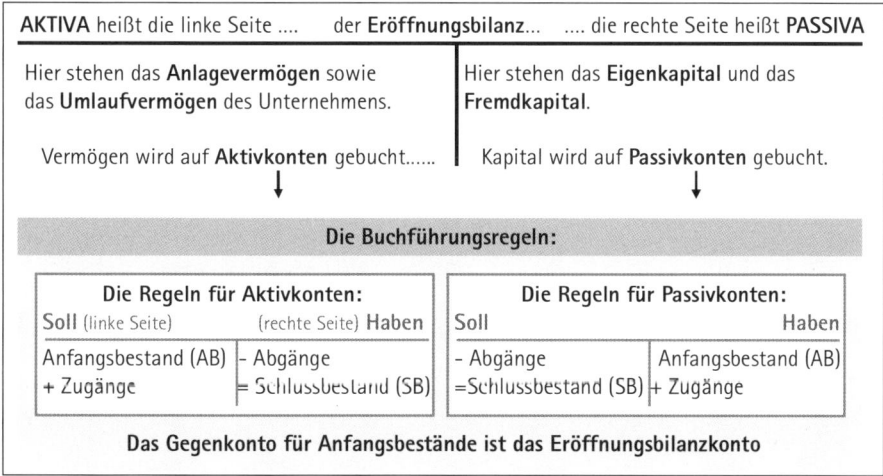

Abb. 5: **Die Anfangsbestände buchen:** *Die Anfangsbestände von Aktivkonten werden im Soll gebucht und die der Passivkonten im Haben. Also buchen Sie „Aktivkonto an Eröffnungsbilanzkonto" und „ Eröffnungsbilanzkonto an Passivkonto".*

Die Anfangsbestände werden auch Eröffnungsbilanzwerte genannt, kurz EB-Werte.

Die Anfangsbestände, EB-Werte buchen

Wenn Sie mit einem Buchführungsprogramm arbeiten, müssen Sie lediglich die Buchungssätze eingeben. Die Software wird dann automatisch die Konten eröffnen, die Anfangsbestände bzw. die EB-Werte darauf erfassen und auf Knopfdruck eine Eröffnungsbilanz erstellen.

Nun zurück zur Inventarliste. Wie lauten die erforderlichen Buchungssätze für das Programm, damit es eine Eröffnungsbilanz erstellen kann? Das Eröffnungs-bilanzkonto heißt in der Software „Saldenvortrag Sachkonten". D. h. Sie buchen:

- „Aktivkonto an Saldenvortrag Sachkonten",
- „Saldenvortrag Sachkonten an Passivkonto".

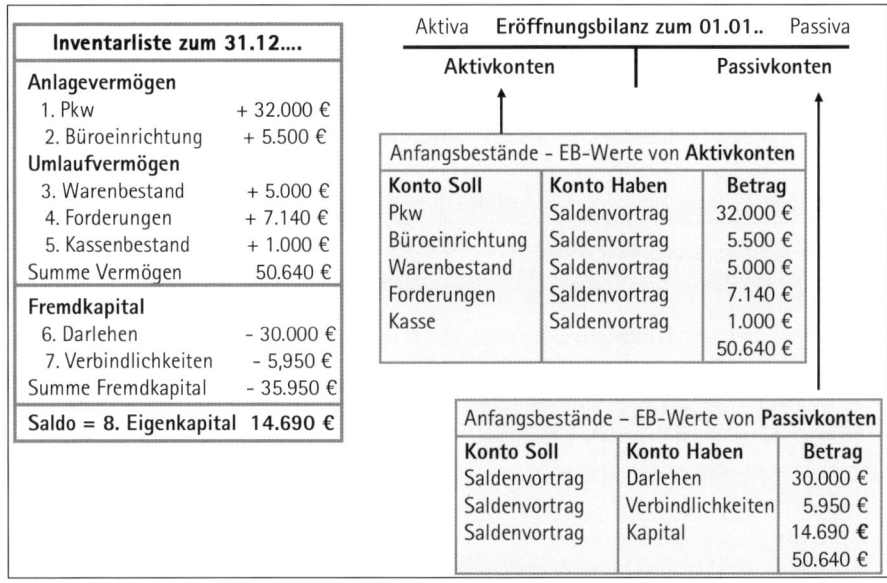

Abb. 6: ***Von der Inventarliste zur Eröffnungsbilanz:*** *Die Inventarliste enthält alle Zahlen für Ihre Eröffnungsbilanz. Möchten Sie die Eröffnungsbilanz mit einer Buchführungssoftware erstellen, müssen Sie diese Buchungssätze eingeben. Wo-bei hier die Kontonummern noch fehlen.*

Möchten Sie die Anfangsbestände in eine Buchführungssoftware eingeben, genügen die bisher angegebenen Buchungssätze nicht, Sie brauchen zusätzlich zur Kontenbe-zeichnung die Kontonummern. Diese finden Sie später im Kontenrahmen des Pro-gramms.

Anfangsbestände von Aktivkonten buchen

Die Anfangsbestände von Aktivkonten werden immer nach dem gleichen Schema erfasst. Das Konto „Saldenvortrag Sachkonten" wird immer im Haben gebucht, weil die verschiedenen Aktivkonten jeweils im Soll gebucht werden. Im Kontenrahmen finden Sie die verschiedenen Kontonummern, die Sie für die Eingabe brauchen.

Sind alle Nummern gefunden, geben Sie einen Buchungssatz nach dem anderen in das Programm ein. Gleichzeitig werden im Hintergrund die Konten eröffnet und die Anfangsbestände auf der richtigen Seite eingetragen, auf der Sollseite.

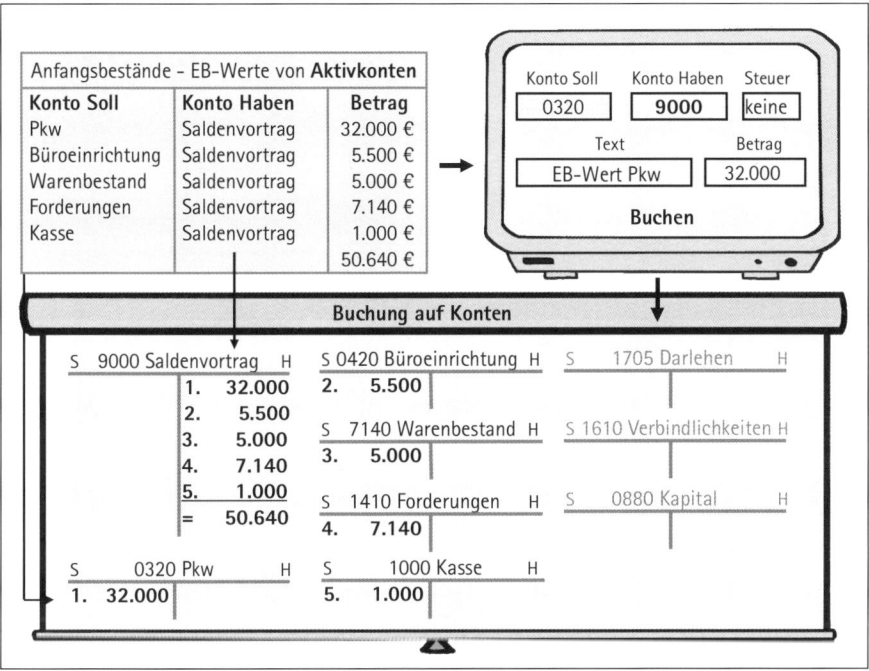

Abb. 7: **Anfangsbestände der Aktivkonten:** *Für die Eingabe brauchen Sie Konto-nummern, diese finden Sie unten bei den Konten. Geben Sie nun einen Bu-chungssatz nach dem anderen ein, werden die EB-Werte automatisch auf den Aktivkonten im Soll eingetragen.*

Anfangsbestände von Debitorenkonten

Im vorherigen Beispiel wurden alle offenen Forderungen in einer Summe erfasst. Möchten Sie die Anfangsbestände der Forderungen einzeln pro Kunde erfassen, müssen Sie Debitorenkonten nutzen. Dies sind Unterkonten vom Konto „Forderun-gen" und werden behandelt wie Aktivkonten. Um die Anfangsbestände pro Kunde zu erfassen, buchen Sie jeweils „Debitorenkonto Kunde X" an „9008 Saldenvortrag Debitoren". Sie verwenden dafür also ein eigenes Saldenvortragskonto.

Die Anfangsbestände von Passivkonten buchen

Bei den Passivkonten ist es genau umgekehrt, das Saldenvortragskonto wird immer im Soll gebucht, weil die verschiedenen Passivkonten jeweils im Haben gebucht werden.

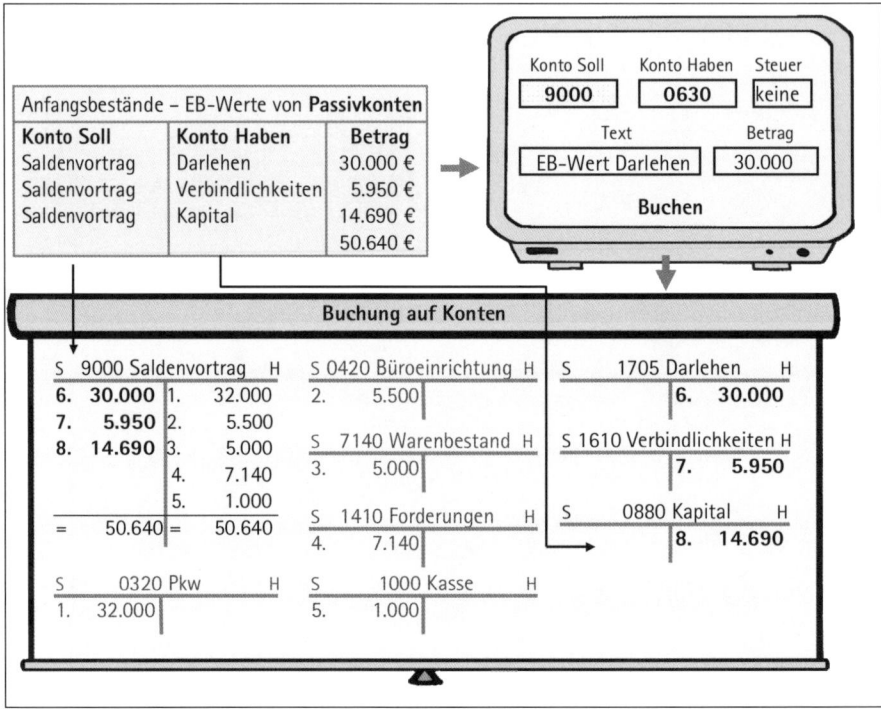

Abb. 8: **Anfangsbestände der Passivkonten:** *Unten auf den Konten finden Sie die Kontonummern für die Eingabe. Nach jeder Buchung wird ein Anfangsbestand auf ein Passivkonto im Haben gebucht und gleichzeitig auf dem Konto „Saldenvortrag" im Soll.*

Anfangsbestände von Kreditorenkonten

Möchten Sie die Anfangsbestände von Verbindlichkeiten einzeln pro Lieferant erfassen, müssen Sie Kreditorenkonten nutzen sowie ein eigenes Saldenvortragskonto. Um die Anfangsbestände pro Lieferant zu erfassen, buchen Sie jeweils „9009 Saldenvortrag Kreditoren" an „Kreditorenkonto Lieferant X".

Die Eröffnungsbilanz erstellen lassen

Sowie alle Anfangsbestände eingegeben sind, kann das Programm auf Knopfdruck eine Eröffnungsbilanz erstellen. Es holt sich dabei die Daten von den Konten, auf denen ja jetzt alle Anfangsbestände stehen.

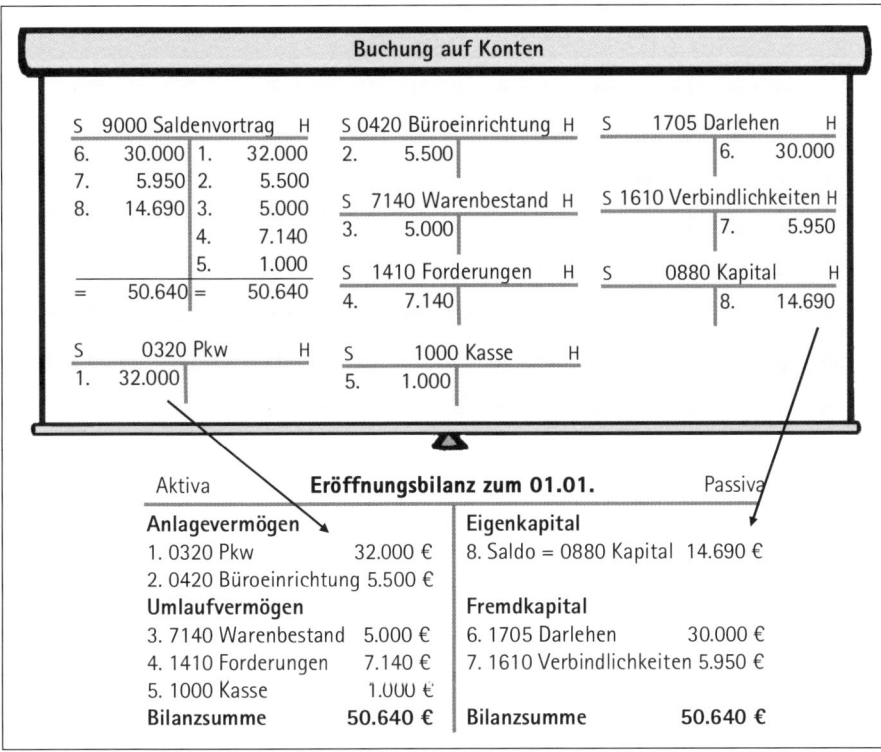

Abb. 9: **Eröffnungsbilanz erstellen:** *Sobald Sie die Anfangsbestände erfasst haben, sind die Konten eröffnet und Sie können die Eröffnungsbilanz drucken.*

Buchführungsregeln für Debitoren und Kreditoren

Während Sie die Anfangsbestände auf den verschiedenen Debitorenkonten erfassen, wird die Software im Hintergrund die Summe aller Debitorenkonten automatisch zusammenfassen und in der Bilanz in einer Summe auf dem Konto Forderungen ausweisen. Gleichzeitig sehen Sie aber auch die Salden der einzelnen Debitorenkonten. Bei den Kreditorenkonten ist es genauso, Sie erfassen die Anfangsbestände auf diesen Konten und sehen die Salden pro Lieferant. Gleichzeitig wird die Summe aller

Kreditorenkonten in der Bilanz auf dem Konto Verbindlichkeiten ausgewiesen. Man spricht hier von Offenen-Posten-Listen, kurz (OP-Listen).

Beispiel

Die Anfangsbestände wurden jeweils auf verschiedene Debitoren- und Kreditorenkonten gebucht. So sehen Sie die offenen Posten pro Kunde bzw. Lieferant.

Aktiva	Eröffnungsbilanz zum 01.01.	Passiva
Anlagevermögen	**Eigenkapital**	
1. 0320 Pkw 32.000 €	8. Saldo = 0880 Kapital 14.690 €	
2. 0420 Büroeinrichtung 5.500 €		
Umlaufvermögen	**Fremdkapital**	
3. 7140 Warenbestand 5.000 €	6. 1705 Darlehen 30.000 €	
4. 1410 Forderungen 7.140 €	7. 1610 Verbindlichkeiten 5.950 €	
5. 1000 Kasse 1.000 €		
Bilanzsumme 50.640 €	**Bilanzsumme 50.640 €**	

Offene-Posten-Liste Debitoren		Offene-Posten-Liste Kreditoren	
Kunde X	4.760 €	Lieferant X	3.570 €
Kunde Y	3.570 €	Lieferant Y	2.380 €
Summe	**7.140 €**	**Summe**	**5.950 €**

Abb. 10: **Anfangsbestände von Debitoren und Kreditoren:** *In der Bilanz sehen Sie die Summe der Forderungen und Verbindlichkeiten, in der Offenen-Posten-Liste sehen Sie diese pro Kunde und pro Lieferant.*

Fazit

Die Inventur muss einmal im Jahr durchgeführt werden, der Termin muss nicht der 31.12. sein, aber die Werte müssen auf diesen Tag hochgerechnet werden.

Die Ergebnisse der Inventur werden in die Inventarliste übernommen. Diese Werte werden in die Bilanz übernommen und Differenzen werden umgebucht.

Die Anfangsbestände für die Eröffnungsbilanz werden wie folgt gebucht:

- Aktivkonto (im Soll) an 9000 Saldenvortrag Sachkonten (im Haben)
- 9000 Saldenvortrag Sachkonten (im Soll) an Passivkonto (im Haben)
- Debitorenkonto (im Soll) an 9008 Saldenvortrag Debitoren (im Haben)
- 9009 Saldenvortrag Kreditoren (im Soll) an Kreditorenkonto (Im Haben)

Kundenrechnungen buchen – Was passiert im Hintergrund?

Inhalt

Sie wollen die Rechnungen, die Sie Ihren Kunden gestellt haben, verbuchen. Lesen Sie hier, wie Sie vorgehen und was Sie beachten müssen:

- Welche Buchführungsregeln sind zu beachten?
- Wie werden Kundenrechnungen im Buchführungsprogramm eingegeben?
- Was müssen Sie tun, damit das Programm die Umsatzsteuer-Voranmeldung korrekt ausgibt?
- Wie funktioniert die Verwaltung offener Posten mit Debitorenkonten?
- Wie werden Gutschriften und Rabatte verbucht?
- Welchen Nutzen hat ein Warenwirtschaftsprogramm beim Buchen von Kundenrechnungen?

Kundenrechnungen buchen

Sowie der Auftrag abgeschlossen ist, wird die Kundenrechnung geschrieben. Das ist der Zeitpunkt, an dem sich das Unternehmen auf Einnahmen freuen kann. Es ist aber auch der Zeitpunkt, an dem eine Veränderung an den Werten des Unternehmens stattfindet. Ein Ertrag wurde erzielt und Geld wird kommen. In diesem Fall spricht man von einem Geschäftsvorfall und diesen müssen bilanzierende Unternehmen nach den Regeln der doppelten Buchführung erfassen.

Zahlt der Kunde sofort, buchen Sie den Ertrag zusammen mit dem Geldeingang in der Kasse oder auf dem Bankkonto. Zahlt Ihr Kunde aber erst später, haben Sie bzw. das Unternehmen zunächst eine Forderung gegenüber dem Kunden und das müssen Sie buchen.

Einnahme-Überschussrechner müssen eine Kunderechnung erst erfassen, wenn das Geld vom Kunden eingegangen ist.

Die Buchführungsregeln

Möchten Sie eine Kundenrechnung nach den Regeln der doppelten Buchführung buchen, müssen Sie diesen Geschäftsvorfall zunächst in einen Buchungssatz umwandeln. Dazu müssen Sie wissen, welche Konten angesprochen werden und welche Buchführungsregeln für diese Konten gelten.

Beim Buchen einer Kundenrechnung werden das Aktivkonto „Forderungen", das Ertragskonto „Erlöse 19 % USt." und das Passivkonto „Umsatzsteuer 19 %" angesprochen. Welche Buchführungsregeln dafür gelten, zeigt die folgende Abbildung. Die Formel für einen Buchungssatz lautet immer „Soll an Haben", d. h. zuerst werden alle Konten genannt, die auf der Sollseite eines Kontos gebucht werden und nach dem „an" alle Konten, die auf der Habenseite gebucht werden.

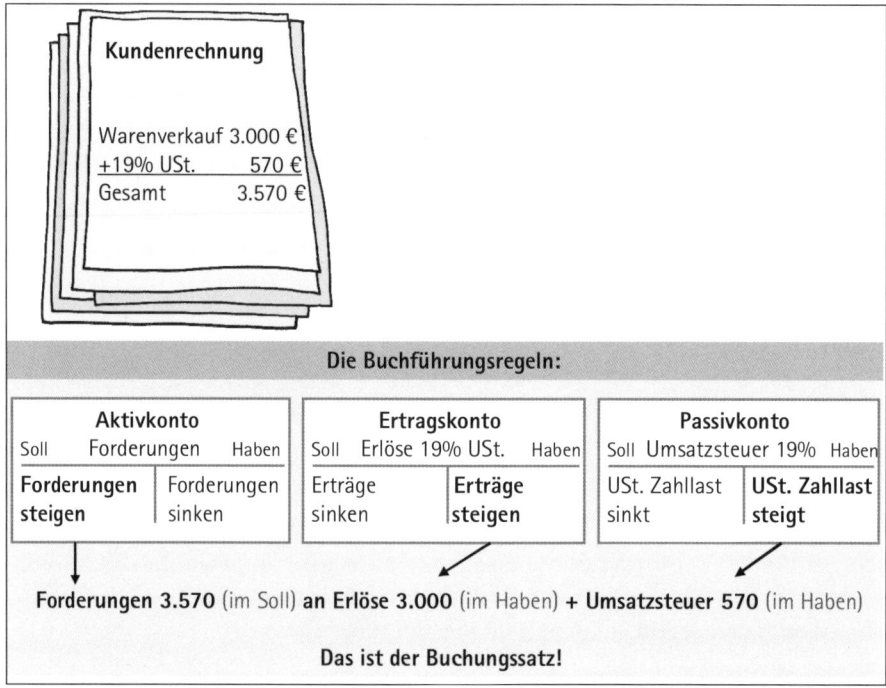

Abb. 1: **Kundenforderungen buchen:** *Hier steigen die Forderungen, die Erträge und die Umsatzsteuer. Forderungen steigen im Soll und Erträge sowie die Umsatzsteuer im Haben, also heißt es „Forderungen 3.570 an Erlöse 3.000 + Umsatzsteuer 570".*

Die Eingaberegeln für ein Buchführungsprogramm

Möchten Sie eine Kundenrechnung in ein Buchführungsprogramm eingeben, brauchen Sie für die erforderlichen Konten die Kontonummern, den Brutto-Rechnungsbetrag sowie den Umsatzsteuersatz.

Die Kontonummern finden Sie im Kontenplan, der beim Anlegen Ihres Unternehmens in der Software ausgewählt wurde. Wurde zum Beispiel der Kontenplan SKR03 gewählt, lautet die Kontonummer für das Konto Forderungen „1410" und für das Konto Erlöse 19 % USt. „8400".

In die Buchungsmaske geben Sie nicht den klassischen Buchungssatz ein, sondern eine Kontonummer im Feld „Konto Soll" und eine Kontonummer im Feld „Konto Haben". In welcher Reihenfolge die Kontonummern eingegeben werden, zeigt die folgende Abbildung.

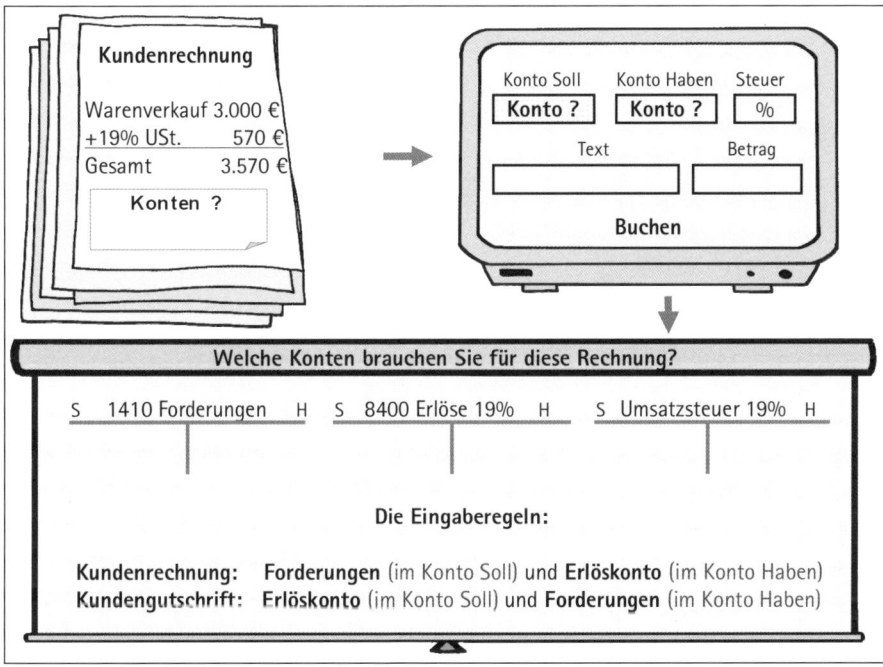

Abb. 2: **Kundenrechnungen eingeben:** *Sie erfassen ein Forderungskonto im Feld „Konto Soll" und ein Ertragskonto im Feld „Konto Haben". Bei Gutschriften ist es genau umgekehrt. Außerdem geben Sie den Bruttobetrag sowie den Steuersatz des Belegs ein.*

Kundenrechnungen im Programm eingeben

Während Sie eine Kundenrechnung nach den vorher genannten Eingaberegeln erfassen, bucht die Software im Hintergrund automatisch auf die Konten. Genauso, wie Sie auf T-Konten buchen würden. Es bucht den gesamten Rechnungsbetrag auf die Sollseite des Forderungskontos, rechnet die Umsatzsteuer automatisch heraus und bucht den Nettobetrag, getrennt von der Umsatzsteuer, auf den Habenseiten der

Konten Erlöse und Umsatzsteuer. Sie können also nach der Eingabe den Buchungs-satz von den Konten ablesen.

Beispiel

Bei einer Kundenrechnung erfassen Sie das Konto „1410 Forderungen" im Feld „Konto Soll" und „8400 Erlöse 19 % USt." im Feld „Konto Haben". Im Rechnungsbetrag von 3.570 Euro sind 19 % Umsatzsteuer enthalten, deshalb geben Sie den Bruttobetrag ein sowie den Steuersatz 19 %.

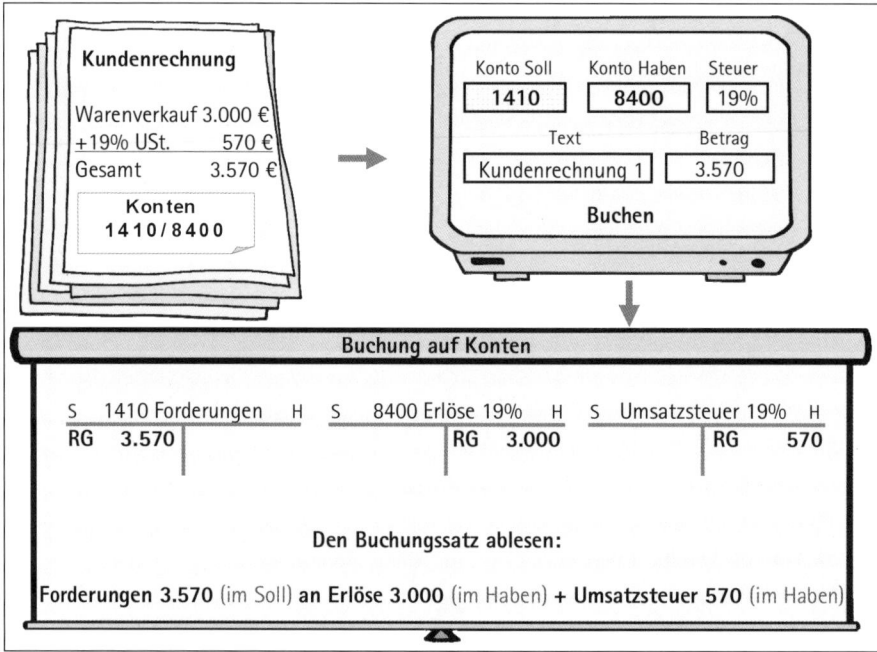

Abb. 3: ***Kundenrechnung eingeben:*** *Sie geben die beiden Kontonummern, den Steuer-satz und den Bruttobetrag ein und können dann den Buchungssatz von den Konten ablesen, er lautet „Forderungen 3.570 an Erlöse 3.000 + Umsatzsteuer 570".*

Von den Konten zum Bericht

Nach jeder Eingabe bucht das Programm nicht nur automatisch auf die verschiede-nen Konten, sondern es ermittelt auch gleichzeitig die Schlussbestände der Konten. So können Sie sich jederzeit auf Knopfdruck die Gewinn- und Verlustrechnung sowie die Bilanz ansehen.

Beispiel

Die Summe des Ertragskontos wird in die Gewinn- und Verlustrechnung übertragen und der Gewinn von 3.000 Euro fließt in das Eigenkapital ein. Anschließend werden die Schlussbestände der Aktiv- und Passivkonten in die Bilanz übertragen.

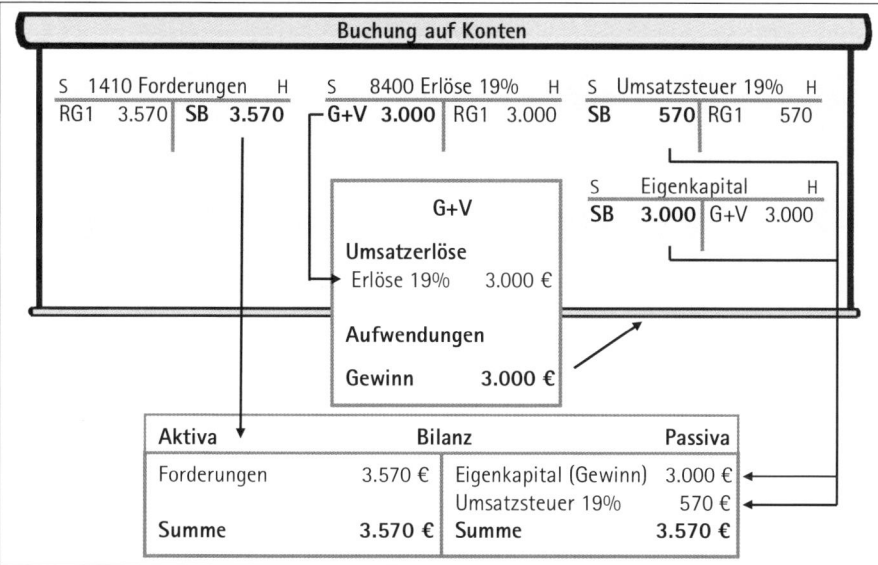

Abb. 4: **Von den Konten zum Bericht:** *Im Hintergrund wird auf Konten gebucht, die Konten werden nach jeder Eingabe automatisch abgeschlossen, deshalb sind die Berichte immer abrufbereit.*

Buchung auf verschiedene Ertragskonten

Berechnen Sie Ihren Kunden unterschiedliche Umsatzsteuersätze, müssen Sie ein Ertragskonto mit dem passenden Steuersatz wählen. Nur so kann die Software später den Nettoerlös sowie die Umsatzsteuer in die entsprechenden Felder der Umsatzsteuer-Voranmeldung eintragen. Diese Angaben sind beim Ertragskonto hinterlegt, deshalb genügt es nicht, nur den richtigen Steuersatz zu erfassen.

Beispiel

Die Rechnung Nr. 1 enthält 19 % Umsatzsteuer und wird auf das Ertragskonto „8400 Erlöse 19 % USt." gebucht. Die Rechnung Nr. 2 enthält 7 % Umsatzsteuer, deshalb ist diese Rechnung auf das Konto „8300 Erlöse 7 % USt." zu buchen. Von diesen Konten holt sich die Software die Zahlen für die Umsatzsteuer-Voranmeldung.

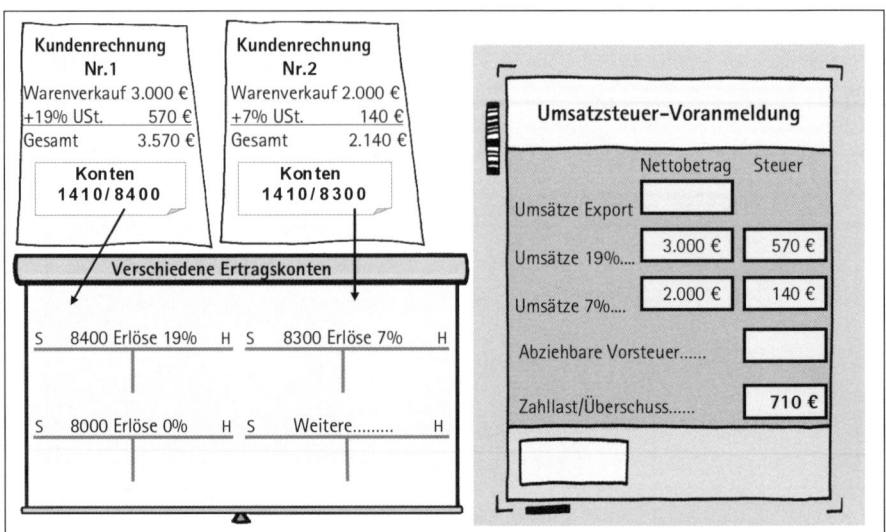

Abb. 5: **Das richtige Ertragskonto für die Umsatzsteuer-Voranmeldung:**
Verwenden Sie für die erste Rechnung das Konto „8400 Erlöse 19 %" und für die zweite Rechnung das Konto „8300 Erlöse 7 % USt.", so kann das Programm das Formular richtig ausfüllen.

Kontenbeispiele für Erträge:

SKR 03	SKR 04	Kontenbezeichnung
8120	4120	Steuerfreie Ausfuhrlieferungen (Sonstiges Ausland)
8125	4125	Steuerfreie innergemeinschaftliche Lieferungen (EU-Ausland)
8195	4185	Erlöse als Kleinunternehmer
8300	4300	Erlöse 7 % Umsatzsteuer
8337	4337	Erträge aus Bauleistungen
8400	4400	Erlöse 19 % Umsatzsteuer
8519	4569	Provisionserlöse 19 % Umsatzsteuer

Am Buchungssatz bzw. den Eingaberegeln ändert sich nichts, Sie verwenden beim Buchen einfach nur unterschiedliche Ertragskonten. Dadurch erhalten Sie zusätzlich zur Gewinnermittlung auch richtig ausgefüllte Umsatzsteuerformulare.

Kundenrechnungen auf Debitorenkonten buchen

Die meisten Buchführungsprogramme bieten zusätzlich zur Buchführung auch das Zusatzmodul „Offene-Posten-Verwaltung", kurz OP-Verwaltung. Die OP-Verwaltung hat den Vorteil, dass Sie die Forderungen an Ihre Kunden nicht nur in einer Summe sehen, sondern auch einzeln pro Kunde. Dazu müssen Sie für Ihre Kunden jeweils eigene Debitorenkonten anlegen und diese beim Buchen verwenden. An Stelle des Forderungskontos geben Sie dann die entsprechenden Debitorenkonten ein.

Beispiel

Für den Kunden X wurde das Debitorenkonto 10100 angelegt, also buchen Sie im Feld „Konto Soll" 10100. Für den Kunden Y wurde das Debitorenkonto 10200 angelegt.

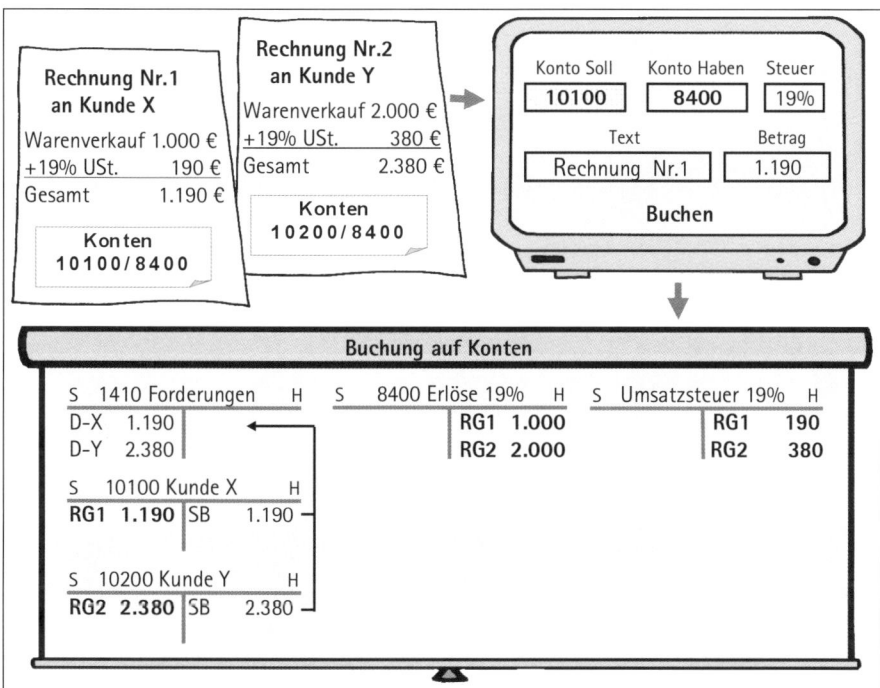

Abb. 6: **Kundenrechnungen auf Debitorenkonten buchen:** *Die Rechnung an den Kunden X buchen Sie auf das Debitorenkonto 10100 und die an den Kunden Y auf 10200. Gleichzeitig werden die Summen aller Debitorenkonten auf dem Konto Forderungen gesammelt.*

Zusätzlich zur Bilanz eine Offene-Posten-Liste

Buchen Sie die Kundenrechnungen auf verschiedene Debitorenkonten, erhalten Sie zusätzlich zur Bilanz eine Offene-Posten-Liste, kurz OP-Liste. In dieser Liste sehen Sie die offenen Rechnungen pro Kunde. Und in der Bilanz sehen Sie nach wie vor die Forderungen in einer Summe, da die Software die Summen aller Debitorenkonten automatisch auf dem Konto Forderungen sammelt.

Beispiel

In der OP-Liste sehen Sie die offenen Forderungen. Vom Kunden X erwarten Sie 1.190 Euro und vom Kunden Y noch 2.380 Euro. In der Bilanz sehen Sie, dass Sie insgesamt noch 3.570 Euro von Ihren Kunden zu bekommen haben.

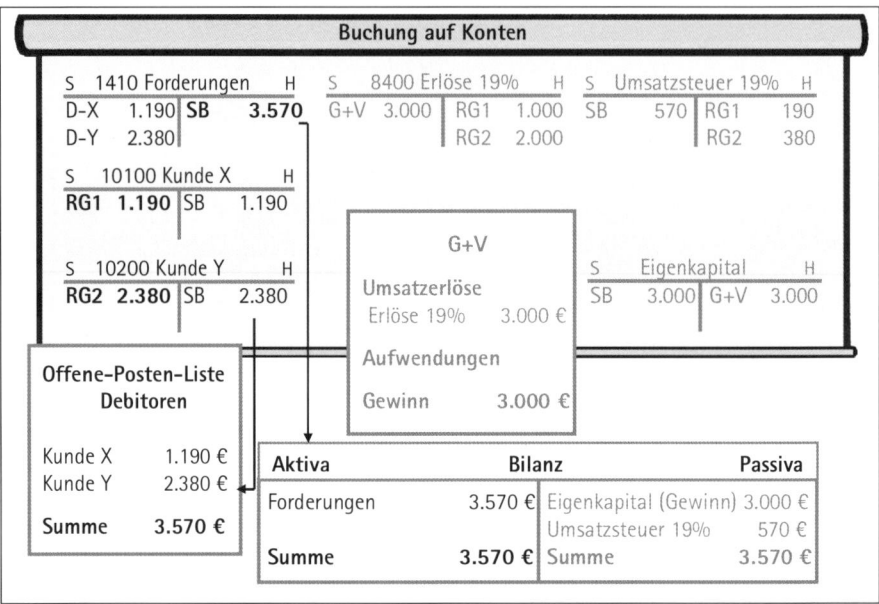

Abb. 7: ***Eine Offene-Posten-Liste (OP-Liste) zusätzlich zur Bilanz:*** *In der OP-Liste für Debitoren sehen Sie die Forderungen pro Kunde und in der Bilanz die Summe aller Forderungen.*

Sie müssen nicht für jeden Kunden ein Debitorenkonto anlegen, das lohnt sich in der Regel nur für Kunden, mit denen Sie öfter Geschäfte machen. Rechnungen an sogenannte Einmalkunden können Sie auch weiterhin auf ein Forderungskonto buchen, so wie es Ihnen lieber ist.

Gewährte Gutschriften buchen

Bei Gutschriften an Ihre Kunden sinken die Forderungen, die Erträge sowie die Umsatzsteuerzahllast. In diesem Fall drehen Sie den Buchungssatz, mit dem Sie die Rechnung gebucht haben, einfach um, bzw. Sie erfassen im Feld „Konto Soll" das Ertragskonto und im Feld „Konto Haben" das Forderungs- oder Debitorenkonto. Möchten Sie bei einer Gutschrift nicht einfach nur den Ertrag mindern, sondern zum Beispiel die Nachlässe offen sehen, müssen Sie die entsprechenden Konten für Rabatte und sonstige Nachlässe verwenden.

Beispiel

Bei der Gutschrift Nr. 1 handelt es sich um eine Warenrücklieferung, sie wird direkt auf das Konto „8400 Erlöse 19 %" gebucht. Bei der Gutschrift Nr. 2 handelt es sich um nachträglich gewährte Rabatte, die Sie in der G+V gesondert ausweisen möchten. Dafür verwenden Sie das Konto „8790 Gewährte Rabatte 19 %".

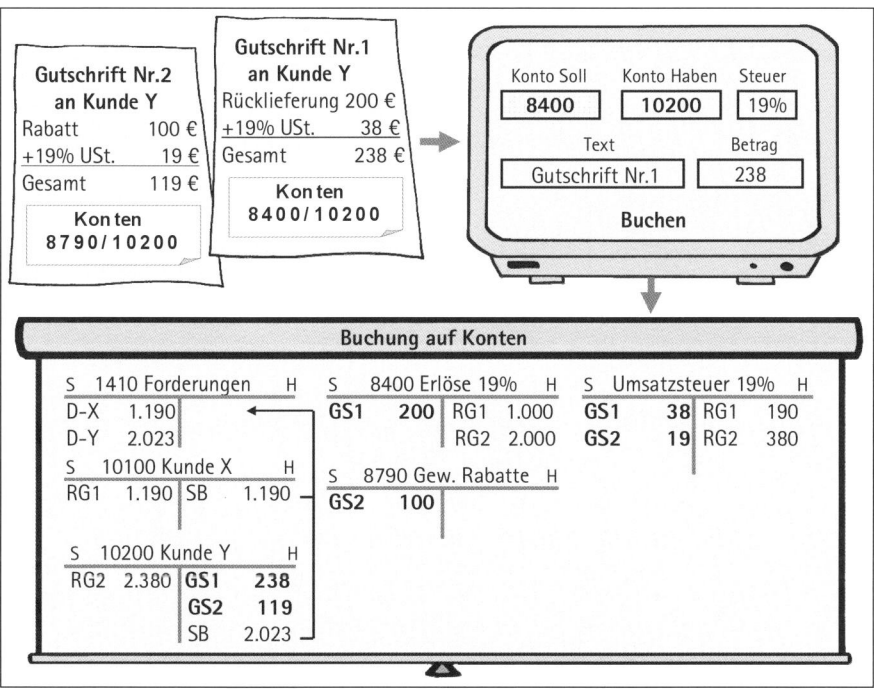

Abb. 8: **Gutschriften buchen:** *Die Gutschrift Nr.1 wird auf das Konto „8400 Erlöse 19 %" gebucht. Möchten Sie gewährte Rabatte in der G+V gesondert ausweisen, müssen Sie die Gutschrift Nr. 2 auf das Konto „8790 Gewährte Rabatte" buchen.*

Nachlässe gesondert ausweisen oder nicht?

Eine erteilte Gutschrift mindert immer Ihren Gewinn. Ganz gleich, ob Sie eine Gutschrift direkt auf das Ertragskonto buchen oder auf ein entsprechendes Konto für Rabatte und sonstige Nachlässe. Das Ergebnis bleibt das Gleiche. Welches Konto Sie verwenden, hat lediglich Auswirkungen auf die Ansicht Ihrer G+V, was die folgende Abbildung zeigt.

Beispiel

Die Gutschrift Nr. 1 ist nun nicht mehr sichtbar, das Konto „8400 Erlöse 19 %" ist um 200 Euro auf 2.800 Euro gesunken. Buchen Sie die Gutschrift Nr. 2 auf das Konto „8790 Gewährte Rabatte" bleibt der Erlös in voller Höhe stehen und der Rabatt von 100 Euro wird mit einem Minuszeichen gesondert ausgewiesen.

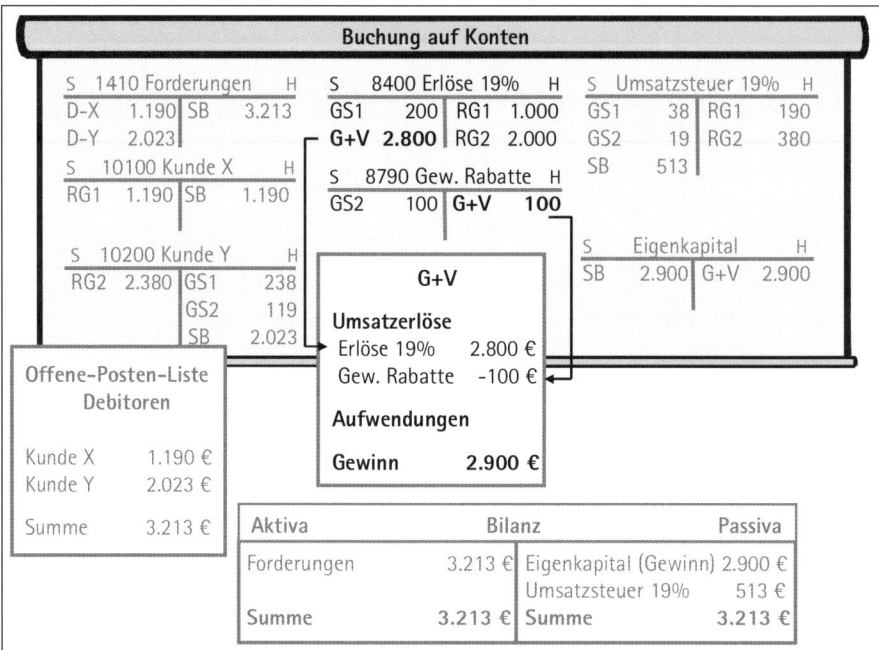

Abb. 9: ***Gutschriften in der G+V ansehen:*** *Buchen Sie Gutschriften direkt auf das Konto „8400 Erlöse", sehen Sie in der G+V lediglich den geringeren Ertrag. Buchen Sie diese auf das Konto „8790 Gewährte Rabatte", wird der Nachlass gesondert ausgewiesen.*

Wenn Sie einmal damit angefangen haben, die Rabatte auf eigene Konten zu buchen, sollten Sie das immer so machen, nur dann sind Ihre Berichte auch aussagekräftig.

Helfen Warenwirtschaftsprogramme beim Buchen?

Mit Warenwirtschaftsprogrammen können Sie unter anderem mit wenigen Klicks Kundenrechnungen erstellen. Viele dieser Programme bereiten gleichzeitig die Buchungssätze für diese Rechnungen vor, die Sie dann in das Buchführungsprogramm übertragen können. Das ist in der Regel der Fall, wenn Sie bei den Kunden „Debitorenkonten" und bei den Artikeln „Ertragskonten mit Steuersätzen" hinterlegen müssen bzw. können.

So werden Kundenrechnungen erstellt

Sind alle Stammdaten erfasst, vor allem die Kunden mit Adresse sowie die Artikel mit der Artikelbezeichnung und den Einzelpreisen, geht das Erstellen von Rechnungen ganz schnell. Sie wählen den entsprechenden Kunden aus, die Artikel sowie die Stückzahl und schon hat die Software alles, was sie braucht, um die Rechnung zu erstellen.

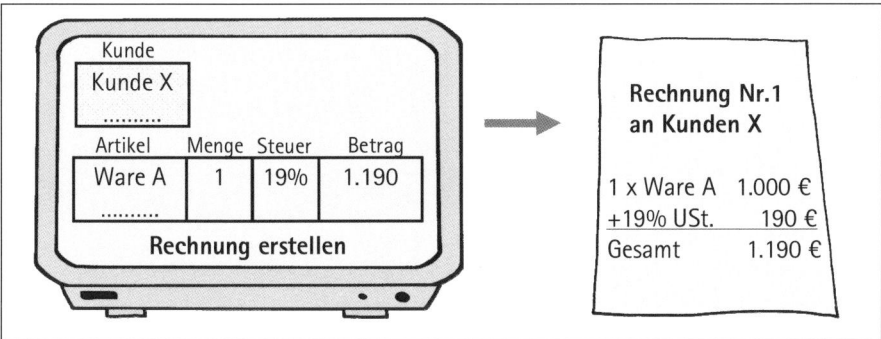

Abb. 10: ***Kundenrechnung mit einem Warenwirtschaftsprogramm erstellen:*** *Wählen Sie den vorab angelegten Kunden aus sowie den Artikel, müssen Sie nur noch die Menge erfassen. Alle anderen Daten sind fest hinterlegt und erscheinen automatisch auf der Rechnung.*

Buchungssätze für jede Rechnung vorbereiten

Sind nun die Debitorenkonten sowie die Ertragskonten mit Steuersätzen hinterlegt, kann die Software auch Buchungssätze erstellen, die anschließend in das Buchführungsprogramm übertragen werden können.

Beispiel

Im Warenwirtschaftsprogramm haben Sie beim Kunden X das Debitorenkonto „10100" hinterlegt und beim Artikel Ware A das Ertragskonto „8400" mit dem Steuersatz

„19 %". Erstellen Sie nun eine Rechnung für diesen Kunden, hat die Software alle Daten, die es für den Buchungssatz benötigt, das Debitorenkonto, das Ertragskonto, den Steuersatz und den Bruttobetrag.

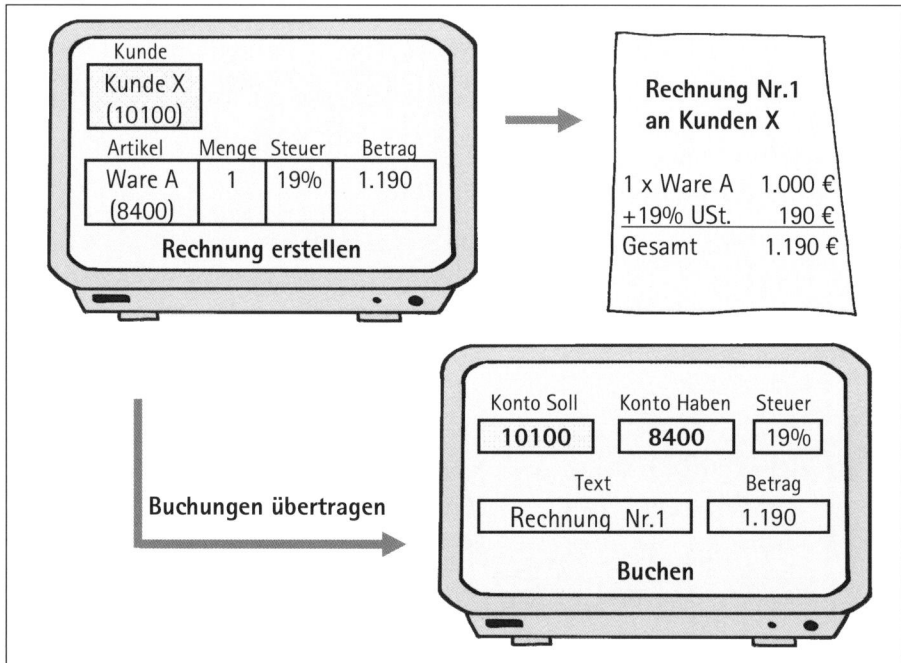

Abb. 11: **Buchungen von Kundenrechnungen übertragen lassen:** *Ist beim Kunden das Debitorenkonto hinterlegt und beim Artikel das Ertragskonto, kann das Warenwirtschaftsprogramm die Buchungen für die Übertragung vorbereiten.*

Verfügt Ihr Warenwirtschaftsprogramm über diese Funktion, müssen Sie nur noch die Buchungen in das Buchführungsprogramm übertragen. Auch die Buchungen von erteilten Gutschriften werden erstellt.

Fazit

Bei Kundenrechnungen wird das Forderungskonto im Soll gebucht. Im Haben buchen Sie das Ertragskonto. Bei Gutschriften ist es umgekehrt, hier wird das Forderungskonto im Haben gebucht. Im Soll buchen Sie das Ertragskonto oder ein entsprechendes Konto für Nachlässe. An Stelle des Forderungskontos können Sie auch Debitorenkonten verwenden, dann erhalten Sie zusätzlich zur Bilanz eine Offene-Posten-Liste, worin Sie die Forderungen pro Kunde sehen. Arbeiten Sie mit einem Warenwirtschaftsprogramm, können Sie vielleicht auf das Buchen von Kundenrechnungen verzichten, indem Sie die Buchungen übertragen lassen.

Umsatzsteuer abführen – Unterliegen Sie der Soll- oder Ist-Versteuerung?

Zu welchem Zeitpunkt müssen Sie die Umsatzsteuer in die Formulare eintragen?

Völlig unabhängig von Ihrer Gewinnermittlungsart - Einnahme-Überschussrechnung oder Bilanz mit Gewinn- und Verlustrechnung - müssen Sie die Umsatzsteuer mit dem Finanzamt abrechnen. Dies erledigen Sie auf den Formularen „Umsatzsteuer-Voranmeldung" oder „Umsatzsteuererklärung".

Im Folgenden wird die Frage geklärt, zu welchem Zeitpunkt Sie die Umsatzsteuer, die Sie Ihrem Kunden berechnen, in diese Formulare eintragen.

Bei Bargeschäften zum Zeitpunkt des Geldeingangs

Verkaufen Sie Waren oder bieten Sie Dienstleistungen an, die Ihre Kunden direkt bezahlen, müssen Sie die eingenommene Umsatzsteuer auch sofort an das Finanzamt abführen. Sofort heißt, in dem Monat, in dem Sie das Geld vereinnahmt haben, müssen Sie es in die Umsatzsteuerformulare eintragen. Und je nach dem, wann Sie dieses Formular an das Finanzamt übermitteln müssen, monatlich, vierteljährlich oder jährlich, wird auch die Zahlung fällig.

Beispiel
Ein Einzelhändler, der die Umsatzsteuer-Voranmeldung monatlich übermittelt, muss die Umsatzsteuer der Bareinnahmen von Mai am 10. Juni abführen. Hat er eine Fristverlängerung beantragt, sogar erst am 10. Juli.

Bei erhaltenen Anzahlungen bei Geldeingang

Erhalten Sie Gelder vom Kunden, obwohl der Auftrag noch gar nicht abgeschlossen ist, handelt es sich um erhaltene Anzahlungen. In diesem Fall müssen Sie die Umsatzsteuer ebenfalls zum Zeitpunkt des Geldeingangs abführen. Das kommt häufig bei größeren Aufträgen oder Internetverkäufen vor. Auch wenn Sie Ihren Kunden Anzahlungen für nicht abgeschlossene Aufträge berechnen, müssen Sie hierfür die Umsatzsteuer dann abführen, wenn das Geld bei Ihnen eingegangen ist.

> **Achtung**
>
> In der Praxis werden auch Rechnungen über Anzahlungen, auch genannt Akontorechnungen, gebucht, und zwar noch vor dem Geldeingang. Achten Sie in diesem Fall darauf, die Umsatzsteuer nicht zu früh abzuführen, sondern erst bei Geldeingang.

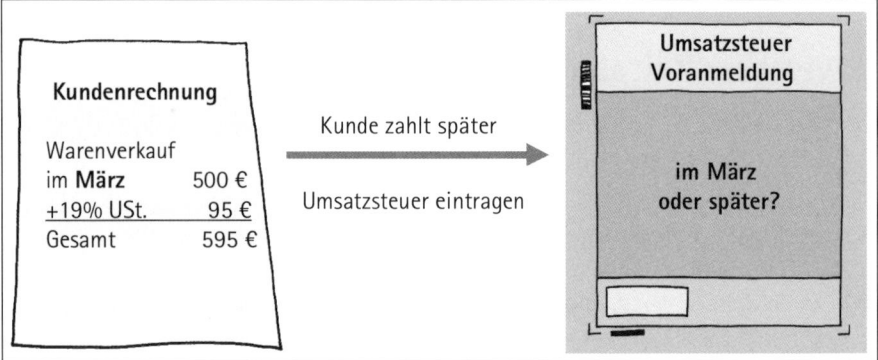

Abb. 1: **Warenverkauf im März:** *Wann müssen Sie die Umsatzsteuer abführen, wenn der Auftrag im März abgeschlossen und berechnet ist, der Kunde aber noch nicht sofort zahlt?*

Bei offenen Schlussrechnungen – bei Geldeingang oder später

Ist der Auftrag ganz oder teilweise abgeschlossen, schreiben Sie Ihrem Kunden eine Schluss- oder Teilschlussrechnung. Wenn Ihr Kunde diese Rechnungen erst später zahlt, müssen Sie wissen, ob Ihr Unternehmen der **Soll-Versteuerung** oder der **Ist-Versteuerung** unterliegt. Erst dann wissen Sie, zu welchem Zeitpunkt Sie die Umsatzsteuer dieser Rechnung abführen müssen. Was ist was?

Die Soll-Versteuerung und die Ist-Versteuerung

Bei der Soll-Versteuerung müssen Sie die in Rechnung gestellte Umsatzsteuer an das Finanzamt abführen, sowie der Auftrag abgeschlossen ist. Bei der Ist-Versteuerung erst, wenn Sie das Geld von Ihrem Kunden erhalten haben.

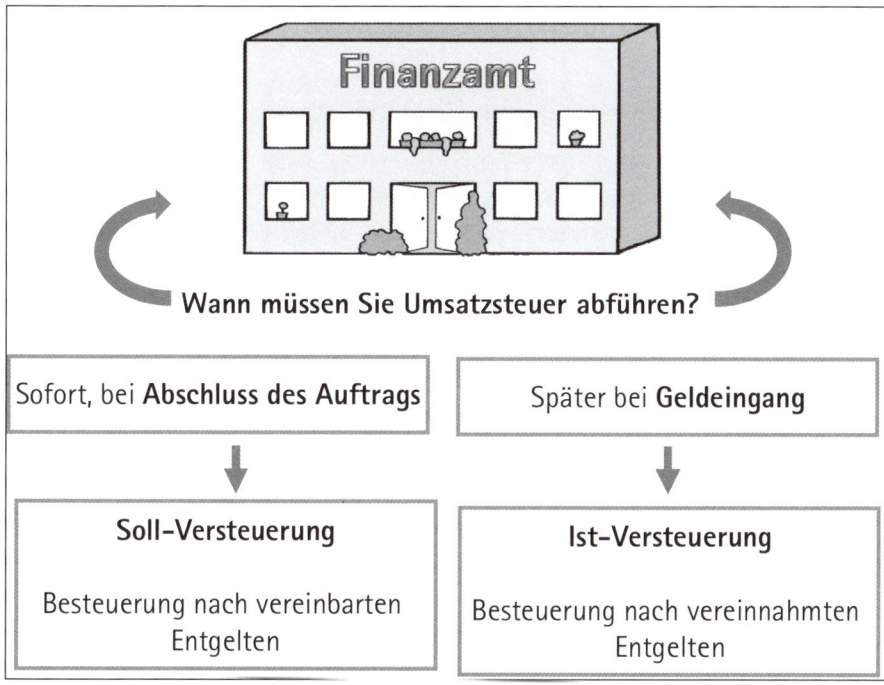

Abb. 2: **Die Umsatzsteuer abführen:** *Je nach Besteuerungsart müssen Sie die Umsatz-steuer früher oder später in die Formulare eintragen und an das Finanzamt ab-führen.*

Wer kann die Ist-Versteuerung in Anspruch nehmen?

Für Freiberufler gilt grundsätzlich die Ist-Versteuerung. Alle anderen Unternehmen können die Ist-Versteuerung beantragen, wenn der Umsatz des Vorjahres nicht über 500.000 Euro lag. Alle anderen Unternehmen unterliegen bezüglich der Umsatzsteuer der Soll-Versteuerung.

Tipp

Im Betriebsanmeldebogen vom Finanzamt wurden Sie gefragt, ob Sie die Umsatzsteuer nach „vereinbarten (Soll-Versteuerung)" oder „vereinnahmten Entgelten (Ist-Versteuerung)" besteuern. Wissen Sie noch, was Sie angekreuzt haben? Ihre Besteuerungsform steht also schon fest. Wenn Sie nicht mehr wissen, was Sie geantwortet haben, sollten Sie das Finanzamt oder Ihren Steuerberater anrufen.

Arbeiten Sie mit einem Buchführungsprogramm, müssen Sie nicht nur Ihre Gewinnermittlungsart einstellen, sondern auch Besteuerungsart Soll- oder Ist-Versteuerung. So kann die Software die Formulare richtig ausfüllen.

Der Vorsteuerabzug ist für alle Unternehmen gleich

Die Soll- und Ist-Versteuerung gilt nur für die Umsatzsteuer, die Sie in Schlussrechnungen berechnen. Für den Vorsteuerabzug gelten für alle Unternehmen die gleichen Voraussetzungen. Die Rechnung muss vorliegen und die Lieferung bzw. Leistung muss erbracht oder die Zahlung erfolgt sein. Der Vorsteuerabzug bei geleisteten Anzahlungen ist erst möglich, wenn neben der Zahlung auch die einwandfreie Rechnung vorliegt.

Bilanzierung und die Umsatzsteuer

Bilanzierende müssen die Erträge in der Gewinn- und Verlustrechnung (G+V) erfassen sobald der Auftrag abgeschlossen ist, unabhängig von Zahlung und Rechnungsdatum. Deshalb sollten Sie darauf achten, alle abgeschlossenen Aufträge im gleichen Monat zu berechnen. Das erleichtert Ihnen die Arbeit.

Zu welchem Zeitpunkt Sie die Umsatzsteuer abführen müssen, hängt davon ab, ob Ihr Unternehmen der Soll- oder der Ist-Versteuerung unterliegt.

Bilanzierung und Soll-Versteuerung

Bilanzieren Sie und unterliegen der Soll-Versteuerung, müssen Sie direkt nach Abschluss des Auftrags die Erträge buchen und die Umsatzsteuer abführen bzw. im Formular erfassen.

Beispiel

Ein Auftrag wurde im März abgeschlossen und berechnet, der Kunde zahlt aber erst später. Was ist zu tun, wenn Ihr Unternehmen der Soll-Versteuerung unterliegt?

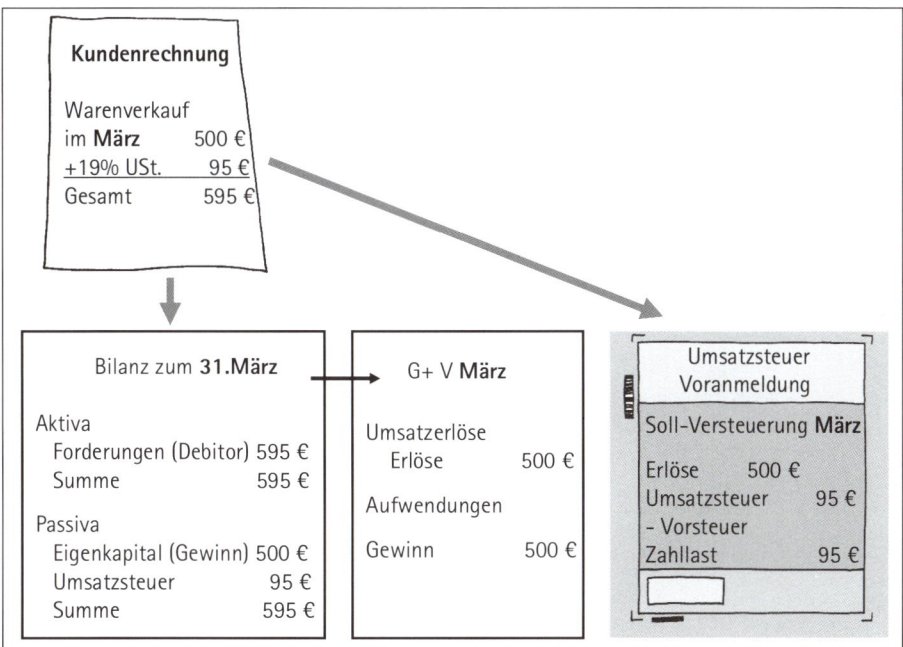

Abb. 3: **Bilanzierung und Soll-Versteuerung:** *Sie erfassen die Kundenrechnung in der Bilanz, der G+V sowie in der Umsatzsteuer-Voranmeldung von März.*

Buchung

Konto SKR 03 Soll	Konto SKR 04 Soll	Konten-bezeichnung	Betrag	an	Konto SKR 03 Haben	Konto SKR 04 Haben	Konten-bezeichnung	Steuer
Buchung im März								
10000	10000	Debitorenkonto	595		8400	4400	Erlöse 19 %	USt 19 %

So werden der Ertrag und die Umsatzsteuer zum richtigen Zeitpunkt in den Auswertungen erfasst. Hätten Sie diese Rechnung erst im April geschrieben, müssten Sie sie trotzdem im März buchen.

Bilanzierung und Ist-Versteuerung

Bilanzieren Sie und unterliegen der Ist-Versteuerung, müssen Sie nach Abschluss des Auftrags die Erträge buchen. Doch die Umsatzsteuer müssen Sie erst später, beim Geldeingang abführen.

Beispiel

Sie schließen einen Auftrag im März ab und schreiben Ihrem Kunden die Schlussrechnung über 595 Euro inkl. 19 % USt. Der Geldeingang erfolgt im erst im Mai.

Was ist zu tun, wenn Sie der Ist-Versteuerung unterliegen?

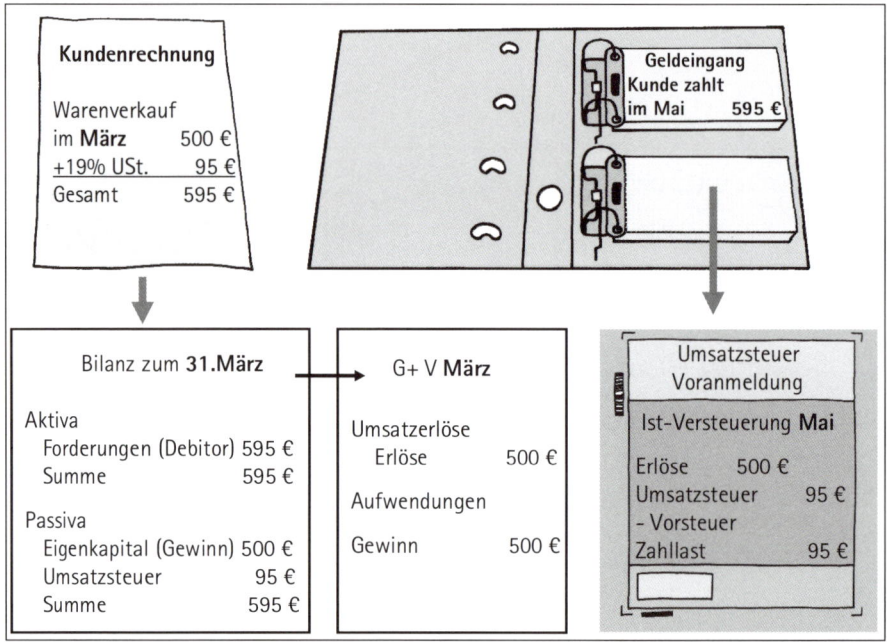

Abb. 4: *Bilanzierung und Ist-Versteuerung: Im März erfassen Sie die Kundenrechnung in der Bilanz und der G+V und im Mai, bei Geldeingang, in der Umsatzsteuer-Voranmeldung.*

Ist Ihr Buchführungsprogramm auf Bilanzierung und Ist-Versteuerung eingestellt, können Sie die Rechnung im März buchen und die Software wird automatisch erst bei Geldeingang die Umsatzsteuer in die Voranmeldung übertragen. Ansonsten müssen Sie wie folgt buchen, über das Konto „Umsatzsteuer nicht fällig".

Buchungen

Konto SKR 03 Soll	Konto SKR 04 Soll	Kontenbezeichnung	Betrag	an	Konto SKR 03 Haben	Konto SKR 04 Haben	Kontenbezeichnung	Steuer
Buchung im März								
10000	10000	Debitorenkonto	500		8000	4000	Erlöse	keine
10000	10000	Debitorenkonto	95		1766	3816	Umsatzsteuer nicht fällig 19 %	keine
Umbuchung der Umsatzsteuer im Mai beim Geldeingang								
8000	4000	Erlöse	500		10000	10000	Debitorenkonto	keine
1766	3816	Umsatzsteuer nicht fällig 19 %	95		10000	10000	Debitorenkonto	keine
10000	10000	Debitorenkonto	595		8400	4400	Erlöse 19 % USt	USt 19 %

So wird die Umsatzsteuer nicht in der Umsatzsteuer-Voranmeldung von März, sondern erst in der von Mai erfasst.

Einnahme-Überschussrechnung und die Umsatzsteuer

Einnahme-Überschussrechner müssen alle Erträge erst bei Geldeingang in der Einnahme-Überschussrechnung erfassen. Ganz gleich, ob der Auftrag abgeschlossen ist oder nicht und ganz gleich, ob der Ertrag wirtschaftlich in diesen oder in einen anderen Monat gehört. Das macht die Einnahme-Überschussrechnung so einfach.

Zu welchem Zeitpunkt Sie die Umsatzsteuer abführen müssen, ist abhängig von der Soll- oder Ist-Versteuerung. Was muss Ihr Unternehmen anwenden?

Einnahme-Überschussrechnung und Soll-Versteuerung

Einnahme-Überschussrechner, die der Soll-Versteuerung unterliegen, müssen die Umsatzsteuer bereits abführen sowie der Auftrag abgeschlossen ist, den Ertrag aber erst, wenn der Kunde gezahlt hat.

Beispiel

Ein Auftrag wurde im März abgeschlossen und berechnet, der Kunde zahlt aber erst im Mai. Was ist zu tun, wenn Ihr Unternehmen die Soll-Versteuerung anwenden muss?

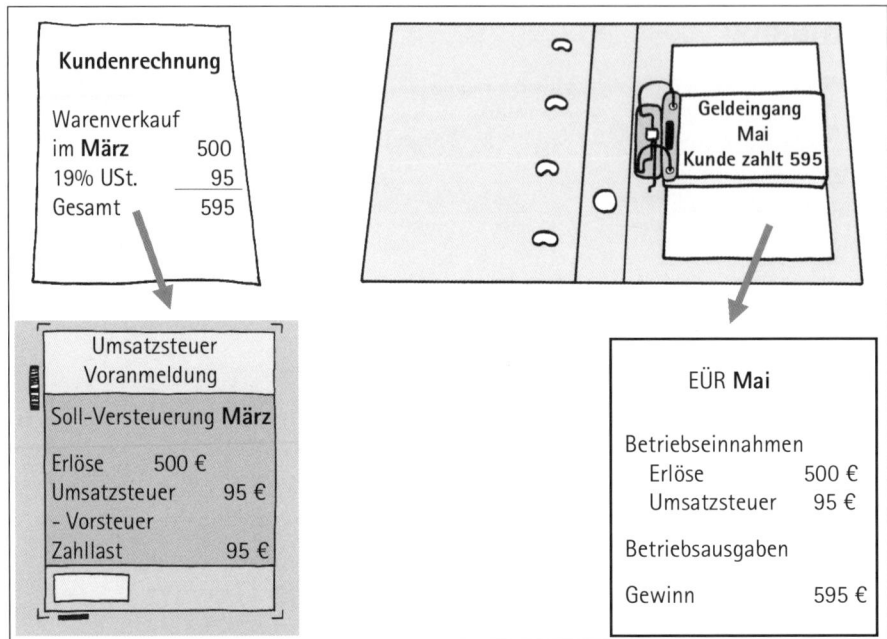

Abb. 5: **Einnahme-Überschussrechnung (EÜR) und Soll-Versteuerung:**
Hier erfassen Sie die Kundenrechnung im März in der Umsatzsteuer-Voranmeldung und erst im Mai bei Geldeingang in der EÜR.

Einige Buchführungsprogramme können auch mit dieser Variante umgehen, wenn sie auf Einnahme-Überschussrechnung und Soll-Versteuerung eingestellt sind. Wenn ja, können Sie die Kundenrechnung im März buchen und die Software wird automatisch erst bei Geldeingang den Ertrag in der Einnahme-Überschussrechnung erfassen.

Ansonsten müssen Sie die Umsatzsteuer-Voranmeldung manuell ergänzen, indem Sie die Umsatzsteuer aller offenen Rechnungen zusätzlich eintragen.

Tipp

Da die Umsatzgrenze für die Ist-Versteuerung zum 01.07.2009 auf 500.000 Euro erhöht wurde, müsste es keine Einnahme-Überschussrechner mit Soll-Versteuerung mehr geben, denn die Umsatzgrenze der Buchführungspflicht ist genauso hoch. Und Freiberufler dürfen unabhängig vom Umsatz die Ist-Versteuerung anwenden.

Einnahme-Überschussrechnung und Ist-Versteuerung

Erstellen Sie eine Einnahme-Überschussrechnung und unterliegen der Ist-Versteuerung, müssen Sie die Kundenrechnung bei Geldeingang gleichzeitig in der Einnahme-Überschussrechnung sowie in der Umsatzsteuer-Voranmeldung erfassen.

Beispiel

Ein Auftrag wurde im März abgeschlossen und berechnet, der Kunde zahlt aber erst im Mai. Was ist zu tun, wenn Ihr Unternehmen die Ist-Versteuerung anwenden darf?

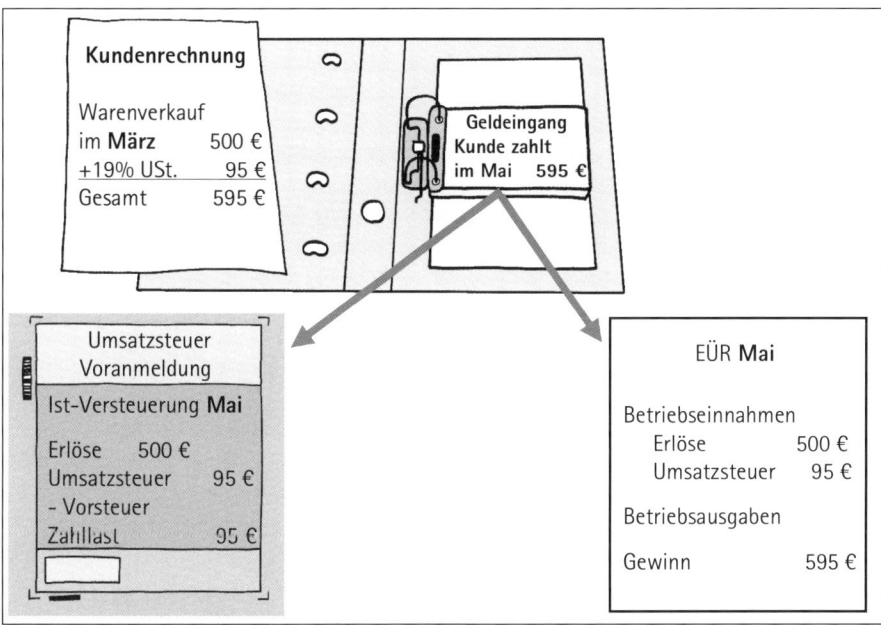

Abb. 6: **Einnahme-Überschussrechnung (EÜR) und Ist-Versteuerung:** *In diesem Fall erfassen Sie die Kundenrechnung in der EÜR sowie in der Umsatzsteuer-Voranmeldung vom Mai.*

Buchung

Konto SKR 03 Soll	Konto SKR 04 Soll	Konten-bezeichnung	Betrag	an	Konto SKR 03 Haben	Konto SKR 04 Haben	Konten-bezeichnung	Steuer
Buchung bei Geldeingang im Mai								
1200	1800	Bank	595		8400	4400	Erlöse 19 %	USt 19 %

So werden der Ertrag und die Umsatzsteuer zum richtigen Zeitpunkt in den Auswertungen erfasst.

Fazit

Nur eine der vier Varianten kann auf Ihr Unternehmen zutreffen. Zu welchem Zeitpunkt müssen Sie die Kundenrechnung als Betriebseinnahme bzw. Ertrag erfassen? Und zu welchem Zeitpunkt müssen Sie die Umsatzsteuer abführen?

1. Bilanzierung und Sollversteuerung
   Betriebseinnahme in Gewinnermittlung bei Abschluss des Auftrags,
   Umsatzsteuer abführen bei Abschluss des Auftrags.

2. Bilanzierung und Ist-Versteuerung
   Betriebseinnahme in Gewinnermittlung bei Abschluss des Auftrags,
   Umsatzsteuer abführen bei Geldeingang.

3. Einnahme-Überschussrechnung und Soll-Versteuerung
   Betriebseinnahme in Gewinnermittlung bei Geldeingang,
   Umsatzsteuer abführen bei Abschluss des Auftrags.

4. Einnahme-Überschussrechnung und Ist-Versteuerung
   Betriebseinnahme in Gewinnermittlung bei Geldeingang,
   Umsatzsteuer abführen bei Geldeingang.

Eingangsrechnungen buchen – Was passiert im Hintergrund?

Inhalt

Sie kaufen Waren ein und erhalten eine Rechnung von Ihrem Lieferanten. In diesem Kapitel erfahren Sie, wie dieser Geschäftsvorfall gebucht werden muss.

- Welche Buchführungsregeln sind zu beachten?
- Wie wird eine Eingangsrechnung in ein Buchhaltungsprogramm eingegeben?
- Wie funktioniert die Verwaltung offener Posten mit Kreditorenkonten?
- Wie werden Gutschriften und Rabatte gebucht?
- Welchen Nutzen hat ein Warenwirtschaftsprogramm beim Buchen von Eingangsrechnungen?

Eingangsrechnungen buchen

Sowie Sie bzw. Ihr Unternehmen Waren, Vorräte oder Büromaterial einkauft, findet eine Veränderung an den Werten des Unternehmens statt. Ein Aufwand ist angefallen und Geld muss gezahlt werden. In diesem Fall spricht man von einem Geschäftsvorfall und diesen müssen bilanzierende Unternehmen nach den Regeln der doppelten Buchführung erfassen.

Zahlen Sie die Eingangsrechnung oder den Beleg sofort, buchen Sie den Aufwand zusammen mit der Zahlung über die Kasse oder das Bankkonto. Zahlen Sie aber erst später, hat Ihr Unternehmen zunächst eine Verbindlichkeit gegenüber dem Lieferanten oder Handwerker und das muss gebucht werden.

Einnahme-Überschussrechner müssen eine Eingangsrechnung erst erfassen, wenn sie bezahlt ist.

Die Buchführungsregeln

Möchten Sie eine Eingangsrechnung nach den Regeln der doppelten Buchführung buchen, müssen Sie diesen Geschäftsvorfall zunächst in einen Buchungssatz umwandeln. Dazu müssen Sie wissen, welche Konten angesprochen werden und welche Buchführungsregeln für diese Konten gelten.

Beim Buchen einer Eingangsrechnung werden das Aufwandskonto „Wareneingang 19 % USt.", das Aktivkonto „Vorsteuer 19 %" und das Passivkonto „Verbindlichkeiten" angesprochen. Welche Buchführungsregeln dafür gelten, zeigt die folgende Abbildung. Die Formel für einen Buchungssatz lautet immer „Soll an Haben", d. h. zuerst werden alle Konten genannt, die auf der Sollseite eines Kontos gebucht werden und nach dem „an" alle Konten, die auf der Habenseite gebucht werden.

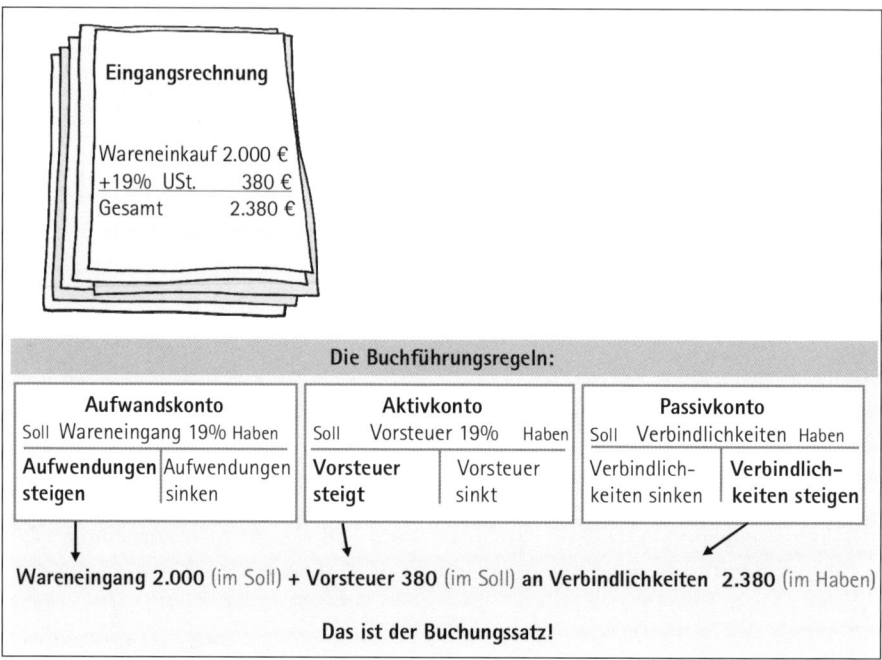

Abb. 1: **Eingangsrechnungen buchen:** *Hier die Aufwendungen, die Vorsteuer und die Verbindlichkeiten. Aufwendungen und Vorsteuer steigen im Soll, Verbindlichkeiten steigen im Haben, also heißt es „Wareneingang 2.000 + Vorsteuer 380 an Verbindlichkeiten 2.380".*

Die Eingaberegeln für ein Buchführungsprogramm

Möchten Sie eine Eingansrechnung in ein Buchführungsprogramm eingeben, brauchen Sie für die erforderlichen Konten die Kontonummern, den Brutto-Rechnungsbetrag sowie den Umsatzsteuersatz.

Die Kontonummern finden Sie im Kontenplan, der beim Anlegen Ihres Unternehmens in der Software ausgewählt wurde. Wurde zum Beispiel der Kontenplan SKR03 gewählt, lautet die Kontonummer für das Konto Wareneingang 19 % USt. „3400" und für das Konto Verbindlichkeiten „1610".

In die Buchungsmaske geben Sie nicht den klassischen Buchungssatz ein, sondern eine Kontonummer im Feld „Konto Soll" und eine Kontonummer im Feld „Konto Haben". In welcher Reihenfolge die Kontonummern eingegeben werden, zeigt die folgende Abbildung.

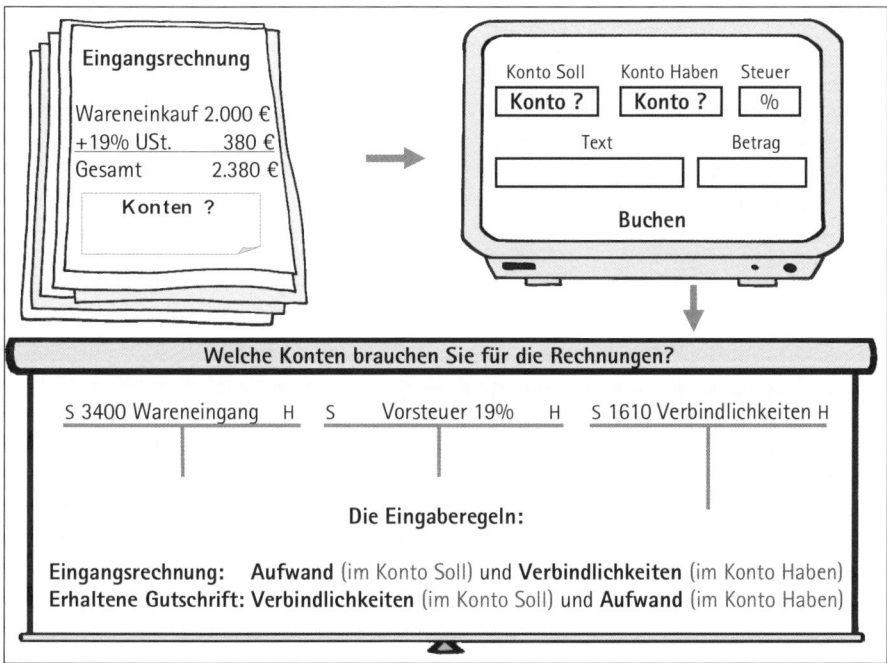

Abb. 2: **Eingangsrechnungen eingeben:** *Sie erfassen ein Aufwandskonto im Feld „Konto Soll" und ein Verbindlichkeitskonto im Feld „Konto Haben". Bei Gutschriften ist es genau umgekehrt. Außerdem geben Sie den Bruttobetrag sowie den entsprechenden Steuersatz ein.*

Eingangsrechnungen im Programm eingeben

Während Sie eine Eingangsrechnung nach den vorher genannten Eingaberegeln erfassen, bucht die Software im Hintergrund automatisch auf die Konten. Es bucht den gesamten Rechnungsbetrag auf die Habenseite des Verbindlichkeitskontos, rechnet die Vorsteuer automatisch heraus und bucht den Nettobetrag getrennt von der Vorsteuer auf den Sollseiten der Konten Wareneingang und Vorsteuer. Sie können also nach der Eingabe den Buchungssatz von den Konten ablesen.

Beispiel

Bei einer Eingangsrechnung erfassen Sie das Konto „3400 Wareneingang 19 % USt." im Feld „Konto Soll" und „1610 Verbindlichkeiten" im Feld „Konto Haben". Im Rechnungsbetrag von 2.380 Euro sind 19 % Umsatzsteuer enthalten, deshalb geben Sie den Bruttobetrag ein sowie den Steuersatz 19 %.

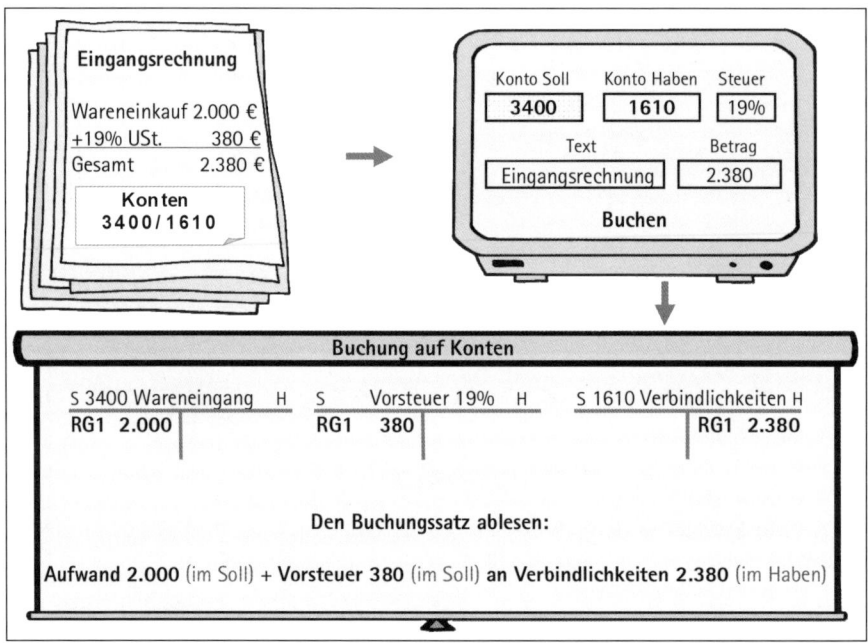

Abb. 3: **Eingangsrechnung eingeben:** *Sie geben die beiden Kontonummern, den Steuersatz und den Bruttobetrag ein. Danach können Sie den Buchungssatz von den Konten ablesen, er lautet „Wareneingang 2.000 + Vorsteuer 380 an Verbindlichkeiten 2.380".*

Von den Konten zum Bericht

Nach jeder Eingabe bucht das Programm nicht nur automatisch auf die verschiedenen Konten, sondern es ermittelt auch gleichzeitig die Schlussbestände der Konten. So können Sie sich jederzeit auf Knopfdruck die Gewinn- und Verlustrechnung sowie die Bilanz ansehen.

Beispiel

Die Summe des Aufwandskontos wird in die Gewinn- und Verlustrechnung übertragen und der Verlust von 2.000 Euro fließt in das Eigenkapital ein. Anschließend werden die Schlussbestände der Aktiv- und Passivkonten in die Bilanz übertragen.

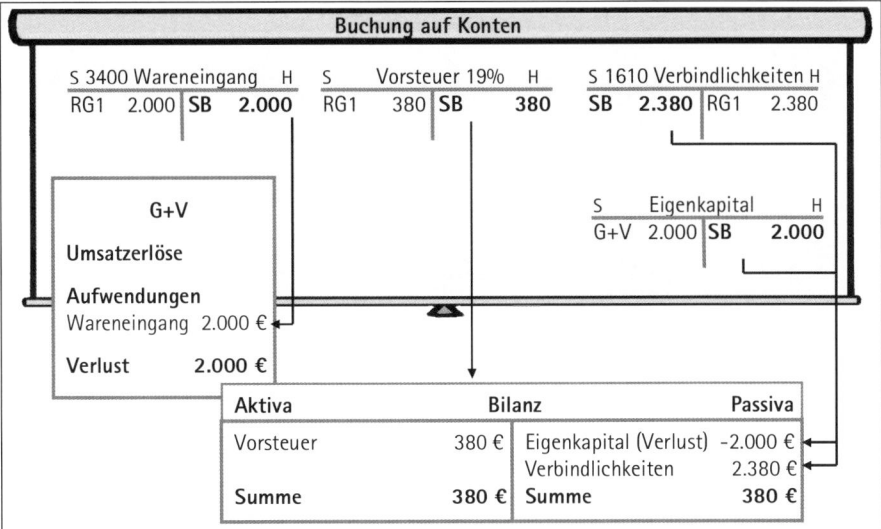

Abb. 4: **Von den Konten zum Bericht:** *Im Hintergrund wird auf Konten gebucht, die Konten werden nach jeder Eingabe automatisch abgeschlossen, deshalb sind die Berichte immer abrufbereit.*

Die Aufwandskonten und die Steuersätze

Bei Erträgen werden der Nettoumsatz und die Umsatzsteuer in die Umsatzsteuer-Voranmeldung eingetragen. Damit die Software dieses Formular richtig ausfüllen kann, müssen Sie immer das passende Erlöskonto wählen und nicht einfach nur den Steuersatz in der Buchungsmaske ändern.

Das ist bei Aufwendungen anders, hier wird nur die Vorsteuer eingetragen, der Nettowert nicht. Deshalb genügt es, wenn Sie in der Buchungsmaske einfach nur den richtigen Steuersatz eingeben. Sie können also auf das Konto „Geschenke" mal einen Betrag inkl. 7 % Umsatzsteuer buchen und mal einen mit 19 %. Das Programm wird die entsprechende Vorsteuer herausrechnen und auf Vorsteuerkonten buchen. Und von diesen Konten holt sich das Programm später die Zahlen für die Umsatzsteuer-Voranmeldung.

> **Achtung**
> Handelt es sich allerdings um Bauleistungen oder innergemeinschaftlichen Erwerb, müssen Sie unbedingt die dafür vorgesehenen Konten verwenden. Hier sind besondere Funktionen hinterlegt. Während Sie den Nettobetrag eingeben, ermittelt das Programm den Steuerbetrag und trägt die Werte in besondere Felder der Umsatzsteuer-Voranmeldung ein.

Kontenbeispiele für Aufwendungen:

SKR 03	SKR 04	Kontenbezeichnung
3200	5200	Wareneingang ohne USt.
3300	5300	Wareneingang USt 7 %
3400	5400	Wareneingang USt 19 %
3425	5425	Innergemeinschaftlicher Erwerb USt. 19 %
3120	5920	Bauleistungen USt. 19 %
45ff.	65ff.	Kfz-Kosten
4910	6800	Porto
4805	6470	Reparaturen Betriebsausstattung
43ff..	64ff.	Versicherungen, Gebühren
46ff.	66ff.	Werbe- und Reisekosten
4985	6845	Werkzeuge, Kleingeräte
4930	6815	Bürobedarf

Eingangsrechnungen auf Kreditorenkonten buchen

Die meisten Buchführungsprogramme bieten zusätzlich zur Buchführung auch das Zusatzmodul „Offene-Posten-Verwaltung", kurz OP-Verwaltung. Die OP-Verwaltung hat den Vorteil, dass Sie Ihre offenen Verbindlichkeiten nicht nur in einer Summe sehen, sondern auch einzeln pro Lieferant. Dazu müssen Sie für Ihre Lieferanten jeweils eigene Kreditorenkonten anlegen und diese beim Buchen verwenden. An Stelle des Verbindlichkeitskontos geben Sie dann die entsprechenden Kreditorenkonten ein.

Beispiel

Für den Lieferant X wurde das Kreditorenkonto 71000 angelegt, also buchen Sie im Feld „Konto Haben" 71000. Für den Lieferant Y wurde das Kreditorenkonto 72000 angelegt.

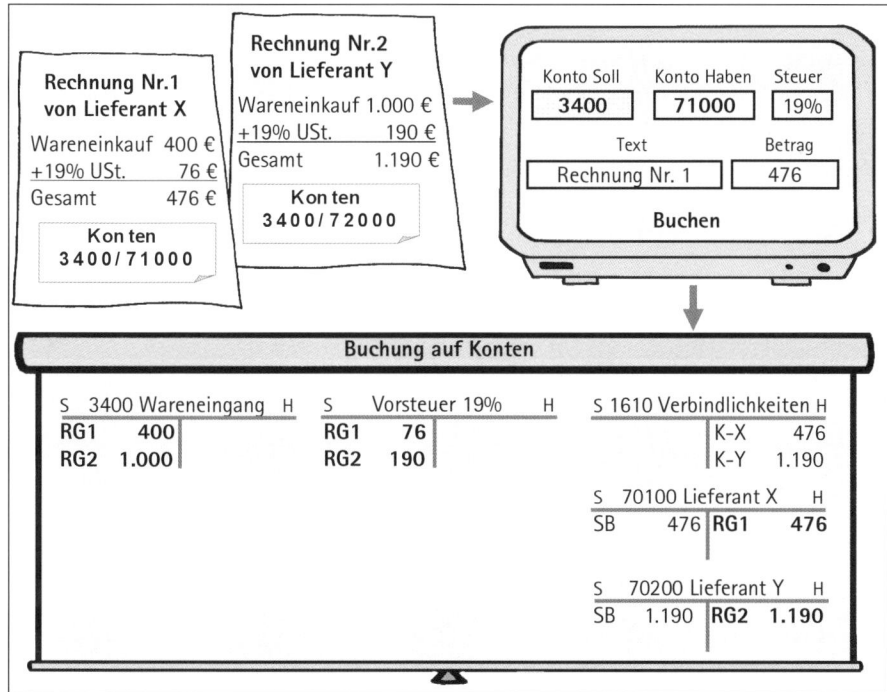

Abb. 5: **Eingangsrechnungen auf Kreditorenkonten buchen:** *Die Rechnung vom Lieferant X buchen Sie auf das Kreditorenkonto 71000 und die vom Lieferant Y auf 72000. Gleichzeitig werden die Summen aller Kreditorenkonten auf dem Konto Verbindlichkeiten gesammelt.*

Zusätzlich zur Bilanz eine Offene-Posten-Liste

Buchen Sie die Eingangsrechnungen auf verschiedene Kreditorenkonten, erhalten Sie zusätzlich zur Bilanz eine Offene-Posten-Liste, kurz OP-Liste. In dieser Liste sehen Sie die offenen Rechnungen pro Lieferant. Und in der Bilanz sehen Sie nach wie vor die Verbindlichkeiten in einer Summe, da die Software die Summen aller Kreditorenkonten automatisch auf dem Konto Verbindlichkeiten sammelt.

Beispiel

In der OP-Liste sehen Sie die offenen Verbindlichkeiten. Dem Lieferant X schulden Sie 476 Euro und dem Lieferant Y noch 1.190 Euro. In der Bilanz sehen Sie, dass Sie Verbindlichkeiten in Höhe von insgesamt 1.666 Euro haben.

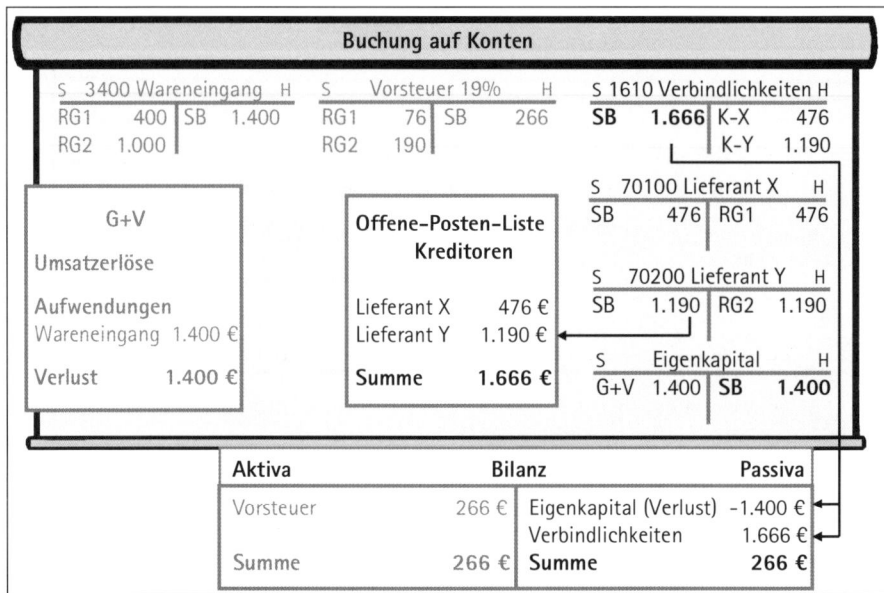

*Abb. 6: **Eine Offene-Posten-Liste (OP-Liste) zusätzlich zur Bilanz:** In der OP-Liste für Kreditoren sehen Sie die Verbindlichkeiten pro Lieferant und in der Bilanz die Summe aller Verbindlichkeiten.*

Sie müssen nicht für jeden Lieferanten ein Kreditorenkonto anlegen, das lohnt sich in der Regel nur für Lieferanten, mit denen Sie öfter Geschäfte machen.

Erhaltene Gutschriften buchen

Bei Gutschriften von Ihren Lieferanten sinken die Aufwendungen, die Vorsteuer und die Verbindlichkeiten. In diesem Fall drehen Sie den Buchungssatz, mit dem Sie die Rechnung gebucht haben, einfach um, bzw. Sie erfassen im Feld „Konto Soll" das Verbindlichkeits- oder Kreditorenkonto und im Feld „Konto Haben" das Aufwandskonto. Möchten Sie bei einer Gutschrift nicht einfach nur den Aufwand mindern, sondern zum Beispiel die Nachlässe offen sehen, müssen Sie die entsprechenden Konten für Rabatte und sonstige Nachlässe verwenden.

Beispiel

Bei der Gutschrift Nr. 1 handelt es sich um eine Warenrücklieferung, sie wird direkt auf das Konto „3400 Wareneinkauf 19 %" gebucht. Bei der Gutschrift Nr. 2 handelt es sich um nachträglich erhaltene Rabatte, den Sie in der G+V gesondert ausweisen möchten. Dafür verwenden Sie das Konto „3790 Erhaltene Rabatte 19 %".

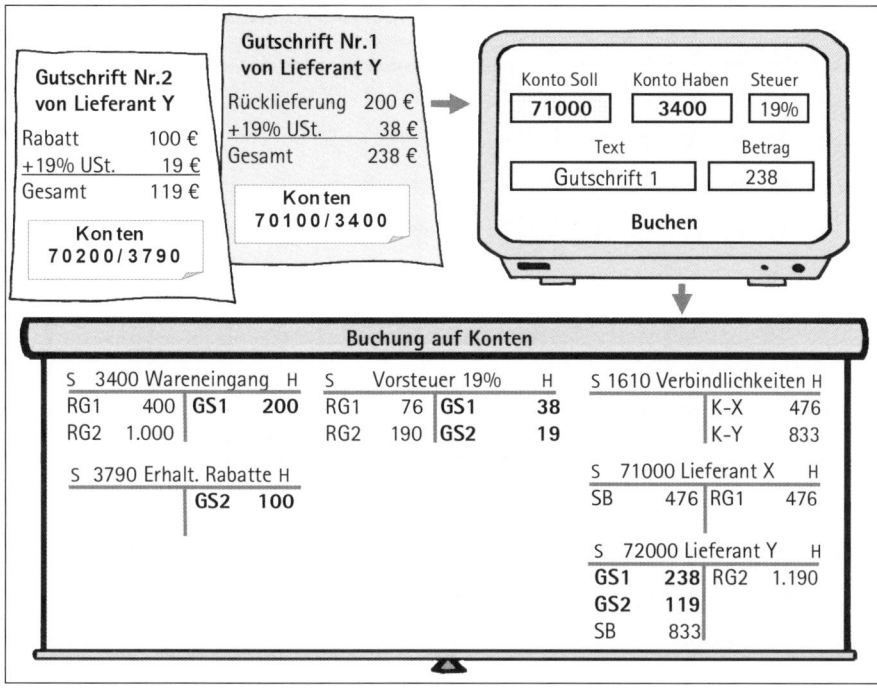

Abb. 7: **Gutschriften buchen:** *Die Gutschrift Nr.1 wird auf das Konto „3400 Waren-eingang 19 %" gebucht. Möchten Sie gewährte Rabatte in der G+V gesondert ausweisen, müssen Sie die Gutschrift Nr. 2 auf das Konto „ 3790 Erhaltene Rabatte" buchen.*

Nachlässe gesondert ausweisen oder nicht?

Eine erhaltene Gutschrift erhöht immer Ihren Gewinn. Ganz gleich, ob Sie eine Gut-schrift direkt auf das Aufwandskonto buchen oder auf ein entsprechendes Konto für Rabatte und sonstige Nachlässe. Das Ergebnis bleibt das Gleiche. Welches Konto Sie verwenden, hat lediglich Auswirkungen auf die Ansicht Ihrer G+V, was die folgende Abbildung zeigt.

Beispiel

Die Gutschrift Nr. 1 ist nun nicht mehr sichtbar, das Konto „3400 Wareneinkauf 19 %" ist um 200 Euro auf 2.800 Euro gesunken. Buchen Sie die Gutschrift Nr. 2 auf das Kon-to „8790 Gewährte Rabatte", bleibt der Aufwand in voller Höhe stehen und der Rabatt von 100 Euro wird mit einem Minuszeichen gesondert ausgewiesen.

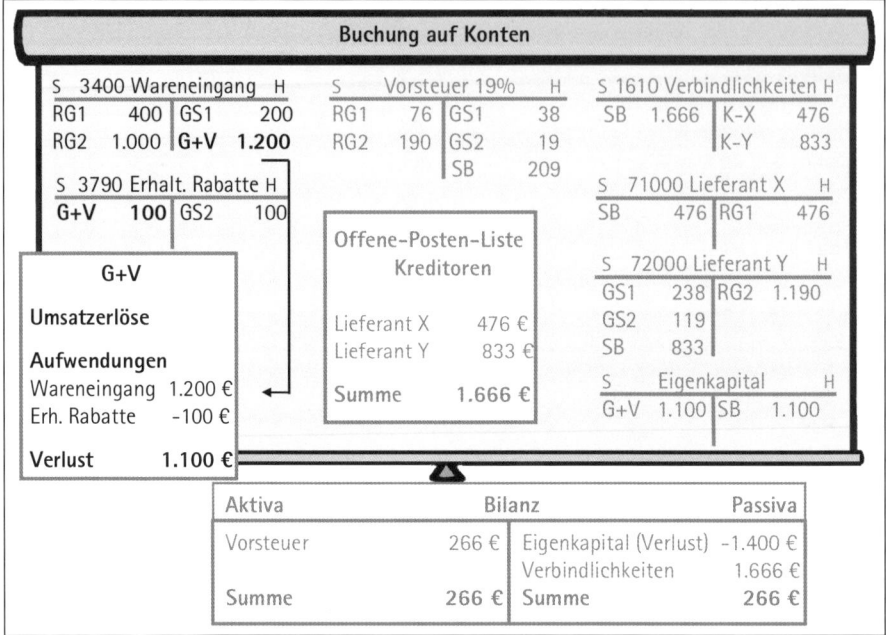

Abb. 8: **Gutschriften in der G+V ansehen:** *Buchen Sie Gutschriften direkt auf das Konto „3400 Wareneingang", sehen Sie in der G+V lediglich den geringeren Aufwand. Buchen Sie diese auf das Konto „ 3790 Erhaltene Rabatte", wird der Nachlass gesondert ausgewiesen.*

Wenn Sie einmal damit angefangen haben, die Rabatte auf eigene Konten zu buchen, sollten Sie das immer so machen, nur dann sind Ihre Berichte auch aussagekräftig.

Helfen Warenwirtschaftsprogramme beim Buchen?

Mit Warenwirtschaftsprogrammen können Sie unter anderem Ihre Wareneinkäufe verwalten. Einige dieser Programme bereiten gleichzeitig die Buchungssätze für die Eingangsrechnungen vor, die Sie dann in das Buchführungsprogramm übertragen können. Das ist in der Regel der Fall, wenn Sie bei den Lieferanten „Kreditorenkonten" und bei den Artikeln „Aufwandskonten mit Steuersätzen" hinterlegen müssen bzw. können.

So werden Bestellungen und Eingangsrechnungen erfasst

Sind alle Stammdaten erfasst, vor allem die Lieferanten mit Adresse sowie die Artikel mit der Artikelbezeichnung und den Einzelpreisen, geht das Erfassen von Bestellungen und Wareneingängen ganz schnell. Sie wählen den entsprechenden Lieferanten aus, die Artikel sowie die Stückzahl und schon hat die Software alles, was sie braucht, um die Bestellung zu erstellen.

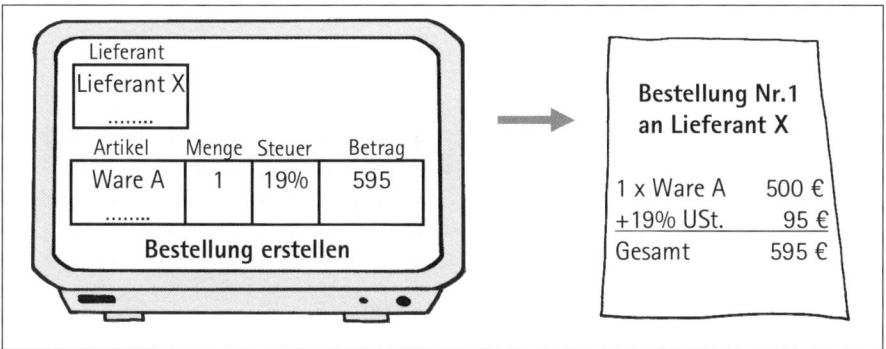

Abb. 9: **Bestellung mit einem Warenwirtschaftsprogramm erstellen:** *Wählen Sie den vorab angelegten Lieferant aus sowie den Artikel, müssen Sie nur noch die Menge erfassen. Alle anderen Daten sind fest hinterlegt und erscheinen automatisch auf der Bestellung.*

Wird die Ware geliefert und berechnet, können Sie den Wareneingang ganz leicht erfassen. Sie rufen dazu die Bestellung in der Software auf und vergleichen die Daten mit der Eingangsrechnung. Nur wenn Abweichungen bei Preis und Menge vorliegen, müssen Sie die Daten anpassen, ansonsten genügt ein Klick für die Erfassung der Rechnung.

Buchungssätze für jede Rechnung vorbereiten

Sind die Kreditorenkonten bei den Lieferanten hinterlegt und die Aufwandskonten mit Steuersätzen bei den Artikeln, kann die Software auch Buchungssätze erstellen, die anschließend in das Buchführungsprogramm übertragen werden können.

Beispiel

Im Warenwirtschaftsprogramm haben Sie beim Lieferant X das Kreditorenkonto „71000" hinterlegt und beim Artikel Ware A das Aufwandskonto „3400". Erfassen Sie nun eine Rechnung von diesem Lieferanten, hat die Software alle Daten, die es für den Buchungssatz benötigt, das Kreditorenkonto, das Aufwandskonto, den Steuersatz und den Bruttobetrag.

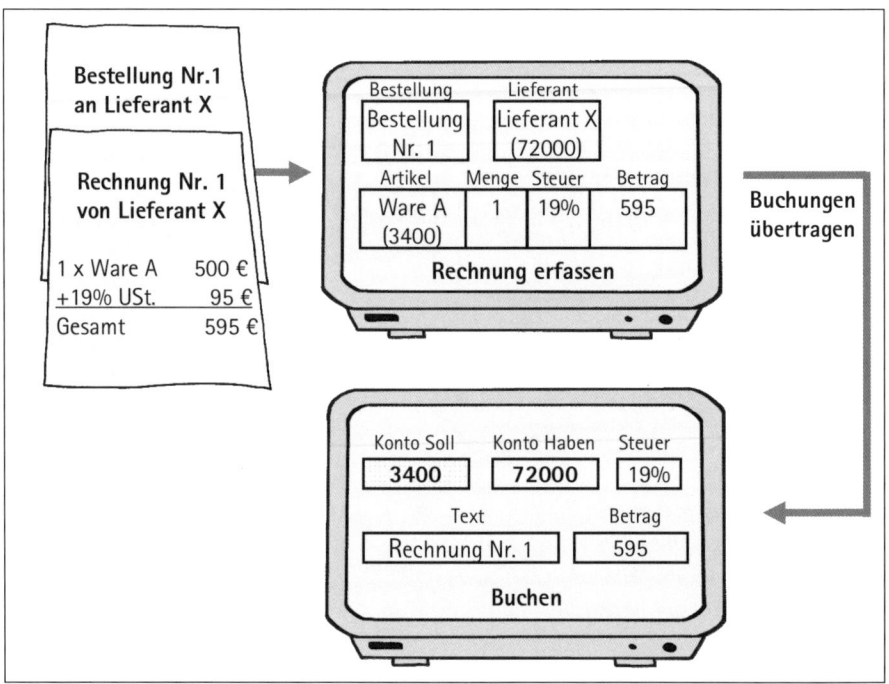

Abb.10: **Wareneingang laut Eingangsrechnung erfassen:** *Ist beim Lieferant das Kreditorenkonto hinterlegt und beim Artikel das Aufwandskonto, kann die Warenwirtschaftssoftware ggf. die Buchungen der Eingangsrechnungen zur Übertragung vorbereiten.*

Verfügt Ihr Warenwirtschaftsprogramm über diese Funktion, müssen Sie nur noch die Buchungen in das Buchführungsprogramm übertragen. Auch die Buchungen von erhaltenen Gutschriften werden erstellt.

Fazit

Bei Eingangsrechnungen wird das Verbindlichkeitskonto im Haben gebucht. Im Soll buchen Sie das Aufwandskonto.

Bei Gutschriften ist es umgekehrt, hier wird das Verbindlichkeitskonto im Soll gebucht. Im Haben buchen Sie das Aufwandskonto oder ein entsprechendes Konto für Nachlässe.

An Stelle des Verbindlichkeitskontos können Sie auch Kreditorenkonten verwenden, dann erhalten Sie zusätzlich zur Bilanz eine Offene-Posten-Liste, worin Sie die Verbindlichkeiten pro Lieferant sehen.

Arbeiten Sie mit einem Warenwirtschaftsprogramm, können Sie vielleicht auf das Buchen von Eingangsrechnungen verzichten, indem Sie die Buchungen übertragen lassen.

Der Vorsteuerabzug und die einwandfreie Eingangsrechnung

Inhalt

Die in Ihren Eingangsrechnungen enthaltene Vorsteuer können Sie von der Zahllast an das Finanzamt abziehen. Lesen Sie hier, was dabei zu beachten ist:

- Wann kann der Vorsteuerabzug vorgenommen werden?
- Welche Voraussetzungen müssen dafür erfüllt sein?
- Was passiert mit offenen Rechnungen am Jahresende bei Bilanzierenden?
- Was passiert mit offenen Rechnungen am Jahresende bei Einnahme-Überschussrechnern?
- Wie muss eine einwandfreie Eingangsrechnung aussehen?
- Wie können fehlerhafte Rechnungen korrigiert werden?

Der Vorsteuerabzug und die Voraussetzungen

Berechnen Sie Ihrem Kunden Umsatzsteuer, müssen Sie diese spätestens beim Geldeingang an das Finanzamt abführen. Viele Unternehmen sogar noch früher, direkt nach Abschluss des Auftrags und das völlig unabhängig von einer ordentlichen Rechnung.

Beim Vorsteuerabzug ist das anders, hier ist das Gesetz besonders streng. Die erste und wichtigste Voraussetzung ist, Ihnen muss eine Rechnung vorliegen. Und diese muss richtig und vollständig ausgestellt sein. Weiterhin muss mindestens eine der folgenden Voraussetzungen erfüllt sein:

- die Lieferung muss erfolgt sein bzw. die Leistung erbracht
- und/oder die Zahlung muss erfolgt sein.

Die Rechnung muss vorliegen, damit ist das Datum des Rechnungseingangs gemeint. In der Praxis wird oft das Rechnungsdatum als Datum des Rechnungseingangs gesehen. Ist die Rechnung mit einem Posteingangsstempel versehen, gilt natürlich dieses Datum, UStR 192 (2).

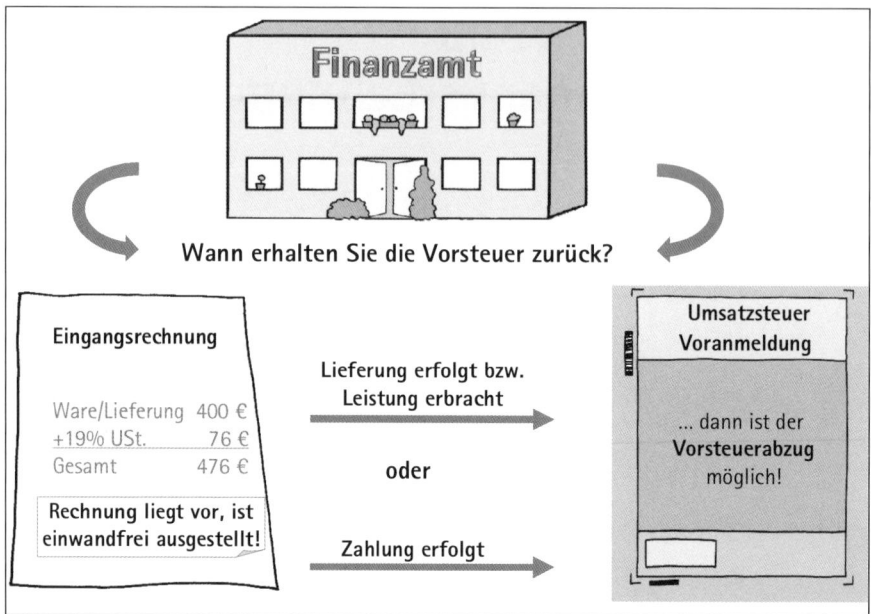

Abb. 1: **Voraussetzungen für den Vorsteuerabzug:** *Die wichtigste Voraussetzung ist die einwandfreie Rechnung, außerdem muss entweder die Lieferung, Leistung oder Zahlung erfolgt sein.*

Die Voraussetzungen für den Vorsteuerabzug sind für alle Unternehmen gleich, unabhängig von der Gewinnermittlungsart, Bilanz mit Gewinn- und Verlustrechnung oder Einnahme-Überschussrechnung. Aus diesem Grund müssen Sie manchmal eine Eingangsrechnung zweimal in die Hand nehmen.

Bilanzierung und der Vorsteuerabzug

Bilanzierende müssen eine Eingangsrechnung in dem Monat in der Bilanz und in der Gewinn- und Verlustrechnung (G+V) erfassen, in dem die Lieferung oder Leistung erbracht wurde. Für den Vorsteuerabzug genügt das noch nicht, dazu muss zusätzlich die einwandfreie Rechnung vorliegen.

Das gilt auch für geleistete Anzahlungen, diese müssen Sie zum Zeitpunkt der Zahlung in der Bilanz erfassen. Der Vorsteuerabzug hingegen ist nur möglich, wenn neben der erfolgten Zahlung auch die Rechnung vorliegt. In der Regel finden der Rechnungseingang und die Lieferung, Leistung oder Zahlung im gleichen Monat statt. In diesem Fall können Sie alles in einem Arbeitsgang erledigen, die Rechnung buchen und gleichzeitig den Vorsteuerabzug vornehmen.

Beispiel

Sie erhalten im Mai eine Rechnung über eine Warenlieferung in Höhe von 476 Euro inkl. 19 % USt. Die Lieferung erfolgte im gleichen Monat.

Buchung

Konto SKR 03 Soll	Konto SKR 04 Soll	Kontenbezeichnung	Betrag	an	Konto SKR 03 Haben	Konto SKR 04 Haben	Kontenbezeichnung	Steuer
Buchung der Rechnung im Dezember des Abschlussjahres								
3400	5400	Wareneingang 19 %	476		70000	70000	Kreditorenkonto	VST 19 %

Aber was ist tun, wenn die Rechnung nicht rechtzeitig vorliegt? In der Praxis gibt es im laufenden Jahr unterschiedliche Vorgehensweisen. Entweder wird die Rechnung erst mit Datum des Rechnungseingangs gebucht oder es wird auch monatlich so gebucht, wie es alle Bilanzierenden spätestens am Jahresende tun müssen. Das sollten Sie mit Ihrem Steuerberater besprechen.

Rechnungen am Jahresende buchen ohne Vorsteuerabzug

Am Jahresende müssen Sie in der Bilanz und der G+V alle Rechnungen erfassen, die wirtschaftlich in das Abschlussjahr gehören, auch wenn der Vorsteuerabzug noch nicht möglich ist. In diesem Fall müssen Sie die Rechnungsbeträge ohne Vorsteuer auf das Kostenkonto buchen und die enthaltene Vorsteuer auf das Konto „Vorsteuer im Folgejahr abziehbar".

Beispiel

Sie erhalten eine Rechnung über eine Warenlieferung in Höhe von 476 Euro inkl. 19 % USt. Die Lieferung erfolgte im Dezember und die Rechnung geht im Januar des Folgejahres ein. Wie ist die Rechnung im Dezember zu buchen?

Buchungen

Konto SKR 03 Soll	Konto SKR 04 Soll	Kontenbezeichnung	Betrag	an	Konto SKR 03 Haben	Konto SKR 04 Haben	Kontenbezeichnung	Steuer
Buchung der Rechnung im Dezember des Abschlussjahres								
3200	5200	Wareneingang	400		70000	70000	Kreditorenkonto	keine
1548	1434	Vorsteuer im Folgejahr abziehbar	76		70000	70000	Kreditorenkonto	keine

So wird die Rechnung in der Bilanz des Abschlussjahres erfasst, aber noch nicht in der Umsatzsteuer-Voranmeldung.

Vorsteuer umbuchen bei Rechnungseingang

Sowie die Rechnung vorliegt, buchen Sie die Vorsteuer um auf das Konto „Vorsteuer abziehbar". So wird die Vorsteuer im Januar des Folgejahres in die Umsatzsteuer-formulare eingetragen.

Buchung

Konto SKR 03 Soll	Konto SKR 04 Soll	Kontenbezeichnung	Betrag	an	Konto SKR 03 Haben	Konto SKR 04 Haben	Kontenbezeichnung	Steuer
Umbuchung der Vorsteuer im Januar des Folgejahres, wenn die Rechnung vorliegt								
1576	1406	Vorsteuer abziehbar 19 %	76		1548	1434	Vorsteuer im Folge-jahr abziehbar	keine

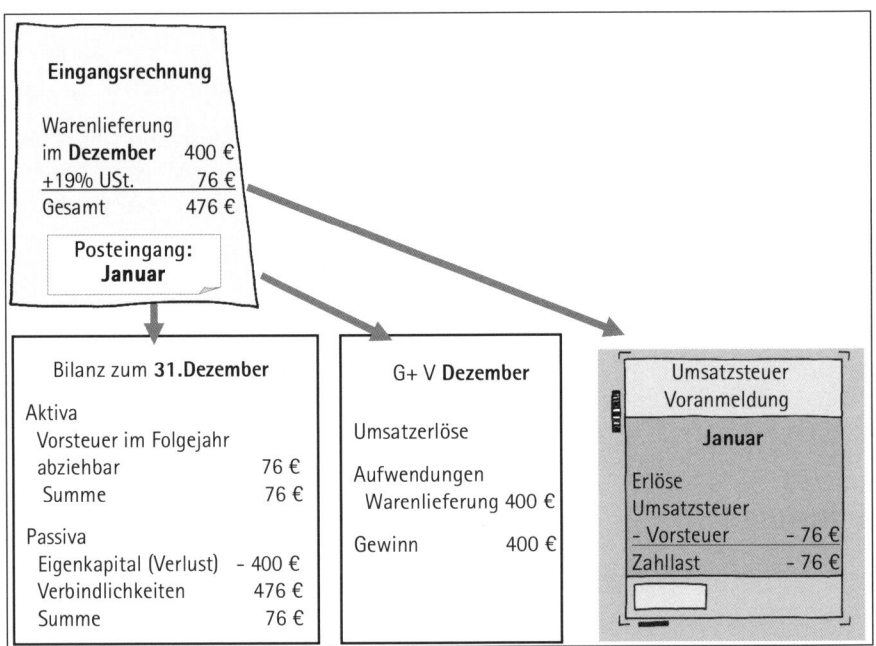

Abb. 2: **Lieferung im Dezember und Rechnungseingang im Januar:** *Bilanzierende müssen die Rechnung im Dezember buchen, der Vorsteuerabzug ist aber erst im Januar möglich.*

Einnahme-Überschussrechnung und der Vorsteuerabzug

In der Einnahme-Überschussrechnung (EÜR) müssen Sie eine Rechnung erst erfassen, wenn sie bezahlt wurde. Der Vorsteuerabzug ist aber schon vorher möglich, wenn eine einwandfreie Rechnung vorliegt und die Lieferung erfolgt oder die Leistung erbracht ist. In diesem Fall können Sie die Vorsteuer der Rechnungen schon vorher in die Umsatzsteuer-Voranmeldung eintragen.

Vorsteuerabzug aus offenen Rechnungen am Jahresende

Vorsteuer ist in dem Jahr abzugsfähig, in dem die Rechnung vorliegt. Deshalb müssen Sie am Jahresende alle offenen Lieferantenrechnungen heraussuchen, für die der Vorsteuerabzug im Abschlussjahr möglich ist. Die enthaltene Vorsteuer dieser Rechnungen müssen Sie zusätzlich zur gezahlten Vorsteuer in die Umsatzsteuererklärung des Abschlussjahres eintragen.

Was ist bei der Zahlung im Folgejahr zu beachten?

Im Folgejahr stellt sich folgendes Problem: Sie zahlen die Rechnungen und erfassen diese zum Zeitpunkt der Zahlung auch in Ihrer Einnahme-Überschussrechnung. Doch die enthaltene Vorsteuer darf nicht noch einmal in der Umsatzsteuer-Voranmeldung erscheinen. Aus diesem Grund müssen Sie die Rechnungsbeträge ohne Vorsteuer auf den Kostenkonten erfassen und die enthaltene Vorsteuer auf dem Konto „Vorsteuer nicht abziehbar".

Beispiel

Im Dezember wurden Waren geliefert und die Rechnung vom Lieferanten über 476 Euro ging noch im Dezember bei Ihnen ein. Da alle Voraussetzungen für den Vorsteuerabzug erfüllt waren, wurde die Vorsteuer bereits in der Umsatzsteuer-Voranmeldung von Dezember erfasst. Wie ist die Zahlung im Januar zu buchen?

Buchungen

Konto SKR 03 Soll	Konto SKR 04 Soll	Kontenbezeichnung	Betrag	an	Konto SKR 03 Haben	Konto SKR 04 Haben	Kontenbezeichnung	USt oder VSt
Buchung der Rechnung bei Zahlung im Januar								
3200	5200	Wareneinkauf	400		1200	1200	Bank	keine
1548	1434	Vorsteuer nicht abziehbar	76		1200	1200	Bank	keine

So wird diese Vorsteuer zum Zeitpunkt der Zahlung als Betriebsausgabe erfasst, aber nicht noch einmal in der Umsatzsteuer-Voranmeldung.

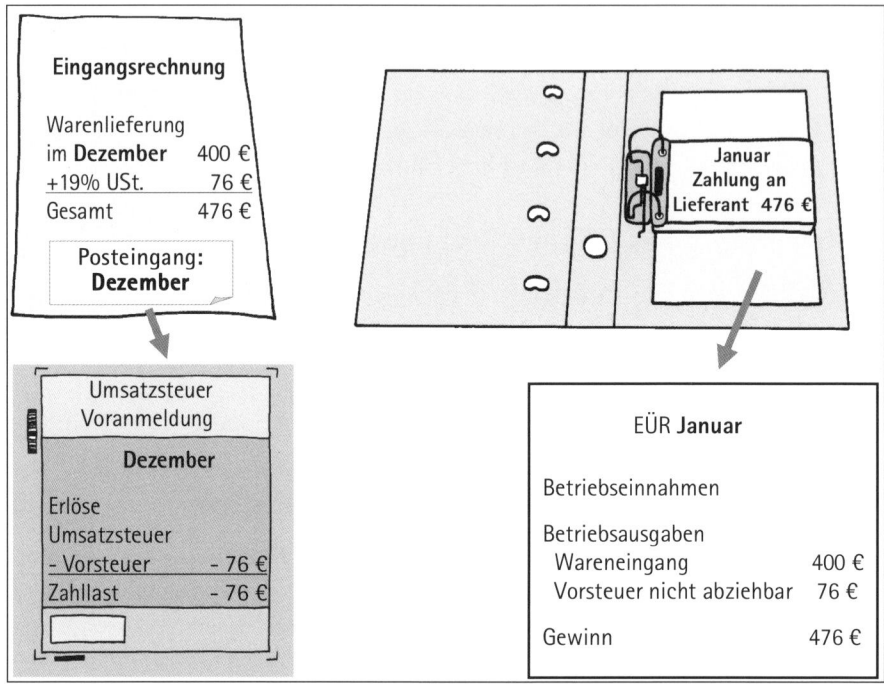

Abb. 3: ***Lieferung und Rechnungseingang im Dezember, Zahlung im Januar:***
In diesem Fall müssen Einnahme-Überschussrechner im Dezember den Vorsteuerabzug vornehmen, während die Vorsteuer in der Einnahme-Überschussrechnung (EÜR) erst im Januar erfasst wird.

Achtung
In der Praxis wird häufig auf diesen Vorgang verzichtet, weil es die Arbeit erleichtert und Sie sich keine Vorteile verschaffen, wenn Sie die Vorsteuer erst im Folgejahr, bei der Zahlung, abziehen. Leider gab es aber schon Betriebsprüfungen, in denen der Vorsteuerabzug aus Vorjahresrechnungen verweigert wurde. Sprechen Sie mit Ihrem Steuerberater, wie streng Ihr Finanzamt in diesem Bereich ist.

Die einwandfreie Eingangsrechnung

Die Vorsteuer erhalten Sie nur zurück, wenn Ihnen eine einwandfreie Rechnung vorliegt. Was eine einwandfreie Rechnung beinhalten muss schreibt das Umsatzsteuergesetz genau vor. Nur die Gestaltung der Rechnung und die Anordnung der Inhalte sind dem Rechnungsaussteller überlassen, deshalb begegnen Ihnen in der Praxis die unterschiedlichsten Arten von Rechnungen.

Achten Sie also nur auf die Inhalte, achten Sie aber auch auf den Rechnungsbetrag. Denn hier macht das Gesetz Unterschiede, eine Kleinbetragsrechnung bis 150 Euro muss weniger Angaben haben als eine Rechnung über 150 Euro.

Rechnungen über 150 Euro inkl. Umsatzsteuer

Diese Angaben muss eine vollständige bzw. einwandfreie Rechnung bzw. Honorargutschrift enthalten, die über 150 Euro inkl. Umsatzsteuer liegt, § 14 UStG :

Checkliste	
Angaben vom Rechnungsaussteller • Vollständiger Name sowie vollständige Adresse • Steuernummer oder Umsatzsteuer-Identifikationsnummer, das gilt auch für Kleinunternehmer • Fortlaufende Rechnungsnummer (Das System der Nummern kann selbst festgelegt werden) • Ausstellungsdatum der Rechnung	
Angaben vom Rechnungsempfänger • Vollständiger Name sowie vollständige Adresse	
Angaben zur Lieferung oder Leistung • Menge und Artikelbezeichnung bzw. Art der Leistung • Lieferdatum oder Bezug auf den Lieferschein, Leistungszeitraum (Kalendermonat) • Erwarteter Zahlungszeitpunkt bei der Anzahlung	

Angaben zum Preis und der Umsatzsteuer
 • Preis der Ware bzw. Dienstleistung abzüglich Rabatt, aufgeschlüsselt nach Steuersätzen 7 % bzw. 19 %
 • Umsatzsteuerbetrag und Umsatzsteuersatz, ebenfalls aufgeschlüsselt nach Steuersätzen
 • Oder Hinweise auf:
   - Steuerbefreiung (z. B. Krankentransport oder Kleinunternehmer)
   - Steuerschuldumkehr § 13 b UStG bei Export und Bauleistungen
   - Mögliche nachträgliche Rabatte (Skonto, Bonus) ggf. Hinweis auf allgemeine Geschäftsbedingungen, Bonus- oder Rabattvereinbarungen, die beiden Geschäftspartnern vorliegen	

Eine Rechnung kann auch aus mehreren Bestandteilen bestehen: einem Lieferschein, den allgemeinen Geschäftsbedingungen, einem Vertrag, einer nachträglichen Vereinbarung oder Korrekturschreiben. Allerdings müssen alle Bestandteile dem Rechnungsaussteller, wie auch dem Rechnungsempfänger vorliegen.

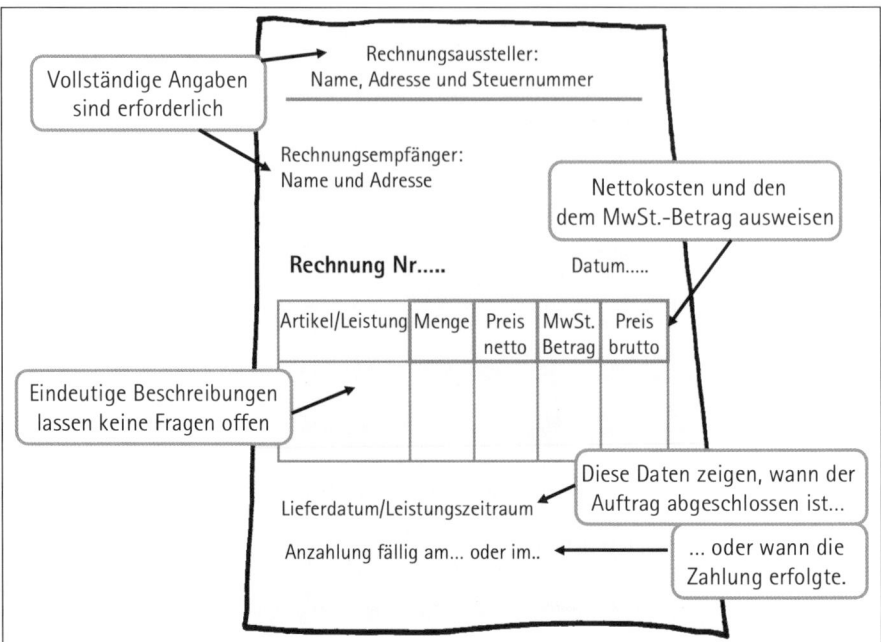

Abb. 4: **Rechnungen über 150 Euro inkl. Umsatzsteuer:** *Auf die Inhalte der Rechnung müssen Sie achten, ganz gleich wo sie stehen.*

Rechnungen bis 150 Euro inkl. Umsatzsteuer

Diese Angaben muss eine Kleinbetragsrechnung nach § 33 UStDV enthalten:

Checkliste	
Angaben vom Rechnungsaussteller • Vollständiger Name und vollständige Adresse • Ausstellungsdatum der Rechnung	
Angaben zur Lieferung oder Leistung • Menge und Artikelbezeichnung bzw. Art der Leistung	
Angaben zum Preis und der Umsatzsteuer • Preis der Waren bzw. Dienstleistungen inkl. Umsatzsteuer nach Steuersätzen aufgeschlüsselt • Umsatzsteuersatz 7 % bzw. 19 % • Oder Hinweise auf Steuerbefreiung (z. B. Krankentransport, Kleinunternehmer)	

Bei **Taxiquittungen** sollten Sie darauf achten, dass die richtige Umsatzsteuer ausgewiesen wurde:

166

- Fahrten innerhalb einer Gemeinde oder außerhalb bis 50 km = 7 % USt
- Fahrten über 50 km = 19 % USt
- Krankentransport = 0 % USt

Rechnungen vom Reisebüro über **Fahrkarten** enthalten nicht immer einen Umsatzsteuerausweis. In diesem Fall benötigen Sie zusätzlich die Fahrkarte. Hier gilt auch die Grenze vom 50 km für 7 % bzw. 19 % USt. Auf Fahrkarten der Eisenbahn genügt die Angabe der Entfernung.

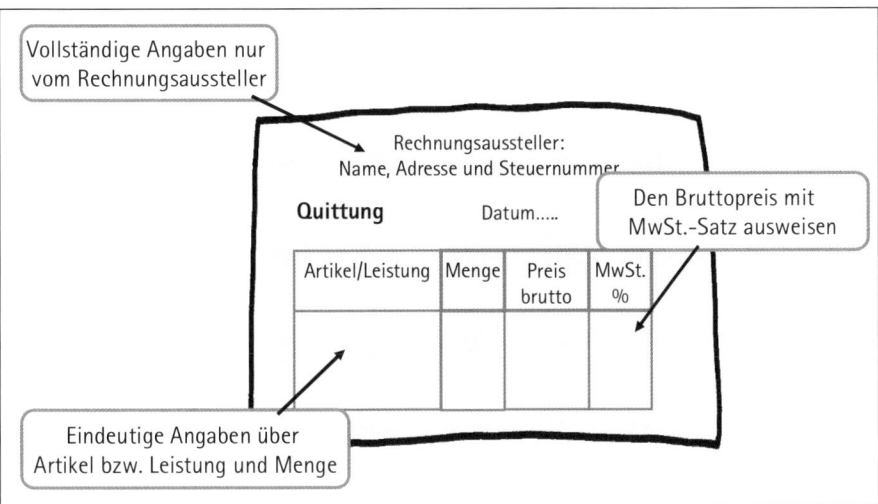

Abb. 5: *Rechnungen bis 150 Euro inkl. Umsatzsteuer: Bei einer Kleinbetragsrechnung genügen diese wenigen Angaben.*

Eine Rechnung oder Gutschrift für geleistete Anzahlungen

Der Vorsteuerabzug bei geleisteten Anzahlungen ist erst möglich, wenn neben der Zahlung auch die einwandfreie Rechnung vorliegt. Ist das nicht der Fall, besteht die Möglichkeit, Ihrem Lieferanten eine Gutschrift zu schreiben.

Beispiel

Hiermit bestätigen wir Ihnen, dass wir die Anzahlung in Höhe von ... Euro netto zuzüglich ... Euro Umsatzsteuer 19 % am ... auf Ihr Konto überwiesen haben. Ansonsten muss die Gutschrift den gleichen Inhalt wie eine einwandfreie Rechnung haben.

Liegt diese Gutschrift Ihrem Lieferanten vor, hat diese die gleiche Wirkung wie eine Rechnung, soweit der Lieferant nicht ausdrücklich widerspricht.

Auch bei Anzahlungsrechnungen muss die Umsatzsteuer ausgewiesen werden. Stimmt der Zeitpunkt der Zahlung nicht mit dem Rechnungsdatum überein – ist also die Anzahlung nicht sofort fällig – müssen Sie unbedingt den Kalendermonat erfassen, in dem das Geld fließen soll.

Beispiel

„Die Anzahlung ist fällig zum ... (Datum)" bzw. „Die Anzahlung ist fällig im ... (Kalendermonat)"

Fehlerhafte Rechnungen korrigieren

Nach Abschluss des Auftrags ist der Rechnungsaussteller dazu verpflichtet, die Rechnung innerhalb von sechs Monaten auszustellen. Ansonsten muss er mit einem Bußgeld bis zu 5.000 Euro rechnen. Die Angabe des Rechnungs- sowie des Lieferdatums bzw. des Leistungszeitraums ist erforderlich. Dadurch ist diese „Sechs-Monats-Frist" eindeutig feststellbar.

Ist die Rechnung fehlerhaft, hat der Rechnungsempfänger ein Recht auf eine korrekte Rechnung nach § 14 (2) UStG. Das heißt: Egal wie die Rechnung zunächst aussieht: Sobald die angeforderte korrekte Rechnung vorliegt, kann der Rechnungsempfänger zu gegebener Zeit die richtige Vorsteuer abziehen.

Achtung

Erst wenn Ihnen die einwandfreie Rechnung zugeht, ist der Vorsteuerabzug möglich bzw. berechtigt. Für den Zeitraum zwischen dem „unberechtigten Vorsteuerabzug" bis zum „Erhalt der neuen Rechnung", verlangt das Finanzamt 0,5 % Zinsen pro Monat. Je eher Sie die Fehler erkennen, umso günstiger wird es für Sie.

Rechnungen dürfen jederzeit korrigiert werden, auch nach einer Betriebsprüfung. Dazu ist es nicht mehr erforderlich, die falsche Originalrechnung zurückzufordern und sie durch eine Neue zu ersetzen. Jetzt gibt es zwei Möglichkeiten, eine fehlerhafte oder unvollständige Rechnung zu korrigieren:

- Rechnungskorrektur
- nachträgliche Vereinbarung

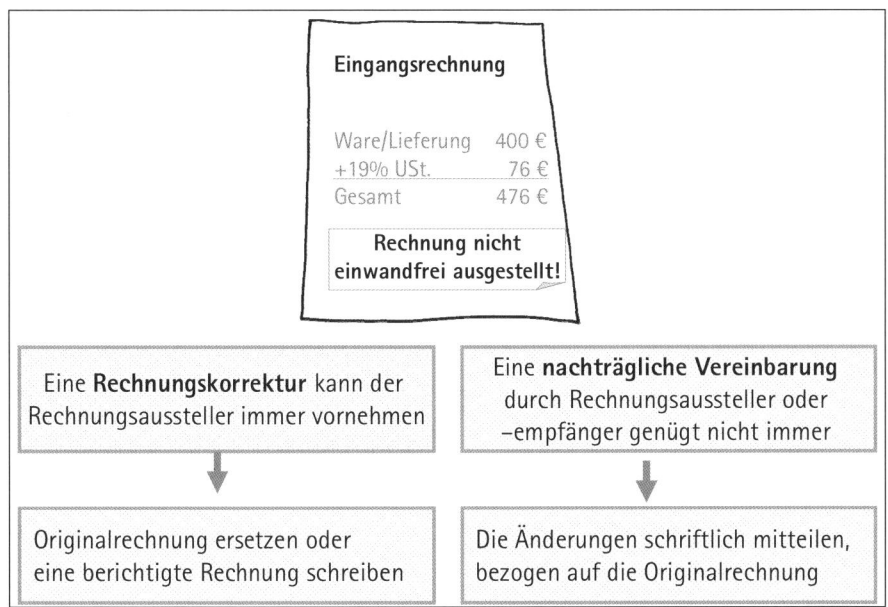

Abb. 6: **Die Rechnung ist nicht einwandfrei ausgestellt:** *Eine Korrektur der Rechnung durch den Rechnungsaussteller ist immer möglich. Eine nachträgliche Vereinbarung, die von beiden Seiten geschrieben werden darf, genügt aber nur in manchen Fällen.*

In welchem Fall ist es notwendig, die Rechnung zu korrigieren, und in welchem Fall genügt eine nachträgliche Vereinbarung?

Rechnungskorrektur	Nachträgliche Vereinbarung
• Rechnungsaussteller unklar • fehlende Rechnungsadresse • falscher Rechnungsempfänger • ungenaue, falsche Warenbezeichnung • fehlendes Lieferdatum • fehlender, falscher Nettobetrag, Steuersatz oder Steuerbetrag • fehlende, falsche Aufteilung nach Steuersätzen	• eine Skonto- oder Bonusvereinbarung liegt nicht vor • Minderung des Rechnungsbetrags durch Mängelrüge • Kürzungen des Rechnungsbetrags in der Baubranche durch Architekten und Bauleiter

Rechnungskorrektur

Die Rechnungskorrektur muss immer durch den Rechnungsaussteller durchgeführt werden. Die Korrekturrechnung wird geschrieben wie eine neue Rechnung: Sie erhält eine eigene Rechnungsnummer, das tatsächliche Ausstellungsdatum und natürlich alle weiteren Angaben, bis die Rechnung richtig und vollständig ist. Der bedeutende Unterschied zu einer normalen Rechnung ist der eindeutige Hinweis auf eine „Rechnungsberichtigung".

Tipp

Schreiben Sie in die Betreffzeile Folgendes:

„Rechnungsberichtigung gemäß § 14c UStG. Die Rechnung Nr. ... vom ... wird wie folgt berichtigt:"

Liegen die Daten der Rechnungsberichtigung und der ursprünglichen Rechnung weit auseinander, sieht der Betriebsprüfer genau, wie viel Zinsen er verlangen kann. Fragen Sie Ihren Steuerberater, ob in diesem Fall auch eine nachträgliche Vereinbarung möglich ist. Diese können Sie auf das ursprüngliche Rechnungsdatum datieren.

Nachträgliche Vereinbarung?

Eine nachträgliche Vereinbarung kann sowohl vom Rechnungsaussteller als auch vom Rechnungsempfänger ausgehen. Sie muss sich auf die Originalrechnung beziehen und beiden Seiten vorliegen.

Beispiele

Der Rechnungsaussteller reicht die allgemeinen Geschäftsbedingungen nach, in denen Bonusvereinbarungen geregelt sind.

Der Rechnungsempfänger kürzt die Rechnung aufgrund einer Mängelrüge. In der Baubranche kürzt der Architekt die Rechnung. Diese Kürzungen erfolgen in der Regel handschriftlich auf der Rechnung. In diesen Fällen genügt es, dem Rechnungsaussteller eine Kopie dieser korrigierten Rechnung zu schicken.

Fazit

Die Voraussetzungen für den Vorsteuerabzug sind für alle Unternehmen gleich, die einwandfreie Rechnung muss vorliegen und die Lieferung, Leistung oder Zahlung muss erfolgt sein. Spätestens am Jahresende müssen Sie folgendes beachten:

Bilanz mit G+V – Alle Rechnungen, die inhaltlich in das Abschlussjahr gehören, müssen gebucht werden. Die Vorsteuer aus Rechnungen, die im Abschlussjahr noch nicht vorlagen, müssen Sie auf das Konto „Vorsteuer im Folgejahr abzugsfähig" buchen.

Einnahme-Überschussrechnung – Sind alle gezahlten Rechnungen gebucht, müssen Sie zusätzlich die Vorsteuer aus den offenen Rechnungen abziehen, für die der Vorsteuerabzug möglich ist. Hier ist die Vorsteuer im Folgejahr bei der Zahlung auf das Konto „Vorsteuer nicht abziehbar zu buchen".

Geldeingänge und Zahlungen buchen – Was passiert im Hintergrund?

Inhalt

Von Ihrem Kunden geht eine Zahlung in der Kasse oder auf dem Konto Ihres Unternehmens ein. Oder Sie bezahlen die Rechnung eines Lieferanten. In diesem Kapitel erfahren Sie, wie Sie Zahlungseingang und Zahlungsausgang richtig verbuchen:

- Welches sind die Buchführungsregeln für die Erfassung von Geldeingängen?
- Welche Buchführungsregeln gelten für die Erfassung von Zahlungen?
- Wie werden Geldeingänge und Zahlungen im Buchführungsprogramm eingegeben?
- Wie buchen Sie, wenn Sie Debitoren- und Kreditorenkonten führen?

Geldeingänge und Zahlungen buchen

Sowie Geld in der Kasse oder auf dem Bankkonto eingeht oder umgekehrt Geld gezahlt wird, findet eine Veränderung an den Werten des Unternehmens statt. Geld geht zum Beispiel ein und ein Ertrag wurde erzielt oder eine offene Forderung wird beglichen. In diesem Fall spricht man von einem Geschäftsvorfall und diesen müssen bilanzierende Unternehmen nach den Regeln der doppelten Buchführung erfassen.

Bilanzieren Sie, müssen Sie alle Kundenrechnungen sofort buchen. D. h. die meisten Erträge sind bereits gebucht und parallel dazu stehen die offenen Forderungen in der Bilanz. Erfassen Sie nun die Geldeingänge, müssen Sie sich immer wieder fragen, ob es sich um die Begleichung einer offenen Forderung handelt oder tatsächlich um einen weiteren Ertrag, der noch nicht gebucht wurde. Es soll ja kein Ertrag doppelt gebucht werden.

Für die Zahlung von Eingangsrechnungen gilt das Gleiche. Die Zahlung einer Rechnung, die bereits gebucht wurde, ist anders zu buchen als die Zahlung von Aufwendungen, die bisher noch nicht gebucht wurden.

Hinweis für Einnahme-Überschussrechner

Einnahme-Überschussrechner müssen die offenen Kunden- und Eingangsrechnungen erst erfassen, wenn das Geld tatsächlich geflossen ist.

Verwenden Sie Debitoren- und Kreditorenkonten?

In den folgenden Beispielen stehen die offenen Kundenrechnungen auf dem Konto „Forderungen" und die offenen Eingangsrechnungen auf dem Konto „Verbindlichkeiten". Verwenden Sie in der Praxis für Ihre Kunden Debitorenkonten, buchen Sie dort nicht auf das Forderungskonto, sondern auf das entsprechende Debitorenkonto. Das gilt auch für die Kreditoren, haben Sie die Eingangsrechnungen auf verschiedene Kreditorenkonten gebucht, müssen Sie auch die Zahlungen auf diese Konten buchen.

Geldeingänge buchen und in ein Programm eingeben

Hier zeigen wir Ihnen zunächst die Buchführungsregeln für Geldeingänge sowie die Eingaberegeln für ein Buchführungsprogramm. Sie sehen, wie die Daten eingegeben werden und wie die Software im Hintergrund automatisch auf die verschiedenen Konten bucht. Nach der Eingabe können Sie die Buchungssätze von den Konten ablesen.

Die Buchführungsregeln für Geldeingänge

Möchten Sie einen Geldeingang nach den Regeln der doppelten Buchführung buchen, müssen Sie diesen Geschäftsvorfall zunächst in einen Buchungssatz umwandeln. Dazu müssen Sie wissen, welche Konten angesprochen werden und welche Buchführungsregeln für diese Konten gelten. Bei einem Geldeingang werden immer die Aktivkonten „Kasse oder Bank" angesprochen sowie

- das Aktivkonto Forderungen, wenn dabei eine offene Forderung beglichen wird,
- oder zum Beispiel das Ertragskonto „Erlöse 19 % USt." sowie das Passivkonto „Umsatzsteuer 19 %" angesprochen, wenn der Kunde eine Rechnung zahlt, die noch nicht erfasst wurde.

Die Buchführungsregeln dafür zeigt die folgende Abbildung. Die Formel für einen Buchungssatz lautet immer „Soll an Haben", d. h. zuerst werden alle Konten genannt, die auf der Sollseite eines Kontos gebucht werden und nach dem „an" alle Konten, die auf der Habenseite gebucht werden.

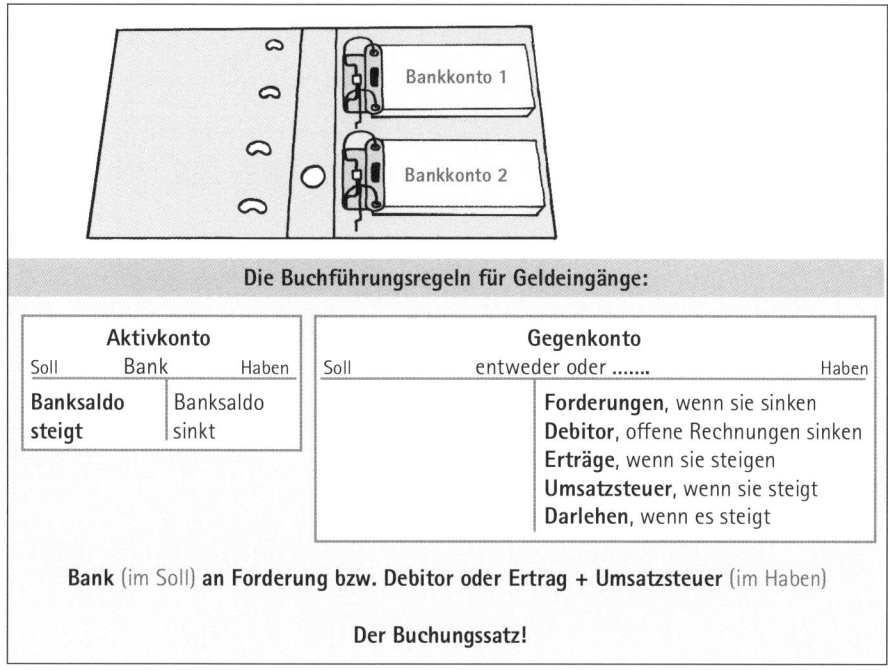

Abb. 1: ***Einen Geldeingang buchen:*** *Bei einem Geldeingang steigt der Banksaldo und dieser steigt beim Aktivkonto Bank im Soll. D. h. der Buchungssatz beginnt immer mit „Bank an"…. Das Konto Forderungen zum Beispiel wird dann im Haben gebucht.*

Die Eingaberegeln für ein Buchführungsprogramm

Möchten Sie einen Geldeingang in ein Buchführungsprogramm eingeben, brauchen Sie für die erforderlichen Konten die Kontonummern sowie den Brutto-Rechnungsbetrag. Wird eine offene Forderung beglichen, geben Sie keinen Umsatzsteuersatz ein, nur wenn Sie einen Ertrag buchen, in dem Umsatzsteuer enthalten ist.

Die Kontonummern finden Sie im Kontenplan, der beim Anlegen Ihres Unternehmens in der Software ausgewählt wurde. Wurde zum Beispiel der Kontenplan SKR03 gewählt, lautet die Kontonummer für das Konto Bank „1200" und für das Konto Forderungen „1410".

In die Buchungsmaske geben Sie nicht den klassischen Buchungssatz ein, sondern eine Kontonummer im Feld „Konto Soll" und eine Kontonummer im Feld „Konto

Haben". In welcher Reihenfolge die Kontonummern eingegeben werden, zeigt die folgende Abbildung.

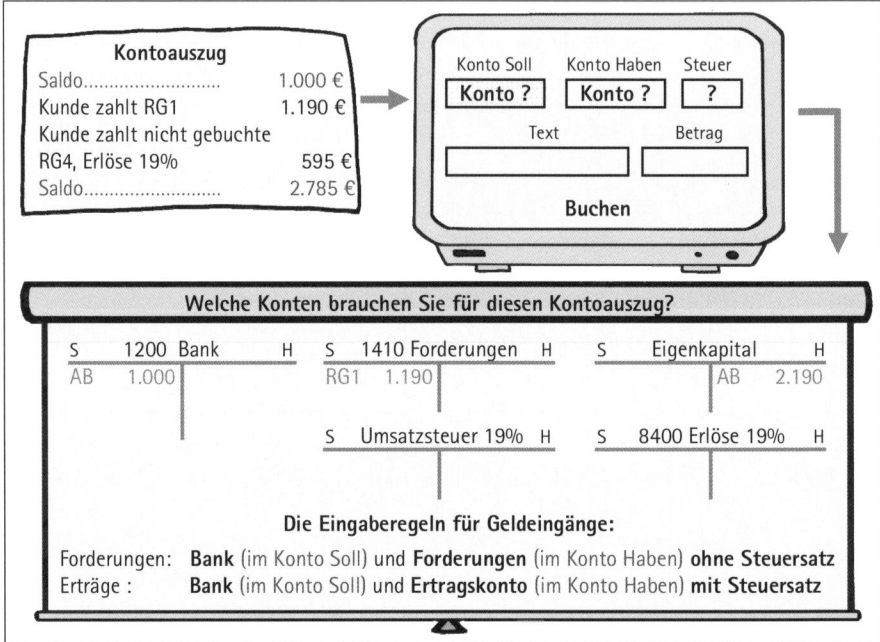

Abb. 2: **Einen Geldeingang eingeben:** *Sie erfassen das Bankkonto immer im Feld „Konto Soll". Das Forderungskonto oder das Ertragskonto erfassen Sie im Feld „Konto Haben". Den Umsatzsteuersatz geben Sie nicht immer ein.*

Begleichung einer offenen Forderung buchen

Wird eine offene Forderung beglichen, bucht die Software den Betrag einmal auf die Sollseite des Bankkontos und einmal auf die Habenseite des Forderungskontos. Das Konto Umsatzsteuer bleibt unberührt, denn die Steuer wurde bereits beim Buchen der Kundenrechnung erfasst.

Beispiel

Ihr Kunde zahlt die offene Rechnung Nr. 1 über 1.190 Euro, die bereits auf dem Konto Forderungen steht. Beim Geldeingang erfassen Sie das Konto „1200 Bank" im Feld „Konto Soll" und das Konto „1410 Forderungen" im Feld „Konto Haben". Im Feld Steuer geben Sie keinen Steuersatz ein.

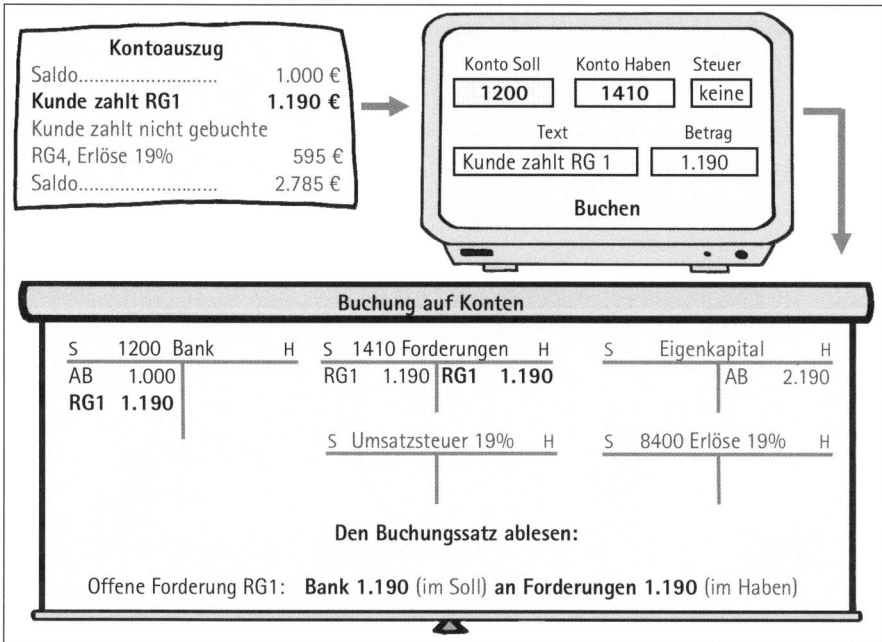

Abb. 3: **Begleichung einer Forderung:** *Sie geben die beiden Kontonummern und den Bruttobetrag ein, den Steuersatz nicht. Das Programm bucht auf die Konten, von denen Sie dann den Buchungssatz ablesen können, er lautet „Bank 1.190 an Forderungen 1.190".*

Sonstige Geldeingänge buchen

Erfassen Sie einen weiteren Ertrag, bucht die Software den gesamten Rechnungsbetrag auf die Sollseite des Bankkontos, rechnet die Umsatzsteuer automatisch heraus und bucht den Nettobetrag getrennt von der Umsatzsteuer auf den Habenseiten der Konten Erlöse 19 % USt. und Umsatzsteuer.

Beispiel

Ihr Kunde zahlt die offene Rechnung Nr. 4 über 595 Euro. Hier handelt es sich um einen Warenverkauf, für den die Rechnung noch nicht gebucht wurde. Bei diesem Geldeingang erfassen Sie das Konto „1200 Bank" im Feld „Konto Soll" und „8400 Erlöse 19 % USt." im Feld „Konto Haben". Im Rechnungsbetrag von 595 Euro sind 19 % Umsatzsteuer enthalten, deshalb geben Sie den Steuersatz „19 %" ein.

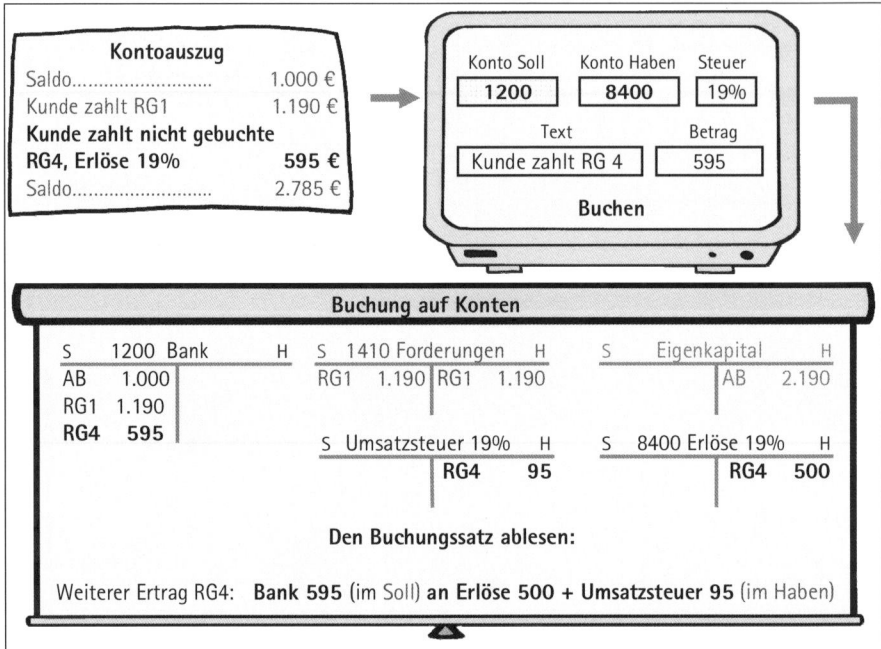

Abb. 4: **Einen weiteren Ertrag buchen:** *Sie geben die beiden Kontonummern, den Steuersatz und den Bruttobetrag ein. Danach können Sie von den Konten den Buchungssatz ablesen, er lautet „Bank 595 an Erlöse 500 + Umsatzsteuer 95".*

Von den Konten zum Bericht

Nach jeder Eingabe bucht das Programm nicht nur automatisch auf die verschiedenen Konten, sondern es ermittelt auch gleichzeitig die Schlussbestände der Konten. So können Sie sich jederzeit auf Knopfdruck die Gewinn- und Verlustrechnung sowie die Bilanz ansehen.

Beispiel

Die Summe des Ertragskontos wird in die Gewinn- und Verlustrechnung übertragen und der Gewinn von 500 Euro fließt in das Eigenkapital ein. Anschließend werden die Schlussbestände der Aktiv- und Passivkonten in die Bilanz übertragen.

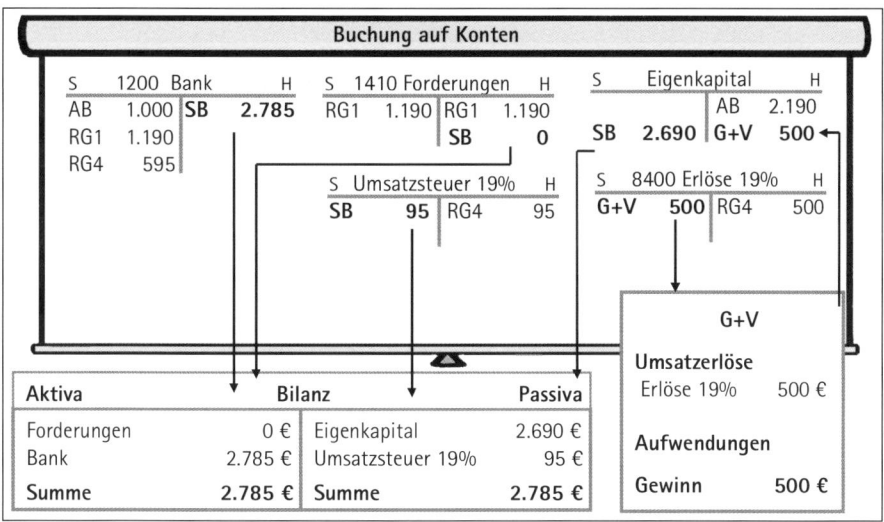

Abb. 5: **Von den Konten zum Bericht:** *Im Hintergrund wird auf Konten gebucht, die Konten werden nach jeder Eingabe automatisch abgeschlossen, deshalb sind die Berichte immer abrufbereit.*

Zahlungen buchen und im Programm erfassen

Hier zeigen wir Ihnen die Buchführungsregeln für Zahlungen sowie die Eingaberegeln für ein Buchführungsprogramm. Nach der Eingabe können Sie die Buchungssätze von den Konten ablesen.

Die Buchführungsregeln für Zahlungen

Bei einer Zahlung werden immer die Aktivkonten „Kasse oder Bank" angesprochen.

- Wird mit der Zahlung eine offene Verbindlichkeit beglichen, wird zusätzlich das Passivkonto „Verbindlichkeiten" angesprochen.
- Zahlen Sie eine Rechnung, die noch nicht erfasst wurde, werden zusätzlich zum Beispiel das Aufwandskonto „Wareneingang 19 % USt." und das Aktivkonto „Vorsteuer 19 %" angesprochen.

Welche Buchführungsregeln dafür gelten, zeigt die folgende Abbildung. Im Buchungssatz nennen Sie zuerst alle Konten, die auf der Sollseite eines Kontos gebucht werden und nach dem „an" alle Konten, die auf der Habenseite gebucht werden.

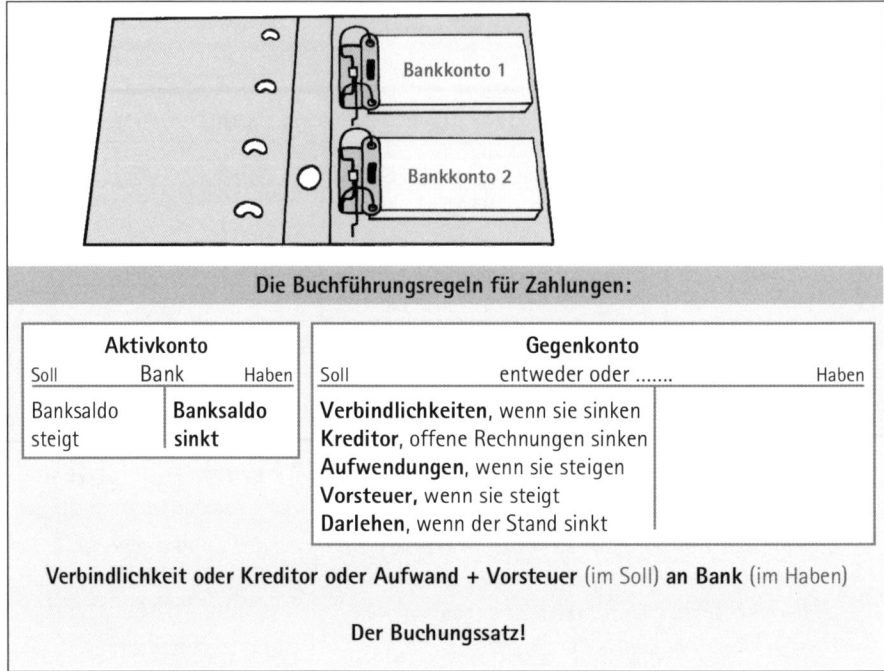

Abb. 6: **Eine Zahlung buchen:** *Der Banksaldo sinkt beim Aktivkonto Bank im Haben. D. h. der Buchungssatz lautet immer „.... an Bank". Das Konto Verbindlichkeiten zum Beispiel wird dann im Soll gebucht.*

Die Eingaberegeln für ein Buchführungsprogramm

Möchten Sie eine Zahlung in eine Software eingeben, brauchen Sie für die erforderlichen Konten die Kontonummern sowie den Brutto-Rechnungsbetrag. Wird eine offene Verbindlichkeit beglichen, geben Sie keinen Umsatzsteuersatz ein. Einen Steuersatz erfassen Sie nur, wenn Sie einen Aufwand buchen, in dem Vorsteuer enthalten ist.

Die Kontonummern finden Sie im Kontenplan, wurde zum Beispiel der Kontenplan SKR03 gewählt, lautet die Kontonummer für das Konto Bank „1200" und für das Konto Verbindlichkeiten „1610".

In die Buchungsmaske geben Sie nicht den klassischen Buchungssatz ein, sondern eine Kontonummer im Feld „Konto Soll" und eine Kontonummer im Feld „Konto Haben". In welcher Reihenfolge die Kontonummern eingegeben werden, zeigt die folgende Abbildung.

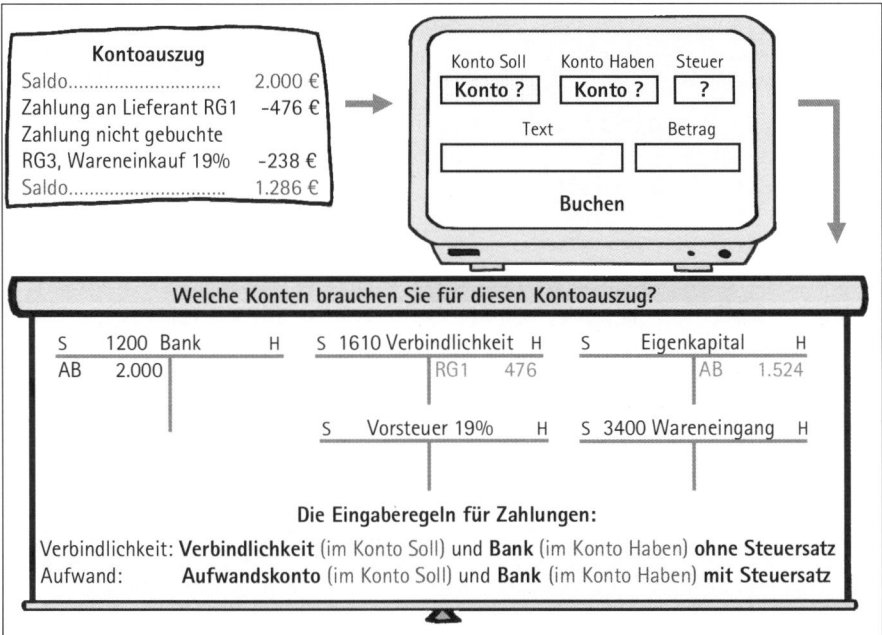

Abb. 7: **Eine Zahlung eingeben:** *Bei Zahlungen erfassen Sie das Bankkonto immer im Feld „Konto Haben". Das Verbindlichkeitskonto oder das Aufwandskonto erfassen Sie im Feld „Konto Soll". Den Umsatzsteuersatz erfassen Sie nicht immer.*

Begleichung einer offenen Verbindlichkeit buchen

Erfassen Sie die Zahlung einer offenen Verbindlichkeit, bucht die Software den Betrag einmal auf die Habenseite des Bankkontos und einmal auf die Sollseite des Verbindlichkeitskontos. Das Konto Umsatzsteuer bleibt unberührt, denn die Steuer wurde bereits beim Buchen der Eingansrechnung erfasst.

Beispiel

Sie haben die RG 1 an den Lieferanten über 476 Euro überwiesen, die bereits auf dem Konto Verbindlichkeiten steht. Bei der Zahlung erfassen Sie das Konto „1610 Verbindlichkeiten" im Feld „Konto Soll" und das Konto „1200 Bank" im Feld „Konto Haben". Im Feld Steuer geben Sie keinen Steuersatz ein.

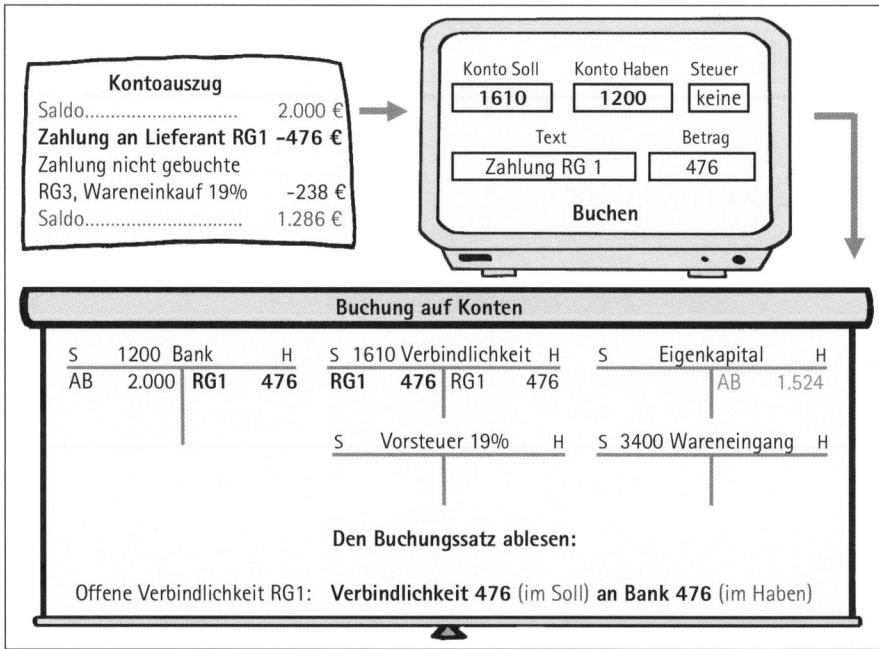

Abb. 8: **Von den Konten zum Bericht:** *Sie geben die beiden Kontonummern und den Bruttobetrag ein, den Steuersatz nicht. Das Programm bucht auf die Konten, von denen Sie dann den Buchungssatz ablesen können, er lautet „Verbindlichkeit 476 an Bank 476".*

Sonstige Zahlungen buchen

Erfassen Sie die Zahlung von einem weiteren Aufwand, bucht die Software den gesamten Rechnungsbetrag auf die Habenseite des Bankkontos, rechnet die Umsatzsteuer automatisch heraus und bucht den Nettobetrag getrennt von der Umsatzsteuer auf den Sollseiten der Konten Wareneingang 19 % USt. und Vorsteuer.

Beispiel

Sie haben die offene Rechnung Nr. 3 über 238 Euro gezahlt. Diese Rechnung über einen Wareneinkauf wurde bisher noch nicht gebucht. Bei dieser Zahlung erfassen Sie das Konto „1200 Bank" im Feld „Konto Haben" und „3400 Wareneingang19 % USt." im Feld „Konto Soll". Im Rechnungsbetrag von 238 Euro sind 19 % Umsatzsteuer enthalten, deshalb geben Sie den Steuersatz „19 %" ein.

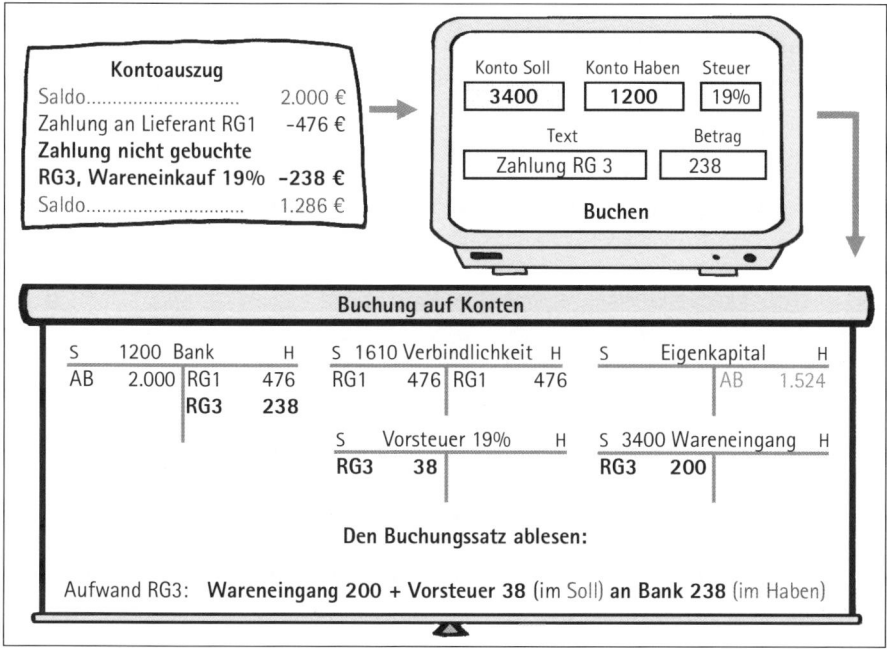

Abb. 9: **Einen weiteren Aufwand buchen**: *Sie geben die beiden Kontonummern, den Steuersatz und den Bruttobetrag ein. Danach können Sie von den Konten den Buchungssatz ablesen, er lautet „Wareneingang 200 + Vorsteuer 38 an Bank 238".*

Von den Konten zum Bericht

Nach jeder Eingabe bucht das Programm nicht nur automatisch auf die verschiedenen Konten und es ermittelt auch gleichzeitig die Schlussbestände der Konten. So können Sie sich jederzeit auf Knopfdruck die Gewinn- und Verlustrechnung sowie die Bilanz ansehen.

Beispiel

Die Summe des Ertragskontos wird in die Gewinn- und Verlustrechnung übertragen und der Gewinn von 600 Euro fließt in das Eigenkapital ein. Anschließend werden die Schlussbestände der Aktiv- und Passivkonten in die Bilanz übertragen.

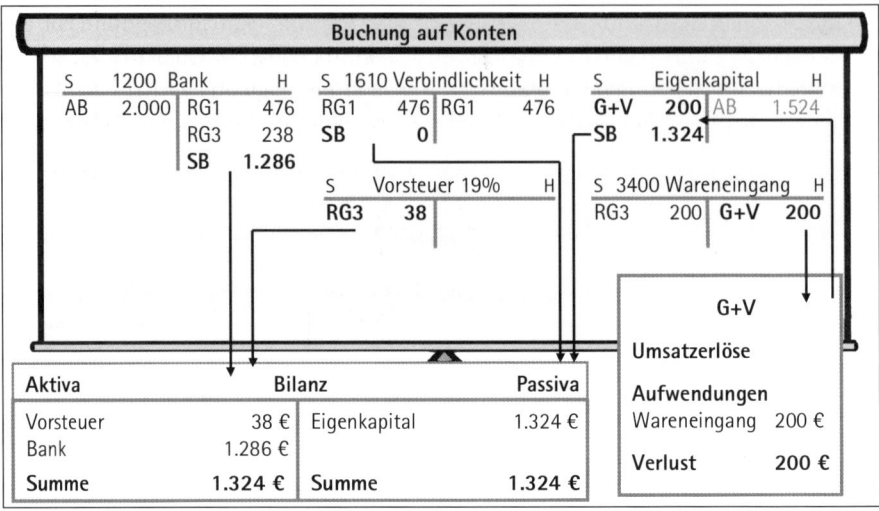

Abb. 10: **Von den Konten zum Bericht:** *Im Hintergrund wird auf Konten gebucht, die Konten werden nach jeder Eingabe automatisch abgeschlossen, deshalb sind die Berichte immer abrufbereit.*

Fazit

Bei Geldeingängen werden die Konten Bank oder Kasse immer im Soll gebucht.
Im Haben buchen Sie je nach Fall....

* Begleichung einer offenen Forderung: Forderungskonto oder Debitoren-konto ohne Steuer (Steuer wurde bei Erfassung der Rechnung gebucht)
* Einen weiteren Ertrag: Ertragskonto mit Steuer, die auf dem Beleg steht
* Sonstige Geldeingänge: Privateinlage, Darlehen

Bei Zahlungen werden die Konten Bank oder Kasse immer im Haben gebucht.
Im Soll buchen Sie je nach Fall....

* Begleichung einer offenen Verbindlichkeit: Verbindlichkeitskonto oder Kreditorenkonto ohne Steuer (Steuer wurde bei Erfassung der Rechnung gebucht)
* Einen weiteren Aufwand: Aufwandskonto mit Steuer, die auf dem Beleg steht
* Sonstige Zahlungen Geldeingänge: Privatentnahme, Darlehen

Bauleistungen – Die Umsatzsteuer und die Bauabzugsteuer

Inhalte

Erhalten Sie eine Rechnung über Bauleistungen oder bietet Ihr Unternehmen selbst Bauleistungen an, sind einige Besonderheiten zu beachten. In diesem Kapitel finden Sie Antwort auf die Fragen:

- Was sind Bauleistungen und was nicht?
- Was ist bei der Umsatzsteuer zu berücksichtigen?
- Was bedeutet die Steuerschuldumkehr?
- Was ist Bauabzugsteuer und wer zahlt diese?

Rechnungen über Bauleistungen, was ist zu beachten?

Handelt es sich bei einem Auftrag um eine „Bauleistung an einem Bauwerk", müssen Sie ggf. die Steuerschuldumkehr bei der Umsatzsteuer beachten und ggf. Bauabzugsteuer einbehalten laut Einkommensteuergesetz.

Was sind Bauleistungen und was nicht?

Damit sind alle Leistungen gemeint, die der Herstellung, der Erhaltung, der Änderung sowie der Beseitigung von Gebäuden dienen. Oder von sonstigen Bauwerken, die fest mit dem Erdboden verbunden sind.

Bauleistungen an Bauwerken	Keine Bauleistungen
Herstellung	Planung und Überwachung
Abbruch, Beseitigung	Materiallieferung ohne Verarbeitung
Änderung	Miete für Arbeitsgeräte ohne Personal
Instandsetzung	Entsorgung von Baumaterial
	Reinigung und Pflege

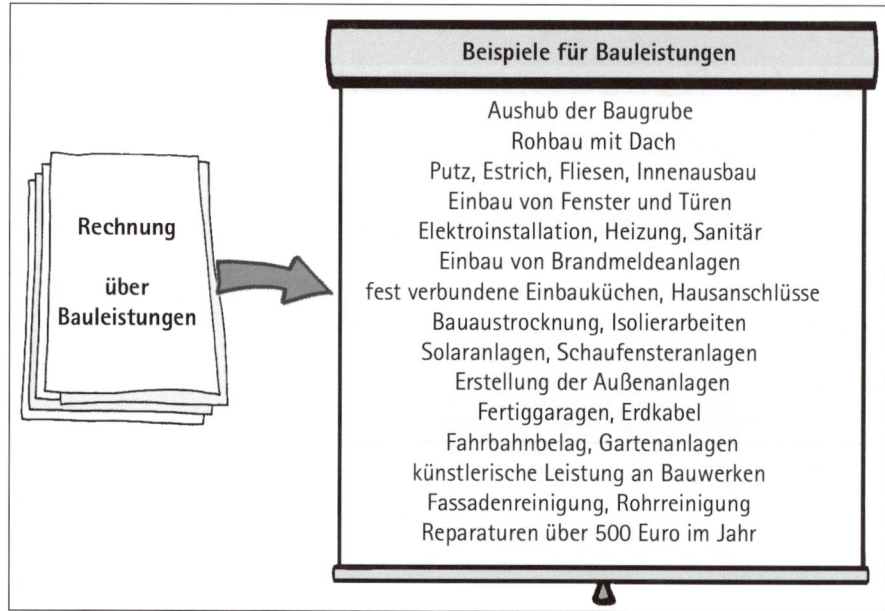

Abb. 1: **Beispiele für Bauleistungen:** *Wenn Sie diese Leistungen erbringen oder empfangen, müssen Sie ggf. die Steuerschuldumkehr bei der Umsatzsteuer beachten oder Bauabzugsteuer einbehalten.*

Umsatzsteuer bei Bauleistungen, UStG

Die Besonderheiten bei der Umsatzsteuer sind nur zu beachten, wenn sich zwei Unternehmen, die beide überwiegend Bauleistungen ausführen, untereinander Aufträge geben (Bauunternehmer und Subunternehmer). D. h. nur wenn Sie selbst Bauleistungen ausführen und Ihr Kunde auch, müssen Sie bezüglich der Umsatzsteuer die Steuerschuldumkehr gemäß § 13 b UStG beachten.

Was bedeutet die Steuerschuldumkehr?

Sind die Dienstleistungen, die Sie anbieten, umsatzsteuerpflichtig, müssen Sie Ihren Kunden zusätzlich Umsatzsteuer berechnen und zu einem bestimmten Zeitpunkt an das Finanzamt abführen. Bei Bauleistungen ist das anders, hier schuldet der Rechnungsempfänger die Umsatzsteuer. Was heißt das?

Der Rechnungsaussteller berechnet die Leistung ohne Umsatzsteuer und gibt in der Rechnung einen Hinweis auf die Steuerschuldumkehr nach § 13b UStG.

Die Steuerschuld wird tatsächlich umgekehrt, denn in diesem Fall muss der Rechnungsempfänger die Umsatzsteuer ermitteln und an das Finanzamt abführen. Gleichzeitig kann er diese Umsatzsteuer als Vorsteuer abziehen, soweit sein Unternehmen zum Vorsteuerabzug berechtigt ist.

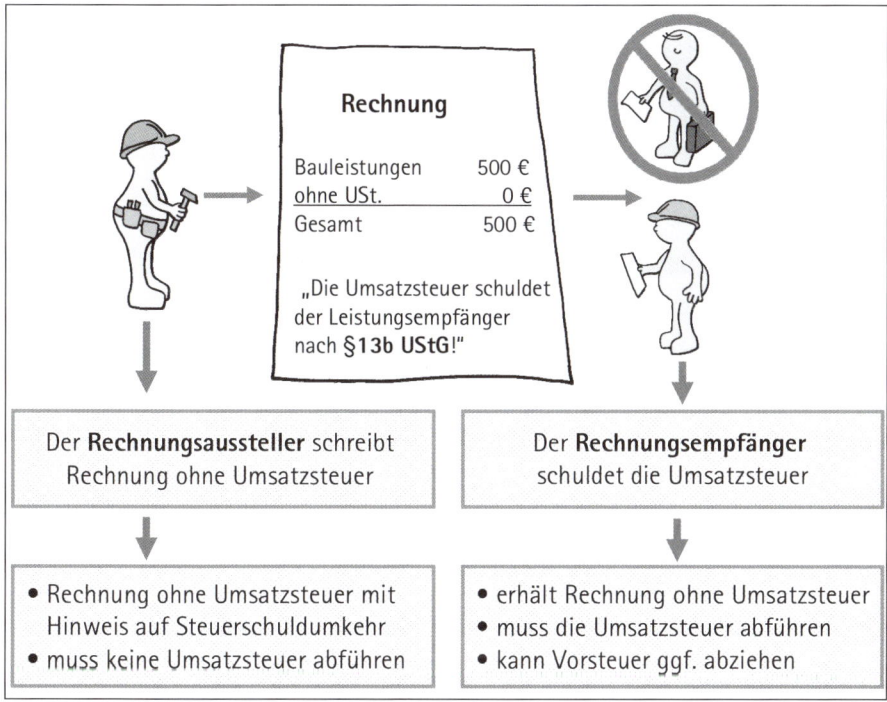

Abb. 2: **Die Steuerschuldumkehr:** *Diese ist nur zu beachten, wenn zwei Unternehmen, die beide überwiegend Bauleistungen ausführen, miteinander Geschäfte machen, ansonsten nicht.*

So könnte der Hinweis auf der Rechnung auch lauten: „Die Umsatzsteuer für diese Leistung schuldet der Auftraggeber gemäß § 13b Abs. 1 Nr. 4 UStG in Verbindung mit § 14a Abs. 5 UStG."

> **Achtung**
> Das Abführen der Umsatzsteuer und der Vorsteuerabzug erfolgen im gleichen Monat, auch wenn keine einwandfreie Rechnung vorliegt. Siehe § 13b und § 15 (4) UStG.

Welche Unternehmen sind von der Steuerschuldumkehr befreit?

Unternehmen, die nur in geringem Maße Bauleistungen ausführen und deren Erlöse aus Bauleistungen im Vorjahr unter 10 % des Gesamtumsatzes lagen, sind davon befreit. Das gilt auch für Bauträger, die ausschließlich an private Kunden verkaufen, also umsatzsteuerfreie Umsätze nach § 4 Nr. 9 a tätigen, die unter das Grunderwerbsteuergesetz fallen.

Diesen Unternehmen müssen Sie die Leistung zuzüglich Umsatzsteuer in Rechnung stellen. Genauso, wie allen anderen Unternehmen, die selbst keine Bauleistungen ausführen.

Bauleistungen beim Rechnungsaussteller

Sind Sie der Rechnungsaussteller, berechnen Sie die Bauleistung ohne Umsatzsteuer und erhalten auch nur den Nettobetrag vom Ihrem Kunden. Für das Abführen der Umsatzsteuer ist der Rechnungsempfänger verantwortlich. Diesen Umsatz müssen Sie in der Umsatzsteuer-Voranmeldung getrennt von den umsatzsteuerpflichtigen Umsätzen ausweisen.

Forderungskonto (im Soll) an Ertragskonto (im Haben), so buchen Sie eine Kundenrechnung. Verwenden Sie dabei das Ertragskonto „Erträge aus Bauleistungen", wird der Nettoumsatz automatisch in das Feld 60 der Umsatzsteuer-Voranmeldung eingetragen.

Beispiel

Sie schreiben eine Rechnung über eine Bauleistung in Höhe von 500 Euro netto mit dem Hinweis auf die Steuerschuldumkehr gemäß § 13 b UStG. Wie ist zu buchen?

Buchung

Konto SKR 03 Soll	Konto SKR 04 Soll	Kontenbezeichnung	Betrag	an	Konto SKR 03 Haben	Konto SKR 04 Haben	Kontenbezeichnung	Steuer
10000	10000	Debitorenkonto	500		8337	4337	Erträge aus Bauleistungen	keine

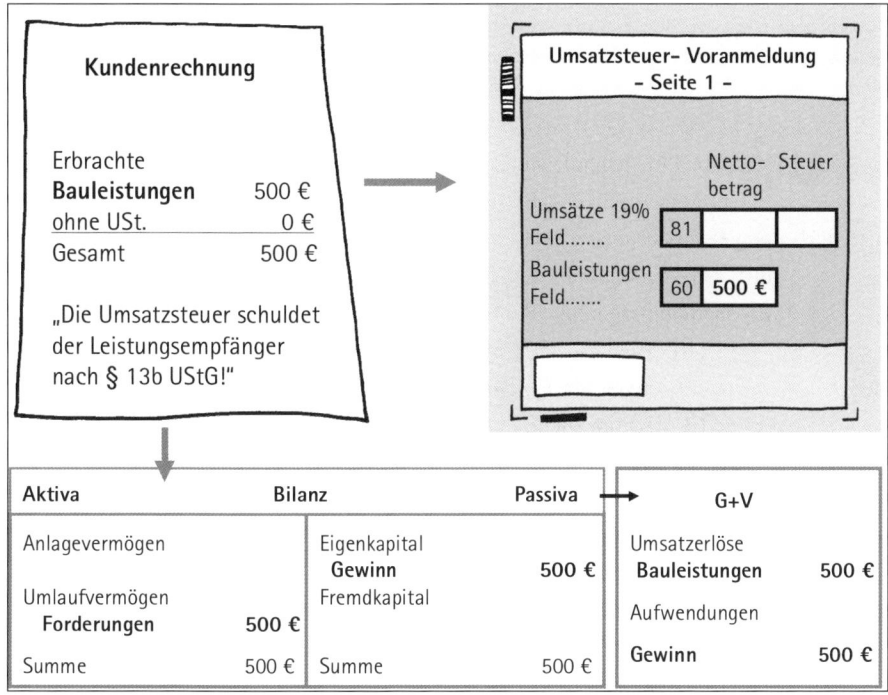

Abb. 3: **Erbrachte Bauleistungen und die Steuerschuldumkehr:** *Verwenden Sie dabei das Ertragskonto „Erträge aus Bauleistungen", wird der Nettoumsatz in das Feld 60 der Umsatzsteuer-Voranmeldung eingetragen.*

Bauleistungen beim Rechnungsempfänger

Empfangen Sie Bauleistungen, erhalten Sie eine Rechnung ohne Umsatzsteuer. In diesem Fall müssen Sie die Umsatzsteuer ermitteln und an das Finanzamt abführen. Und wenn Ihr Unternehmen zum Vorsteuerabzug berechtigt ist, können Sie diese Umsatzsteuer als Vorsteuer abziehen.

Der Nettowert der Leistung, die Umsatzsteuer sowie die Vorsteuer sind in der Umsatzsteuer-Voranmeldung gesondert zu erfassen. Aus diesem Grund sind für eine Rechnung zwei Buchungen erforderlich. Sie buchen den Nettobetrag der Rechnung zunächst auf das entsprechende Aufwandskonto für Bauleistungen und anschließend die Umsatzsteuer auf die Konten" Umsatzsteuer und Vorsteuer gemäß § 13 b UStG." Viele Buchführungsprogramme erledigen die zweite Buchung automatisch, wenn Sie das richtige Konto bzw. den richtigen Steuersatz eingeben.

Beispiel

Ihnen liegt eine Rechnung über eine Bauleistung in Höhe von 500 Euro netto vor mit dem Hinweis auf den § 13 b UStG. Wie ist zu buchen?

Buchungen

Konto SKR 03 Soll	Konto SKR 04 Soll	Konten- bezeichnung	Betrag	an	Konto SKR 03 Haben	Konto SKR 04 Haben	Konten- bezeichnung	Steuer
3120	5920	Bauleistungen § 13 b UStG 19 %	500		70000	70000	Kreditorenkonto	Baul. VSt 19 %
Diese Buchung ist nur erforderlich, wenn die Software diese Funktion nicht hat								
1577	1407	Anrechenbare Vorsteuer § 13 b UStG 19 %	95		1787	3837	Umsatzsteuer § 13 b UStG 19 %	keine

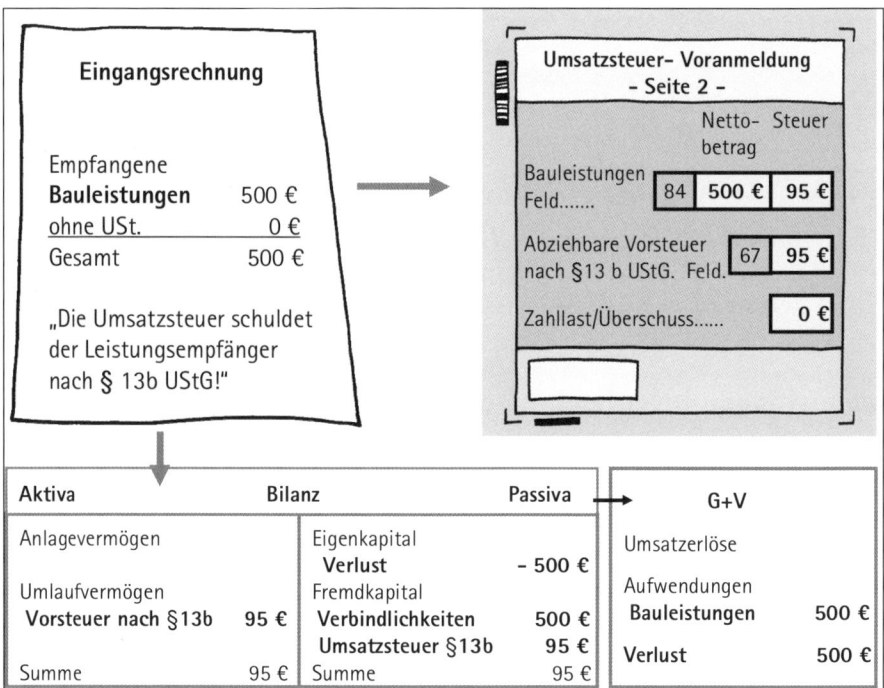

Abb. 4: **Empfangene Bauleistungen:** *Der Nettobetrag wird in der Umsatzsteuer-Voranmeldung im Feld 84 eingetragen und die Umsatzsteuer direkt daneben. Die Vorsteuer, wenn sie abziehbar ist, wird im Feld 67 eingetragen.*

Dadurch ergibt sich zwar eine Zahllast von 0 Euro, aber auf diese Weise wird der Vorgang dem Finanzamt mitgeteilt.

Bauabzugsteuer bei Bauleistungen, EStG

Alle Unternehmer, ganz gleich ob sie Bauleistungen ausführen oder nicht, und Vermieter von mehr als zwei Wohnungen, die einen Handwerker beauftragen, sind ggf. von der Bauabzugsteuer betroffen. Und natürlich die Handwerker bzw. die Bauunternehmen, die Bauleistungen ausführen.

Die Bauabzugsteuer hat mit der Umsatzsteuer nichts zu tun, hier handelt es sich um eine pauschale Vorauszahlung für alle Steuern, die der Handwerker später zu zahlen hat, wie zum Beispiel Lohnsteuer oder Einkommensteuer. Der Handwerker, der keine Steuern zahlt bzw. noch Steuerschulden hat, soll von seinem Kunden nur 85 % vom Rechnungsbetrag erhalten. Die anderen 15 %, die Bauabzugsteuer, soll der Kunde einbehalten und an das Finanzamt des Handwerkers abführen.

Auf das alles kann verzichtet werden, wenn der Handwerker eine Freistellungsbescheinigung vom Finanzamt besitzt und eine Kopie davon der Rechnung beilegt. In diesem Fall muss der Leistungsempfänger bzw. der Kunde die Freistellungsbescheinigung unter www.bzst.de überprüfen und ablegen. Ist sie in Ordnung, muss er keine Bauabzugsteuer einbehalten.

Freistellungsbescheinigung beantragen

Erbringen Sie Bauleistungen, sollten Sie beim Finanzamt eine Freistellungsbescheinigung nach § 48 Abs. 1 Satz 1 EStG beantragen. Und immer, wenn Sie eine Rechnung an ein Unternehmen oder einen Vermieter von mehr als zwei Wohnungen schicken, sollten Sie eine Kopie dieser Bescheinigung befügen. Dann sind Ihre Auftraggeber nicht verpflichtet, Bauabzugsteuer einzubehalten.

Tipp

Liegt eine Freistellungsbescheinigung vor, was meistens der Fall ist, können Sie hier aufhören zu lesen.

Vielleicht noch einen Hinweis zu Rechnungen über Bauleistungen an Privatpersonen. Diese Kunden müssen Sie auf der Rechnung auf die Aufbewahrungspflicht wie folgt hinweisen: „Laut Gesetz sind Sie dazu verpflichtet, diese Rechnung zwei Jahre aufzubewahren."

Freistellungsbescheinigung liegt nicht vor

Liegt keine Freistellungsbescheinigung vor, ist sie ungültig oder abgelaufen, muss der Leistungs- bzw. Rechnungsempfänger ggf. Bauabzugsteuer einbehalten. Hier kommt es auf die Höhe des Auftragsvolumens an, denn es gibt jährliche Freigrenzen pro Handwerker.

Wird diese Freigrenze bei einem Handwerker überschritten, müssen Sie von all seinen Rechnungen in diesem Jahr die Bauabzugsteuer einbehalten.

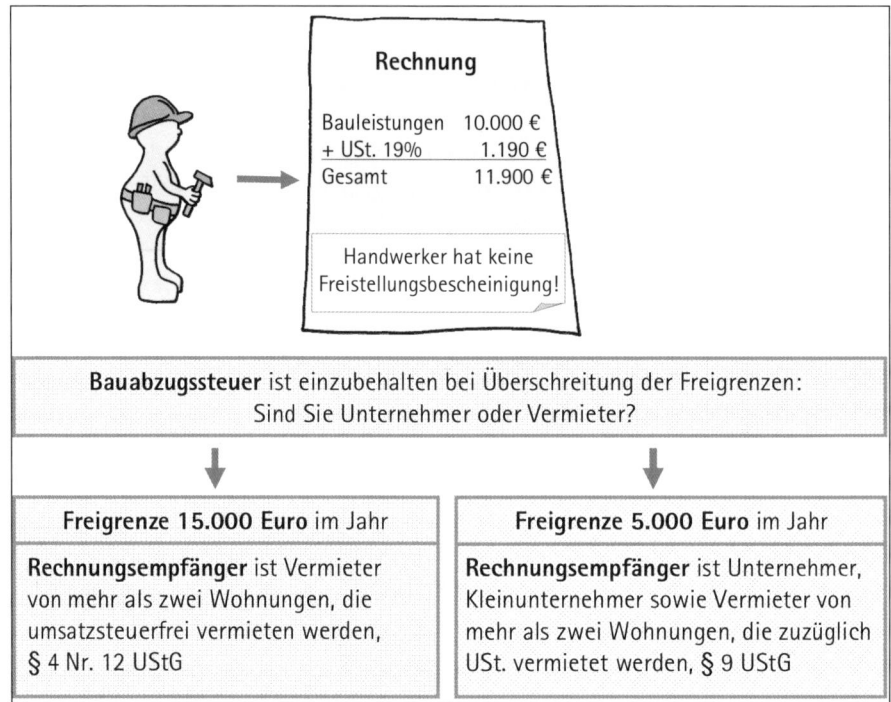

Abb. 5: **Handwerker hat keine Freistellungsbescheinigung**: *In diesem Fall müssen Unternehmer und Vermieter von mehr als zwei Wohnungen die Bauabzugsteuer vom Handwerker einbehalten, wenn die jährliche Freigrenze überschritten wird.*

Liegt das jährliche Auftragsvolumen über diesen Freigrenzen, darf der Leistungsempfänger nicht den gesamten Rechnungsbetrag auszahlen, sondern muss 15 % Bauabzugsteuer vom Rechnungsbetrag inkl. Umsatzsteuer einbehalten.

Achtung
Führen beide Unternehmen Bauleistungen aus und hat der Auftragnehmer keine Freistellungsbescheinigung, liegt eine Kombination aus Steuerschuldumkehr nach § 13 b UStG

> und der Bauabzugsteuer vor. In diesem Fall ist die Bauabzugsteuer trotzdem vom Rechnungsbetrag zuzüglich der Umsatzsteuer einzubehalten.

Sowie die Rechnung an den Handwerker oder an das Bauunternehmen bezahlt wurde, wird auch die Bauabzugsteuer fällig. Sie ist am zehnten Tag des Folgemonats an das Finanzamt abzuführen. Dazu gibt es ein Formular „Anmeldung über den Steuerabzug bei Bauleistungen".

Bauabzugsteuer beim Rechnungsaussteller

Sie berechnen Ihrem Kunden eine Bauleistung zuzüglich Umsatzsteuer. Da Sie keine Freistellungsbescheinigung beigefügt haben und die Freigrenze überschritten wurde, behält Ihr Kunde 15 % Bauabzugsteuer ein und zahlt an Sie nur den verbleibenden Rechnungsbetrag.

Die Bauabzugsteuer stellt für Sie eine Forderung an das Finanzamt dar, die mit zukünftigen Steuerzahlungen wie Lohnsteuer, Einkommensteuer- bzw. Körperschaftsteuerzahlungen verrechnet werden kann. Und das müssen Sie in der Bilanz ausweisen.

Dazu buchen Sie die Bauabzugsteuer auf das Konto „Forderungen aus abgeführter Bauabzugsteuer" und mindern dadurch die Kundenforderung.

Beispiel

Sie schreiben eine Rechnung an ein Unternehmen über die Renovierung eines Bürogebäudes in Höhe von 11.900 Euro inkl. 19 % USt. Ihnen liegt keine Freistellungsbescheinigung vor und die Freigrenze ist überschritten. Welchen Betrag erhalten Sie vom Kunden und wie ist zu buchen?

Ihr Kunde muss 1.785 Euro Bauabzugsteuer einbehalten, d. h. 15 % von 11.900 Euro, dem Rechnungsbetrag inkl. 19 % Umsatzsteuer. Er wird den Rechnungsbetrag abzüglich der Bauabzugsteuer, also 10.115 Euro überweisen.

Buchungen

Konto SKR 03 Soll	Konto SKR 04 Soll	Kontenbezeichnung	Betrag	an	Konto SKR 03 Haben	Konto SKR 04 Haben	Kontenbezeichnung	Steuer
Zeitpunkt Rechnungsausstellung								
10000	10000	Debitorenkonto	11.900		8400	4400	Umsatzerlöse 19 % USt	USt 19 %

Konto SKR 03 Soll	Konto SKR 04 Soll	Kontenbezeichnung	Betrag	an	Konto SKR 03 Haben	Konto SKR 04 Haben	Kontenbezeichnung	Steuer
Umbuchung der Bauabzugsteuer als Forderung an das Finanzamt								
1543	1456	Forderungen aus abgeführter Bauabzugsteuer	1.785		10000	10000	Debitorenkonto	keine
Zeitpunkt Geldeingang Kunde								
1200	1800	Bank	10.115		10000	10000	Debitorenkonto	keine

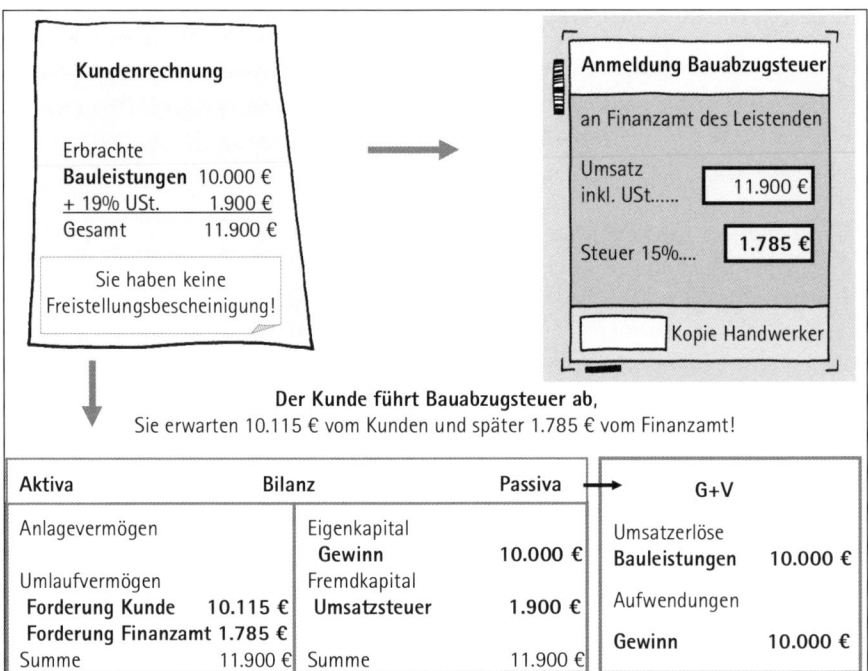

Abb. 6: ***Ihr Kunde behält Bauabzugsteuer ein:*** *Dadurch mindert sich die Forderung an den Kunden auf 10.115 Euro. In Höhe der Bauabzugsteuer haben Sie eine Forderung an das Finanzamt.*

Spätestens mit der Abgabe der Einkommensteuer- oder Körperschaftsteuererklärung können Sie die zu viel einbehaltene Bauabzugsteuer mit ausstehenden Steuerzahlungen verrechnen lassen.

Bauabzugsteuer beim Rechnungsempfänger

Erhalten Sie eine Rechnung von einem Handwerker oder einem Bauunternehmen ohne Freistellungsbescheinigung, müssen Sie auf die Höhe der Rechnung achten. Sind Sie selbst Unternehmer, gilt für Sie die jährliche Freigrenze von 5.000 Euro pro Handwerker. Wird diese überschritten, müssen Sie 15 % Bauabzugsteuer einbehalten und an das Finanzamt des Handwerkers abführen. An den Handwerker überweisen Sie nur den verbleibenden Rechnungsbetrag.

Die Bauabzugsteuer stellt für Sie bis zur Zahlung eine Verbindlichkeit an das Finanzamt dar, was Sie in der Bilanz ausweisen müssen. Dazu buchen Sie die Bauabzugsteuer auf das Konto „Verbindlichkeiten an das Finanzamt aus Bauabzugsteuer" und mindern dadurch die Verbindlichkeit an den Handwerker.

Beispiel

Sie erhalten eine Rechnung über die Renovierung des Bürogebäudes in Höhe von 11.900 Euro inkl. 19 % USt. Ihnen liegt keine Freistellungsbescheinigung vor und die Freigrenze ist überschritten. Wie ist dieser Vorgang beim Rechnungsempfänger zu buchen?

Sie müssen Bauabzugsteuer in Höhe von 1.785 Euro einbehalten, d. h. 15 % von 11.900 Euro. Dadurch schulden Sie dem Handwerker nur noch 10.115 Euro. Bis zur Zahlung ist die Bauabzugsteuer in Höhe von 1.785 Euro für Sie eine Verbindlichkeit gegenüber dem Finanzamt.

Buchungen

Konto SKR 03 Soll	Konto SKR 04 Soll	Kontenbezeichnung	Betrag	an	Konto SKR 03 Haben	Konto SKR 04 Haben	Kontenbezeichnung	Steuer
Zeitpunkt Rechnungseingang								
4260	6335	Instandhaltung betriebliche Räume	11.900		70000	70000	Kreditorenkonto	VSt 19 %
Umbuchung der Bauabzugsteuer als Verbindlichkeit an das Finanzamt								
70000	70000	Kreditorenkonto	1.785		1749	3726	Verbindlichkeit an Finanzamt aus Bauabzugsteuer	keine
Zeitpunkt Zahlung an Handwerker								
70000	70000	Kreditorenkonto	10.115		1200	1800	Bank	keine

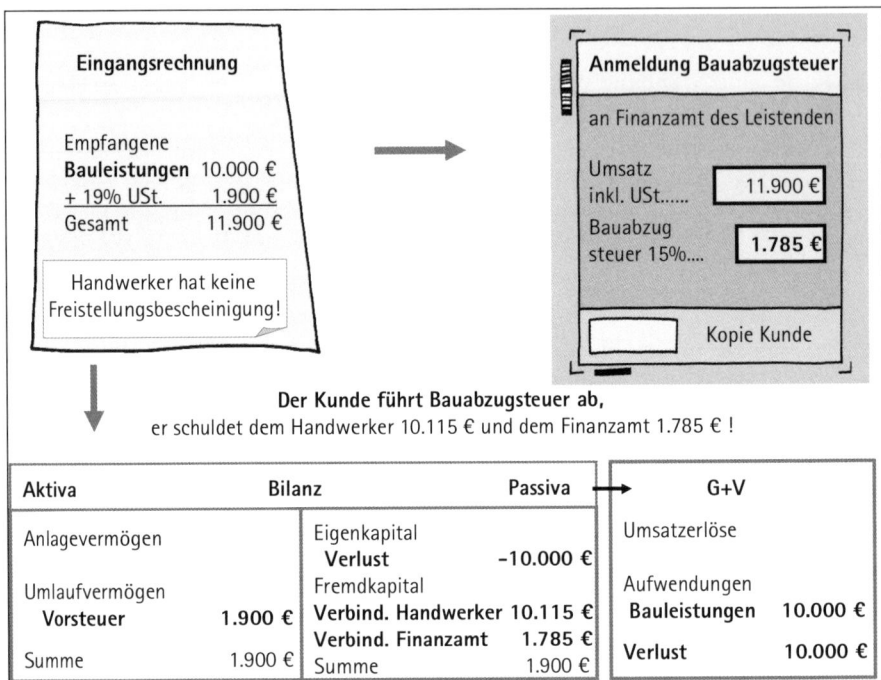

Abb. 7: **Sie mussten Bauabzugsteuer einbehalten**: Das mindert die Verbindlichkeit an den Handwerker auf 10.115 Euro und in Höhe der Bauabzugsteuer haben Sie eine Verbindlichkeit an das Finanzamt.

Fazit

Die Steuerschuldumkehr bei der Umsatzsteuer ist nur zu beachten, wenn zwei bauleistende Unternehmen miteinander Geschäfte machen, sonst nicht.

Die Bauabzugsteuer ist ggf. einzubehalten von Unternehmern und Vermietern, die einen Handwerker beauftragen. Aber nur dann, wenn der Handwerker keine Freistellungsbescheinigung vorlegt und bestimmte Freigrenzen pro Handwerker im Jahr überschritten werden.

Rechnungen buchen bei Geschäften mit dem EU-Ausland

Geschäfte mit dem EU-Ausland

Unter bestimmten Voraussetzungen sind Waren, die Sie an einen ausländischen Kunden verkaufen oder Dienstleistungen, die Sie für ihn erbringen, nicht in Deutschland umsatzsteuerpflichtig, sondern im Ausland. In diesem Fall stellen Sie die Rechnung ohne Umsatzsteuer aus und Ihr ausländischer Kunde muss beim Import die Umsatzsteuer seines Landes bezahlen. Das gilt umgekehrt auch für den Einkauf. Sie erhalten eine Rechnung aus dem Ausland ohne Umsatzsteuer und zahlen dafür die deutsche Umsatzsteuer.

Was bezweckt das Gesetz damit? Für Waren oder Dienstleistungen, die zum Beispiel in Deutschland verbraucht oder genutzt werden, möchte das deutsche Finanzamt die Umsatzsteuer von 7 % und 19 % erhalten. So erhält jedes Land seine geplanten Steuereinnahmen, denn die Höhe wie auch die Zuordnung der Umsatzsteuersätze ist in jedem Land anders. Daher sind zum Beispiel Fahrzeuge und Alkohol in einigen Ländern wesentlich teurer und umgekehrt Lebensmittel günstiger als bei uns.

Bei Geschäften innerhalb der EU-Mitgliedsstaaten, auch genannt innergemeinschaftlicher Handel, wird das „Abführen der Umsatzsteuer im richtigen Land", nicht an der Grenze oder beim Zollamt geregelt, sondern auf Formularen. Dazu brauchen Sie zusätzlich zu Ihrer Steuernummer eine Umsatzsteuer-Identifikationsnummer (ID-Nr.). Diese Nummer erhalten Sie vom Bundeszentralamt für Steuern, welches die Nummern zentral für Deutschland vergibt. Haben Sie eine Steuernummer können Sie die Nummer auch über das Internet anfordern, unter www.bzst.de.

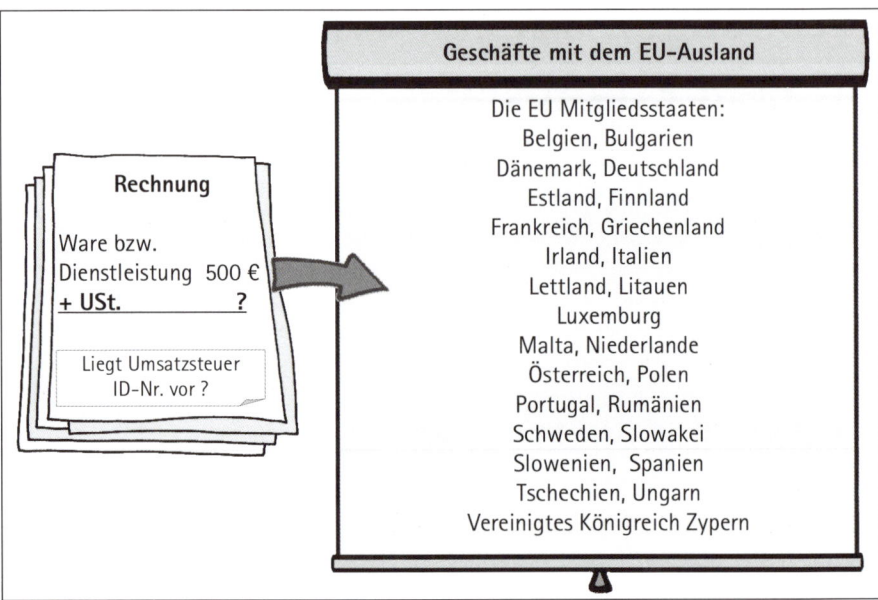

Abb. 1: **Geschäfte innerhalb der EU-Mitgliedsstaaten:** *Sie brauchen eine gültige Umsatzsteuer-Identifikationsnummer (ID-Nr.).*

Besitzt Ihr Kunde keine Umsatzsteuer ID-Nr. müssen Sie die Rechnung zuzüglich der deutschen Umsatzsteuer ausstellen. In diesem Fall behandeln Sie diesen Kunden wie einen inländischen Kunden.

Privatpersonen bzw. Abholer (Touristen) können im EU-Ausland soviel kaufen, wie sie möchten. **Ausnahme:** Handelt es sich allerdings um Verkauf neuer Fahrzeuge oder größere Versendungsaufträge an Privatpersonen, dürfen Sie die deutsche Umsatzsteuer nicht berechnen. Diesen Umsatz müssen Sie in der Umsatzsteuer-Voranmeldung gesondert erfassen.

Lieferung oder sonstige Leistung

In welchem Land ist der Umsatz umsatzsteuerpflichtig, in Deutschland oder im Ausland? Das hängt davon ab, ob es sich um eine Lieferung von Waren oder eine Dienstleistung handelt.
Bei **Warenlieferungen** an das Ausland gilt das Bestimmungslandprinzip, die Waren sind dort umsatzsteuerpflichtig, wo sie verbraucht bzw. genutzt werden. Sind alle Voraussetzungen erfüllt, stellen Sie Ihre Rechnung ohne Umsatzsteuer aus, und Ihr Kunde zahlt beim Import die Umsatzsteuer seines Landes. Bei **Dienstleistungen** ist

seit 2010 zunächst zu unterscheiden, ob Geschäfte mit ausländischen Unternehmen oder Privatpersonen gemacht werden.

Kunde ist Unternehmer	Kunde ist Privatperson
Die Leistung ist in dem Land umsatzsteuerpflichtig, in dem der Leistungsempfänger sitzt.	Die Leistung ist in dem Land umsatzsteuerpflichtig, in dem der leistende Unternehmer sitzt.

Es gibt jedoch einige Ausnahmen, hier sehen Sie ein paar davon:

- Wird die Leistung an einem Grundstück erbracht, ist es das Land, in dem das Grundstück liegt. Es gibt Ausnahmen, z. B. Schweiz, Finnland.
- Handelt es sich um eine kulturelle, künstlerische, wissenschaftliche, sportliche und unterrichtende Tätigkeit, ist die Leistung in dem Land umsatzsteuerpflichtig, in dem die Tätigkeit ausgeführt wird. Es gibt Ausnahmen, z. B. Schweden, Schweiz.
- Bei kurzfristiger Vermietung von Beförderungsmitteln (Kfz 30 Tage, Schiffe 90 Tage) ist die Leistung in dem Land umsatzsteuerpflichtig, in dem die Übergabe stattfindet.
- Bei den sogenannten Katalogleistungen wie Werbung, Öffentlichkeitsarbeit, Leistungen als Steuerberater, Rechtsanwalt, Personalgestellung etc., gilt für Unternehmer und Nicht-Unternehmer der Ort des Leistungsempfängers. Nur bei Leistungen an Nicht-Unternehmer mit Sitz im Drittland ist die Umsatzsteuer im Land des leistenden Unternehmens zu berechnen.

Da es im innergemeinschaftlichen Handel sehr viele Ausnahmen gibt, sollten Sie sich zur Sicherheit mit Fachleuten beraten, wenn es um die Frage geht, wo die Lieferung oder Leistung umsatzsteuerpflichtig ist, in Deutschland oder im Ausland. Hier zeigen wir Ihnen, wie Sie die verschiedenen Rechnungen buchen müssen.

- Warenverkauf an das EU-Ausland - im EU-Ausland steuerpflichtig
- Leistungen für das EU-Ausland - im EU-Ausland steuerpflichtig
- Wareneinkauf aus dem EU-Ausland - in Deutschland steuerpflichtig
- Leistungen aus dem EU-Ausland - in Deutschland steuerpflichtig

---

Tipp

Erfassen Sie Ihre Rechnungen in einem Buchführungsprogramm und verwenden Sie dabei die richtigen Aufwands- und Ertragskonten, werden die Formulare automatisch richtig ausgefüllt.

Rechnungen an das EU-Ausland buchen

Nur wenn Ihnen eine geprüfte und bestätigte Umsatzsteuer-Identifikationsnummer Ihres Kunden vorliegt, dürfen Sie die Rechnung ohne Umsatzsteuer ausstellen. Dann schulden nicht Sie, sondern Ihr ausländischer Kunde, die Umsatzsteuer in seinem Land.

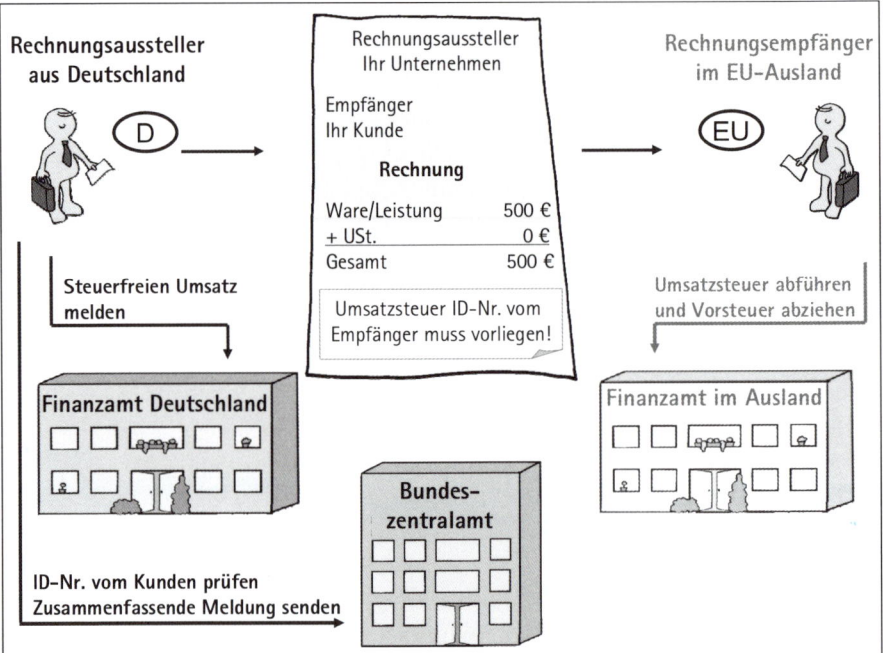

Abb. 2: **Umsatz im EU-Ausland steuerpflichtig:** *Der Rechnungsaussteller stellt die Rechnung ohne Umsatzsteuer aus, wenn die ID-Nr. des Kunden gültig ist. Er muss diesen Umsatz an das Finanzamt und das Bundeszentralamt für Steuern melden.*

Als Rechnungsaussteller sind Sie dazu verpflichtet die ID-Nr. Ihres Kunden zu überprüfen. Das können Sie im Internet erledigen unter www.bzst.de. Über die Funktion „qualifizierte Abfrage" sollten Sie sich eine schriftliche Bestätigung anfordern. So haben Sie im Zweifelsfalle einen schriftlichen Beweis über die Prüfung.

Obwohl Sie keine Umsatzsteuer berechnen, sind Sie trotzdem zum Vorsteuerabzug berechtigt, soweit deutsche Vorsteuer für diesen Auftrag angefallen ist. Der Rechnungsaussteller muss diese Umsätze nicht nur über die Umsatzsteuerformulare an das Finanzamt melden, sondern auch an das Bundeszentralamt für Steuern über das Formular „Zusammenfassende Meldung".

Warenverkauf an das EU-Ausland, innergemeinschaftliche Lieferung

Beim Warenverkauf an das EU-Ausland spricht man von einer „innergemeinschaftlichen Lieferung". Ist dieser Umsatz nicht in Deutschland, sondern im EU-Ausland steuerpflichtig, müssen Sie ihn im Feld 41 der Umsatzsteuer-Voranmeldung eintragen, getrennt von den umsatzsteuerpflichtigen Umsätzen.

Bei einer Kundenrechnung buchen Sie immer das Forderungskonto oder das Debitorenkonto im Soll und das Ertragskonto im Haben. Für diesen Fall heißt das entsprechende Ertragskonto „Innergemeinschaftliche Lieferung".

Beispiel

Ein französisches Unternehmen bestellt bei Ihnen Waren, Sie haben die ID-Nr. überprüft und eine schriftliche Bestätigung erhalten. Sie stellen die Rechnung über 500 Euro ohne Umsatzsteuer aus. Wie ist zu buchen?

Buchung

Konto SKR 03 Soll	Konto SKR 04 Soll	Kontenbezeichnung	Betrag	an	Konto SKR 03 Haben	Konto SKR 04 Haben	Kontenbezeichnung	Steuer
10000	10000	Debitorenkonto	500		8125	4125	Innergemeinschaftliche Lieferung ohne Umsatzsteuer	keine

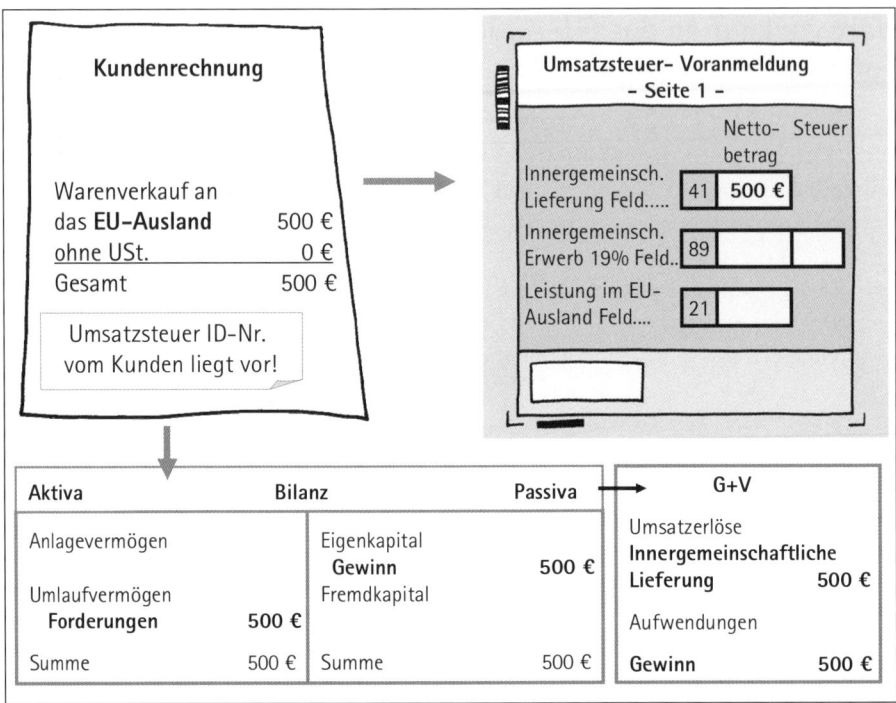

Abb. 3: **Lieferung an das EU-Ausland:** *Innergemeinschaftliche Lieferungen erfassen im Feld 41 der Umsatzsteuer-Voranmeldung.*

Leistungen für das EU-Ausland

Erbringen Sie Leistungen für einen Kunden im EU-Ausland und ist die Leistung dort umsatzsteuerpflichtig, tragen Sie diesen Umsatz im Feld 21 der Umsatzsteuer-Voranmeldung ein. Das entsprechende Ertragskonto heißt „Erlöse aus Leistungen, in einem anderen EU-Land steuerpflichtig".

Beispiel

Als deutscher Berater waren Sie für ein englisches Unternehmen tätig. Sie stellen die Rechnung über 500 Euro ohne Umsatzsteuer aus. Wie ist zu buchen?

Buchung

Konto SKR 03 Soll	Konto SKR 04 Soll	Kontenbezeichnung	Betrag	an	Konto SKR 03 Haben	Konto SKR 04 Haben	Kontenbezeichnung	Steuer
10000	10000	Debitorenkonto	500		8336	4336	Leistungen, in anderen EU-Land steuerpflichtig	keine

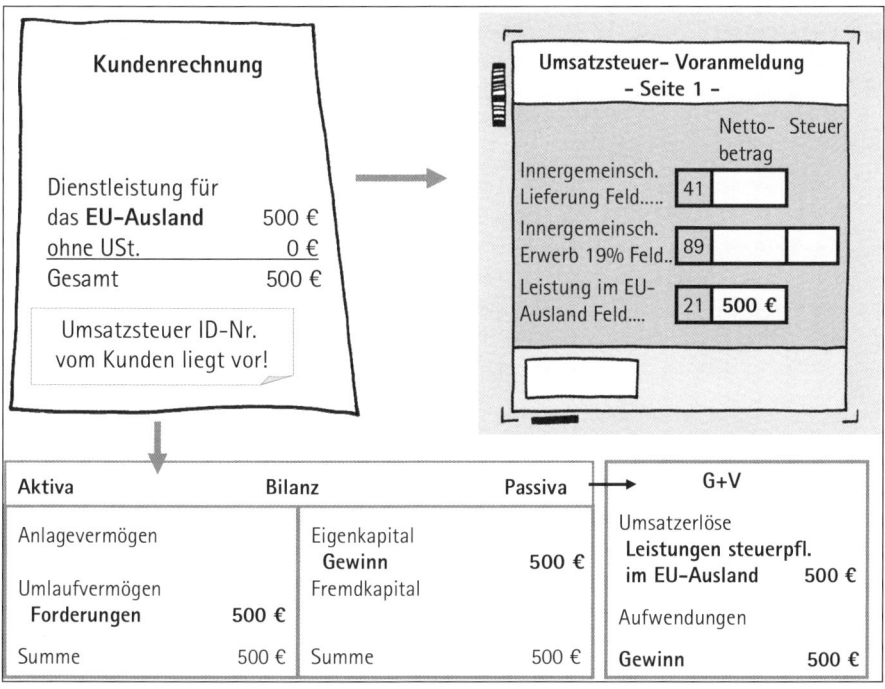

Abb. 4: **Erbrachte Dienstleistung:** *Ist sie im EU-Ausland steuerpflichtig, erfassen Sie diese in der Umsatzsteuer-Voranmeldung im Feld 21.*

Zusammenfassende Meldung

Zusätzlich müssen Sie regelmäßig das Formular „Zusammenfassende Meldung" an das Bundeszentralamt für Steuern online übermitteln. Darin erfassen Sie die Umsatzsteuer-Identifikationsnummer jedes Kunden sowie dessen Gesamtumsatz. Die Meldezeiträume sind bei Warenlieferungen anders als bei Leistungen.

- Seit 1.7.2010 müssen Sie Warenlieferungen an das EU-Ausland monatlich melden, und zwar am 25. Tag des Folgemonats. Solange Ihre Umsätze im Quartal nicht über 100.000 Euro liegen, genügt die vierteljährliche Meldung.
- Dienstleistungen, die im EU-Ausland steuerpflichtig sind, müssen Sie vierteljährlich melden, jeweils am 25. Tag nach Ende des Quartals.

Viele Buchführungsprogramme erstellen und übermitteln diese Meldung automatisch, vorausgesetzt die Umsatzsteuer-Identifikationsnummern Ihrer Kunden wurden an der richtigen Stelle hinterlegt.

Rechnungen aus dem EU-Ausland buchen

Legen Sie Ihren Lieferant im EU-Ausland Ihre Umsatzsteuer-Identifikationsnummer vor, erhalten Sie eine Rechnung ohne Umsatzsteuer. In diesem Fall schulden Sie zunächst die deutsche Umsatzsteuer.

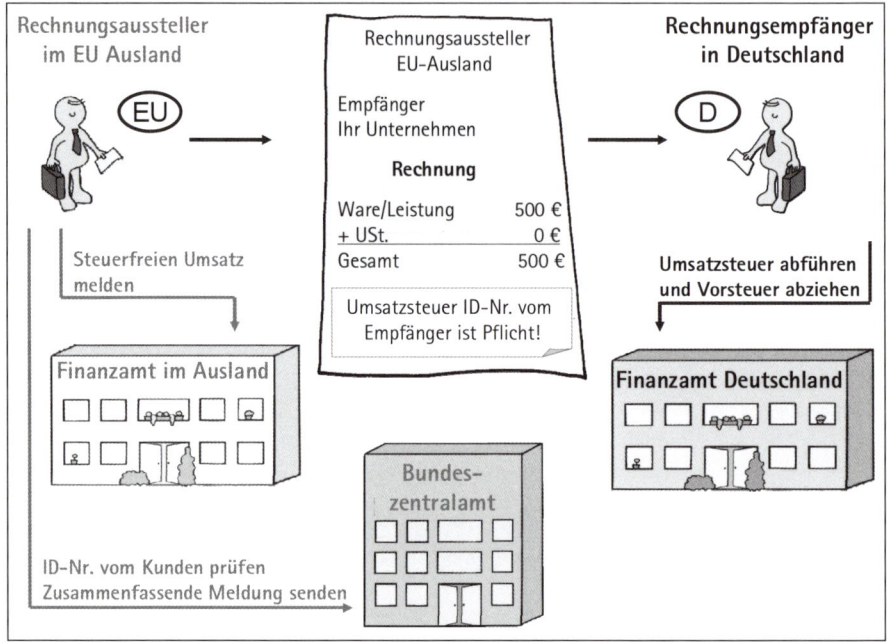

Abb. 5: ***Umsatz in Deutschland steuerpflichtig:*** *Der Rechnungsempfänger erhält eine Rechnung ohne Umsatzsteuer. Er muss diesen Umsatz an das Finanzamt melden, die deutsche Umsatzsteuer abführen und kann diese ggf. als Vorsteuer abziehen.*

Als Rechnungsempfänger müssen Sie die deutsche Umsatzsteuer ermitteln und an Ihr Finanzamt abführen. Gleichzeitig können Sie diese Umsatzsteuer, als Vorsteuer abziehen, wenn Ihr Unternehmen zum Vorsteuerabzug berechtigt ist. Das erledigen Sie über die Umsatzsteuerformulare.

Wareneinkauf im EU-Ausland, innergemeinschaftlicher Erwerb

Der Wareneinkauf im EU-Ausland wird „innergemeinschaftlicher Erwerb" genannt. Ist die Ware in Deutschland steuerpflichtig erfassen Sie den Nettowert der Ware im

Feld 89 der Umsatzsteuer-Voranmeldung und daneben die deutsche Umsatzsteuer. Die Vorsteuer ist im Feld 61 zu erfassen, wenn sie abziehbar ist.

Dafür sind zwei Buchungen erforderlich. Sie buchen den Nettobetrag der Rechnung zunächst auf das Aufwandskonto „Innergemeinschaftliche Erwerb 19 %" und anschließend die Umsatzsteuer auf die Konten „Vorsteuer und Umsatzsteuer aus innergemeinschaftlichem Erwerb". Viele Buchführungsprogramme erledigen die zweite Buchung automatisch, wenn Sie das richtige Konto bzw. den richtigen Steuersatz eingeben.

Beispiel

Sie bestellen Waren in England und erhalten eine Rechnung über 500 Euro netto. Wie ist zu buchen?

Buchungen

Konto SKR 03 Soll	Konto SKR 04 Soll	Konten-bezeichnung	Betrag	an	Konto SKR 03 Haben	Konto SKR 04 Haben	Konten-bezeichnung	Steuer
3425	5425	Innergemeinschaftl. Erwerb USt und VSt 19 %	500		70000	70000	Kreditoren-konto	EU VSt + USt 19 %
Diese Buchung ist nur erforderlich, wenn die Software diese Funktion nicht hat.								
1574	1404	Anrechenbare Vorsteuer innergem. Erwerb 19 %	95		1774	3804	Umsatzsteuer innergem. Erwerb 19 %	keine

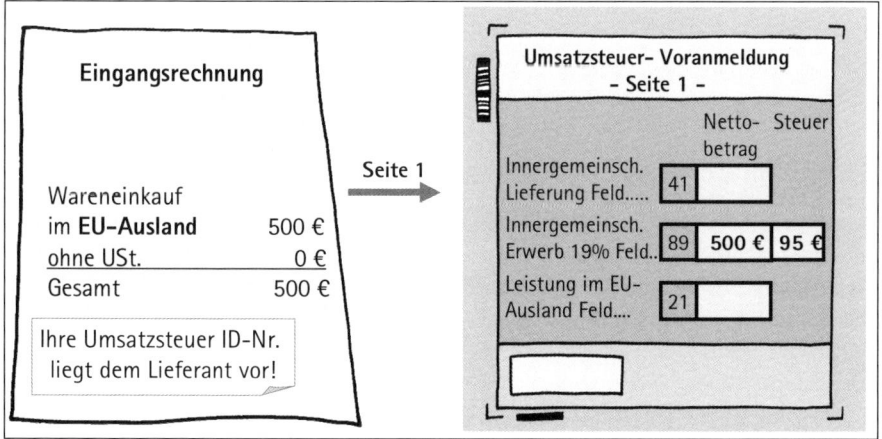

Abb. 6: **Warenlieferung aus dem EU-Ausland Teil 1**: *Verwenden Sie dafür das Konto „Innergemeinschaftlicher Erwerb 19 %", wird der Umsatz in das Feld 89 eingetragen sowie die deutsche Umsatzsteuer.*

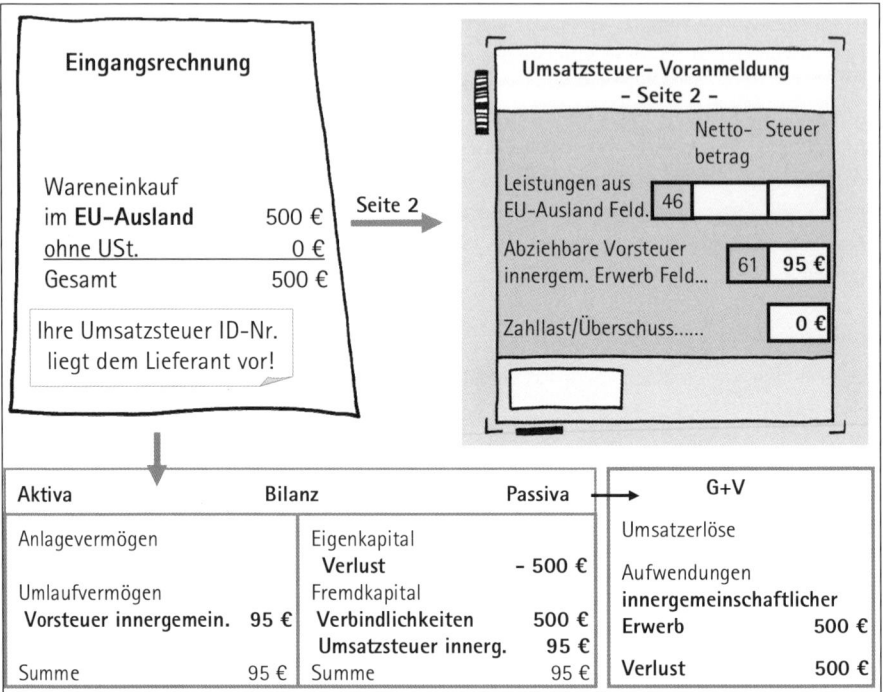

Abb. 7: **Warenlieferung aus dem EU-Ausland Teil 2:** *Die Vorsteuer, wenn sie ab-*
ziehbar ist, wird auf der zweiten Seite der Umsatzsteuer-Voranmeldung im
Feld 61 eingetragen.

Dadurch ergibt sich zwar eine Zahllast von 0 Euro, aber auf diese Weise wird der
Vorgang dem Finanzamt mitgeteilt.

Leistungen aus dem EU-Ausland

Bei empfangenen Leistungen bzw. Dienstleistungen aus dem EU-Ausland, die in
Deutschland umsatzsteuerpflichtig sind, erfassen Sie den Nettowert im Feld 46 der
Umsatzsteuer-Voranmeldung und daneben die deutsche Umsatzsteuer. Die Vor-
steuer ist im Feld 67 zu erfassen, wenn sie abziehbar ist.

Hier buchen Sie den Nettobetrag der Rechnung zunächst auf das Aufwandskonto
„Leistung eines im EU-Land ansässigen Unternehmens 19 %" und anschließend die
Umsatzsteuer auf die Konten „Vorsteuer und Umsatzsteuer gemäß § 13b UStG".

Beispiel

Ein französischer Berater war für Sie tätig und Sie erhalten eine Rechnung über 500 Euro netto. Wie ist zu buchen?

Buchungen

Konto SKR 03 Soll	Konto SKR 04 Soll	Kontenbezeichnung	Betrag	an	Konto SKR 03 Haben	Konto SKR 04 Haben	Kontenbezeichnung	Steuer
3123	5923	Leistungen eines im EU-Land ansässigen Unternehmens USt und VSt 19 %	500		70000	70000	Kreditorenkonto	EU VSt + USt 19 %
Diese Buchung ist nur erforderlich, wenn die Software diese Funktion nicht hat								
1577	1407	Vorsteuer nach § 13 b 19 %	95		1787	3837	Umsatzsteuer § 13 b UStG 19 %	keine

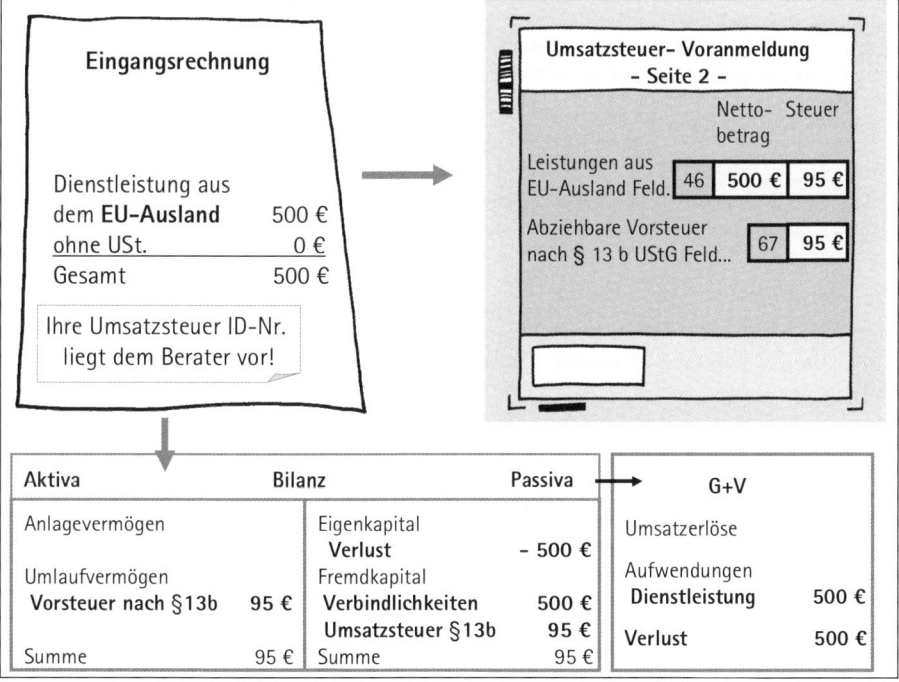

Abb. 8: **Leistung aus dem EU-Ausland:** *Ist diese in Deutschland steuerpflichtig, tragen Sie den Nettobetrag in der Umsatzsteuer-Voranmeldung im Feld 46 ein und die Umsatzsteuer direkt daneben. Die Vorsteuer, wenn sie abziehbar ist, wird im Feld 67 eingetragen.*

Nachträgliche Erstattung ausländischer Vorsteuer

Nur inländische Vorsteuer ist abzugsfähig. Stellen Sie Ihrem Kunden deutsche Umsatzsteuer in Rechnung, kann er diese nicht als Vorsteuer abziehen. Das Gleiche gilt auch für Sie, wenn Sie im Ausland einkaufen, die ausländische Vorsteuer können Sie nicht abziehen.

Liegen Ihnen Rechnungen mit ausländischer Umsatzsteuer vor, über Ausgaben auf Messen und Veranstaltungen, Reisekosten sowie vor Ort gekaufte Kleinteile, ist auch nachträglich der Umtausch möglich. Sie erhalten die ausländische Vorsteuer zurück und zahlen die deutsche Vorsteuer, die Sie dann abziehen können.

Dieser Vorgang erfolgt bei allen EU-Mitgliedstaaten auf Antrag. Seit 2010 gibt es für Rechnungen aus dem EU-Ausland ein einfacheres Erstattungsverfahren. Alle Informationen werden online an das Bundeszentralamt für Steuern übermittelt und von dort aus an das entsprechende Land weitergeleitet. Der Antrag muss bis zum 30.09. des Folgejahres gestellt sein.

Fazit

Wer im innergemeinschaftlichen Handel mitwirkt, braucht eine Umsatzsteuer-ID-Nr. Liegt diese dem Rechnungsaussteller vor und ist sie gültig, darf er die Rechnung ohne Umsatzsteuer ausstellen.

Buchung einer Kundenrechnung:
Forderungskonto oder Debitorenkonto (im Soll) an Ertragskonto im Haben). Rechnungen an ausländische Kunden buchen Sie auf spezielle Ertragskonten:
Kundenrechnungen an das EU-Ausland – im EU-Ausland steuerpflichtig
    Warenverkauf: Innergemeinschaftliche Lieferung
    Leistungen: Erlöse aus Leistungen, in einem anderen EU-Land steuerpflichtig

Buchung einer Eingangsrechnung:
Aufwandskonto (im Soll) an Verbindlichkeitskonto oder Kreditorenkonto (im Haben). Rechnung von ausländischen Geschäftspartnern buchen Sie auf spezielle Aufwandskonten:
Rechnungen aus den EU-Ausland – in Deutschland steuerpflichtig:
    Wareneinkauf : Innergemeinschaftlicher Erwerb 19 % USt. und VSt.
    Leistungen: Leistungen eines im EU-Land ansässigen Unternehmens 19 % USt/VSt
In diesem Fall müssen Sie die deutsche Umsatzsteuer abführen und können diese als Vorsteuer abziehen, wenn das Unternehmen zum Vorsteuerabzug berechtigt ist.

Rechnungen buchen bei Geschäften mit dem Nicht-EU-Ausland

Inhalt

Ihr Unternehmen tätigt Geschäfte mit dem Nicht-EU-Ausland, damit sind in der Fachsprache Drittländer gemeint. Hier erhalten Sie Antworten auf folgenden Fragen:

- Wie ist eine Eingangsrechnung aus dem Nicht-EU-Ausland zu buchen?
- Wie ist eine Kundenrechnung in das Nicht-EU-Ausland zu buchen?
- Wie werden die Formulare richtig ausgefüllt?
- Was ist zu tun, wenn die Rechnung aus dem Ausland die dort anfallende Umsatzsteuer enthält?

Geschäfte mit dem sonstigen Ausland

Für Waren oder Dienstleistungen, die in Deutschland verbraucht oder genutzt werden, möchte das deutsche Finanzamt die Umsatzsteuer von 7 % bzw. 19 % erhalten. So ist es auch in den anderen Ländern. Jedes Land hat für sich geregelt, wie hoch die Umsatzsteuersätze sind und welche Ausgaben, welchem Steuersatz unterliegen. Daher sind zum Beispiel Fahrzeuge und Alkohol in einigen Ländern wesentlich teurer und umgekehrt Lebensmittel günstiger als bei uns. Damit jedes Land seine geplanten Steuereinnahmen erhält, soll die Umsatzsteuer in dem Land erhoben werden, in dem die Ware oder Leistung verbraucht bzw. genutzt wird.

Für den Warenhandel mit dem sonstigen Ausland, d. h. mit allen Ländern außer den EU-Mitgliedsstaaten, gibt es Grenzen und Zollämter. Sowie die Ware das Land verlässt (Export), werden amtliche Ausfuhrnachweise erstellt und sowie die Ware in das Land kommt (Import), wird die inländische Einfuhrumsatzsteuer erhoben. Bei Dienstleistungen ist das anders, hier wird das „Abführen der Umsatzsteuer im richtigen Land" auf Formularen geregelt.

Sind alle Voraussetzungen erfüllt, stellen Sie die Rechnung ohne die deutsche Umsatzsteuer aus und Ihr ausländischer Kunde muss beim Import die Umsatzsteuer seines Landes bezahlen. Das gilt umgekehrt auch für den Einkauf. Sie erhalten eine Rechnung aus dem Ausland ohne Umsatzsteuer und zahlen dafür die deutsche Umsatzsteuer.

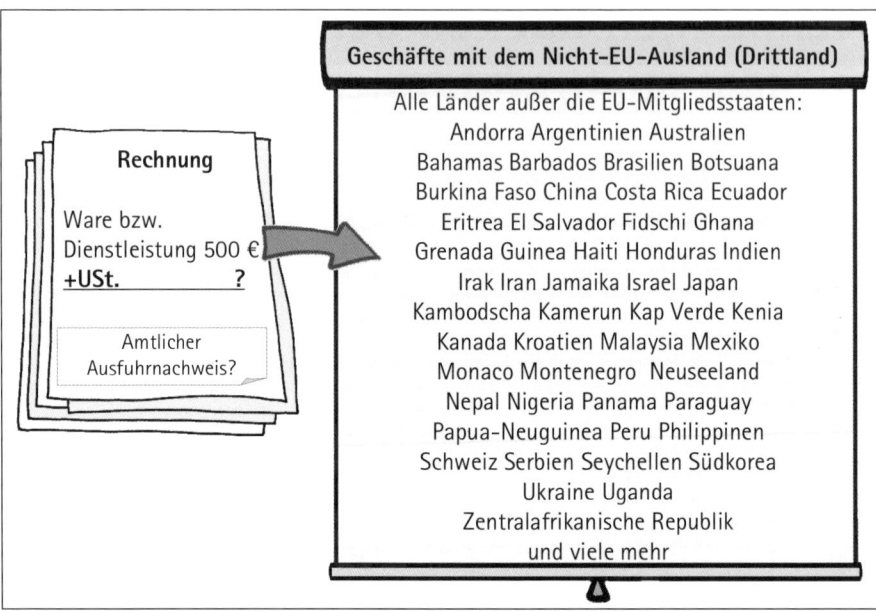

Abb. 1: **Geschäfte mit dem Drittland:** *Länder, die nicht zu den EU-Mitgliedsstaaten zählen, nennt das Gesetz Drittländer. Liegt zum Beispiel ein amtlicher Ausfuhrnachweis für Waren vor, dürfen Sie die Rechnung ohne Umsatzsteuer ausstellen.*

Sind die Voraussetzungen nicht erfüllt, behandeln Sie Ihren Kunden wie einen inländischen Kunden und berechnen die deutsche Umsatzsteuer. Er muss dann beim Zoll für die richtige Abwicklung sorgen.

Lieferung oder sonstige Leistung

In welchem Land ist der Umsatz umsatzsteuerpflichtig, in Deutschland oder im Ausland? Das hängt davon ab, ob es sich um eine Lieferung von Waren oder eine Dienstleistung handelt.

Bei **Warenlieferungen** an das Ausland gilt das Bestimmungslandprinzip, die Waren sind dort umsatzsteuerpflichtig, wo sie verbraucht bzw. genutzt werden. Sind alle Voraussetzungen erfüllt, stellen Sie Ihre Rechnung ohne Umsatzsteuer aus, und Ihr Kunde zahlt beim Import die Umsatzsteuer seines Landes. Bei **Dienstleistungen** ist seit 2010 zunächst zu unterscheiden, ob Geschäfte mit ausländischen Unternehmen oder Privatpersonen gemacht werden.

Kunde ist Unternehmer	Kunde ist Privatperson
Die Leistung ist in dem Land umsatzsteuerpflichtig, in dem der Leistungsempfänger sitzt.	Die Leistung ist in dem Land umsatzsteuerpflichtig, in dem der leistende Unternehmer sitzt.

Es gibt jedoch einige Ausnahmen, hier sehen Sie ein paar davon:

- Wird die Leistung an einem Grundstück erbracht, ist es das Land, in dem das Grundstück liegt. Es gibt Ausnahmen, z. B. Schweiz, Finnland.
- Handelt es sich um eine kulturelle, künstlerische, wissenschaftliche, sportliche oder unterrichtende Tätigkeit, ist die Leistung in dem Land umsatzsteuerpflichtig, in dem die Tätigkeit ausgeführt wird. Es gibt Ausnahmen, z. B. Schweden, Schweiz.
- Bei kurzfristiger Vermietung von Beförderungsmitteln (Kfz 30 Tage, Schiffe 90 Tage) ist die Leistung in dem Land umsatzsteuerpflichtig, in dem die Übergabe stattfindet.
- Bei den sogenannten Katalogleistungen wie Werbung, Öffentlichkeitsarbeit, Leistungen als Steuerberater, Rechtsanwalt, Personalgestellung etc., gilt für Unternehmer und Nicht-Unternehmer der Ort des Leistungsempfängers. Nur bei Leistungen an Nicht-Unternehmer mit Sitz im Drittland ist die Umsatzsteuer im Land des leistenden Unternehmens zu berechnen.

Da es im weltweiten Handel sehr viele Ausnahmen gibt, sollten Sie sich zur Sicherheit mit Fachleuten beraten, wenn es um die Frage geht, wo die Lieferung oder Leistung umsatzsteuerpflichtig ist, in Deutschland oder im Ausland. Hier zeigen wir Ihnen, wie Sie die verschiedenen Rechnungen buchen müssen.

- Warenverkauf an das Drittland - im Drittland steuerpflichtig
- Leistungen für das Drittland - im Drittland steuerpflichtig
- Wareneinkauf aus dem Drittland - in Deutschland steuerpflichtig
- Leistungen aus dem Drittland - in Deutschland steuerpflichtig

---

Tipp

Erfassen Sie Ihre Rechnungen in einem Buchführungsprogramm und verwenden Sie dabei die richtigen Aufwands- und Ertragskonten, werden die Formulare automatisch richtig ausgefüllt.

Rechnungen an das Drittland buchen, bei Export

Erst wenn der Nachweis vorliegt, dass es sich um einen ausländischen Kunden handelt und die Ware das Land verlassen hat oder sicher verlassen wird, kann die Rechnung ohne Umsatzsteuer ausgestellt werden. Als Rechnungsaussteller sind Sie dazu verpflichtet, diese Nachweise zu führen. Den amtlichen Ausfuhrnachweis erhalten Sie in der Regel von der Spedition oder dem Zollamt.

Obwohl Sie keine Umsatzsteuer berechnen, sind Sie trotzdem zum Vorsteuerabzug berechtigt, soweit deutsche Vorsteuer für diesen Auftrag angefallen ist.

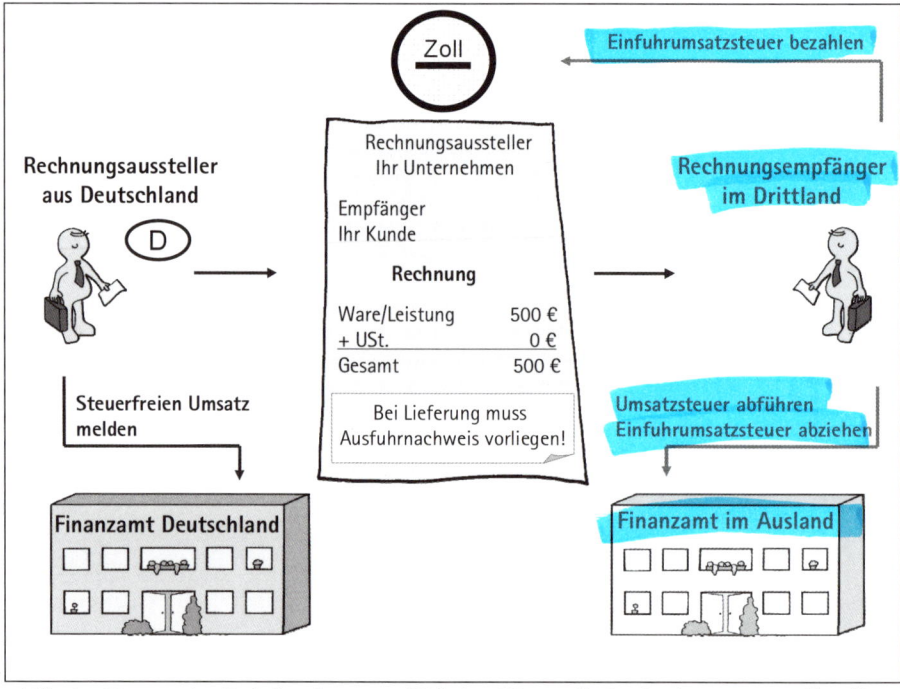

Abb. 2: **Umsatz im Drittland steuerpflichtig:** *Hier stellt der Rechnungsaussteller die Rechnung ohne Umsatzsteuer aus, wenn zum Beispiel ein amtlicher Ausfuhrnachweis für Waren vorliegt. Er muss diesen Umsatz ans Finanzamt melden.*

Der Rechnungssausteller muss diese Umsätze über die Umsatzsteuerformulare an das Finanzamt melden.

Warenverkauf an das Drittland

Beim Warenverkauf an ein Drittland (Nicht-EU-Ausland) spricht man von „Export oder Ausfuhrlieferungen". Liegt Ihnen der amtliche Ausfuhrnachweis vor, ist die Ware im Ausland umsatzsteuerpflichtig. Das Gleiche gilt für den Warenverkauf an Touristen, die Ihnen den Personalausweis zusammen mit einem Formular vom Zollamt vorlegen.

Diesem Umsatz müssen Sie im Feld 43 der Umsatzsteuer-Voranmeldung eintragen, getrennt von den umsatzsteuerpflichtigen Umsätzen.

Bei einer Kundenrechnung buchen Sie immer das Forderungskonto oder das Debitorenkonto im Soll und das Ertragskonto im Haben. Für diesen Fall heißt das entsprechende Ertragskonto „Ausfuhrlieferungen bzw. Steuerfreie Lieferung nach § 4 Nr. 1a UStG".

Beispiel

Ein amerikanischer Kunde bestellte bei Ihnen Waren. Die Spedition hat Ihnen den Ausfuhrnachweis übermittelt und Sie stellen die Rechnung über 500 Euro ohne Umsatzsteuer aus. Wie ist zu buchen?

Buchung

Konto SKR 03 Soll	Konto SKR 04 Soll	Kontenbezeichnung	Betrag	an	Konto SKR 03 Haben	Konto SKR 04 Haben	Kontenbezeichnung	Steuer
10000	10000	Debitorenkonto	500		8120	4120	Steuerfreie Lieferung § 4 Nr. 1 a UStG	keine

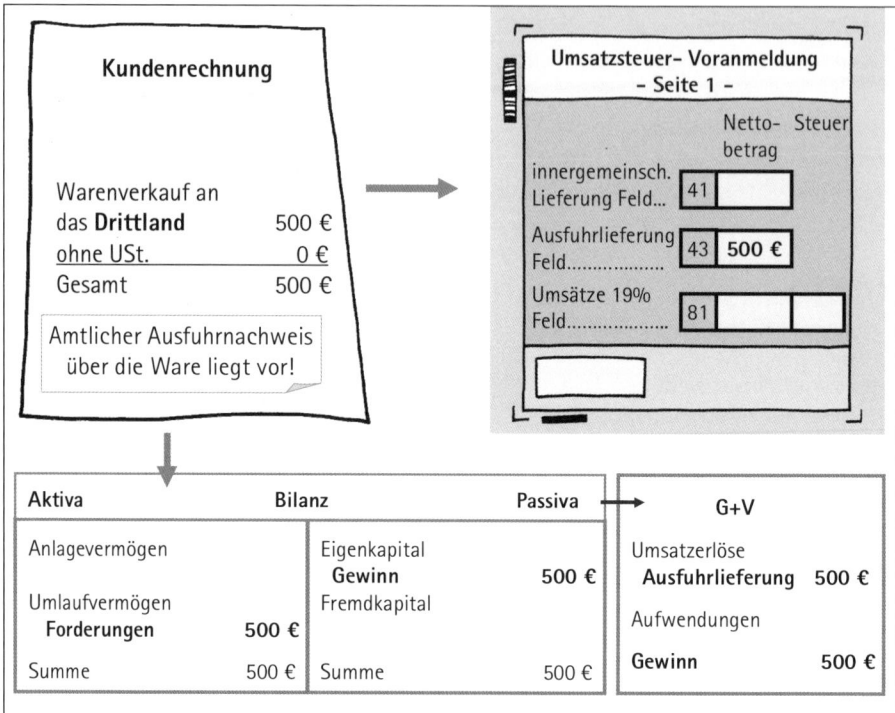

Abb. 3: **Warenlieferung an das Drittland:** *Wenn diese im Drittland steuerpflichtig ist, müssen Sie das Ertragskonto „Ausfuhrlieferung" verwenden, so wird der Nettoumsatz im Feld 43 der Umsatzsteuer-Voranmeldung eingetragen.*

Leistungen für das Drittland

Erbringen Sie Leistungen für einen ausländischen Kunden im Drittland und sind die Leistungen dort umsatzsteuerpflichtig, wird der Umsatz im Feld 45 der Umsatzsteuer-Voranmeldung eingetragen. Für die Buchung sollten Sie das Ertragskonto „Erlöse aus Leistungen, im Drittland steuerbar" verwenden.

Beispiel

Sie haben einen Schweizer Kunden beraten und schreiben eine Rechnung über 500 Euro. Sie haben einen Nachweis, dass Ihr Kunde seinen Sitz in der Schweiz hat und berechnen keine Umsatzsteuer. Wie ist zu buchen?

Buchung

Konto SKR 03 Soll	Konto SKR 04 Soll	Kontenbezeichnung	Betrag	an	Konto SKR 03 Haben	Konto SKR 04 Haben	Kontenbezeichnung	Steuer
10000	10000	Debitorenkonto	500		8338	4338	Erlöse aus Leistungen, im Drittland steuerbar	keine

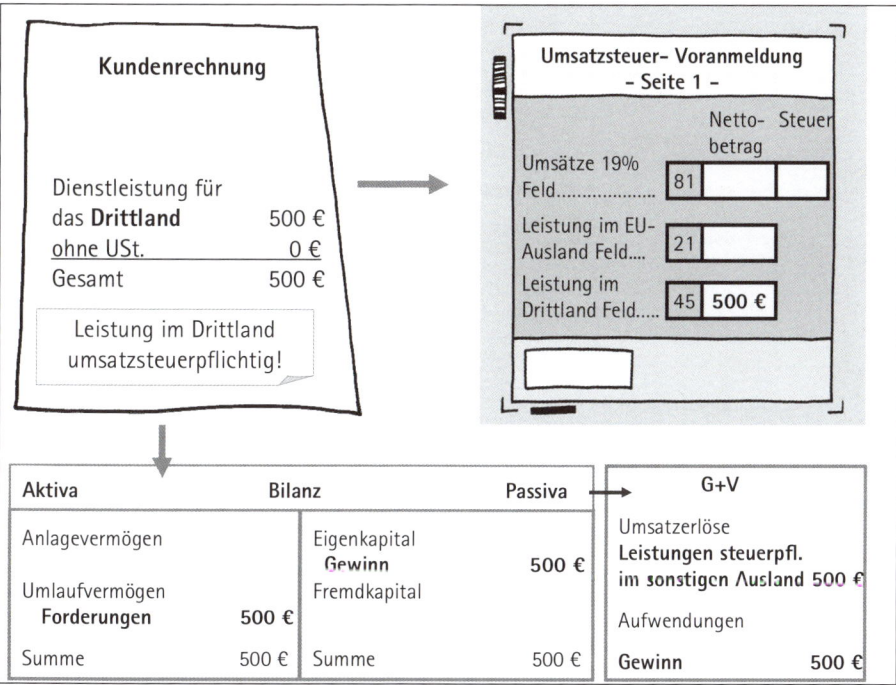

Abb. 4: **Erbrachte Dienstleistung für das Drittland:** Diese erfassen Sie in der Umsatzsteuer-Voranmeldung im Feld 45.

Rechnungen aus dem Drittland buchen – bei Import

Beim Einkauf von Waren in einem Drittland erhalten Sie eine Rechnung ohne Umsatzsteuer, wenn Ihr Lieferant den Nachweis hat, dass Sie tatsächlich aus Deutschland kommen und die Ware das Land verlassen hat bzw. sicher verlassen wird. In diesem Fall schulden Sie zunächst die deutsche Einfuhrumsatzsteuer. Diese zahlen Sie in der Regel direkt bei der Warenübergabe an den Spediteur oder an das Zollamt. Genauso wie mögliche Zollabgaben.

Als Rechnungsempfänger müssen Sie die deutsche Einfuhrumsatzsteuer bezahlen, die Sie als Vorsteuer abziehen können, wenn Ihr Unternehmen zum Vorsteuerabzug berechtigt ist. Das erledigen Sie über die Umsatzsteuerformulare. Zoll erhalten Sie nicht zurück, diese Abgaben zählen zu den Anschaffungsnebenkosten von Waren.

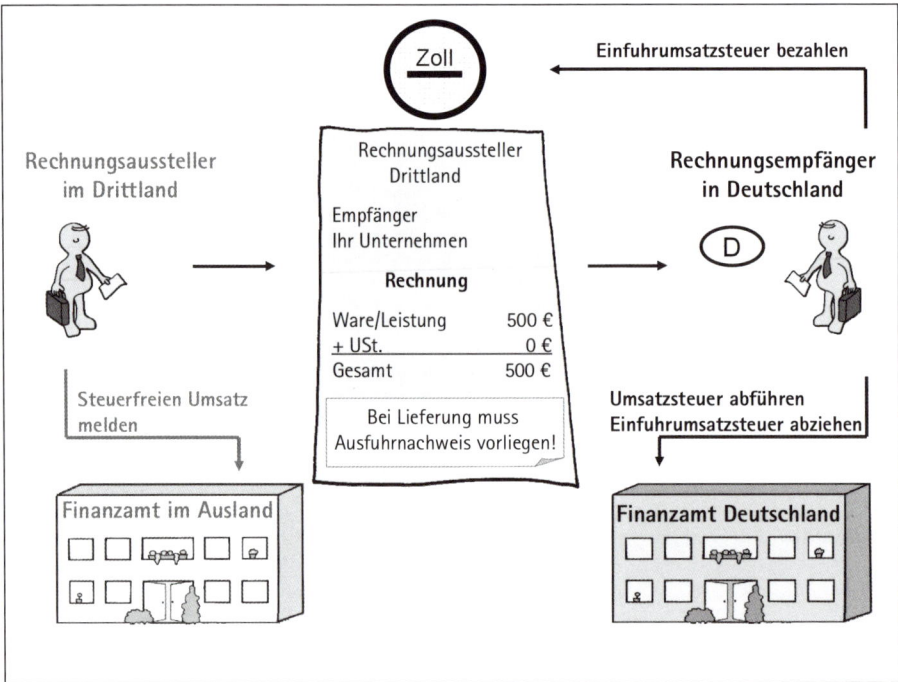

Abb. 5: ***Umsatz in Deutschland steuerpflichtig:*** *Der Rechnungsempfänger erhält eine Rechnung ohne Umsatzsteuer. Er muss diesen Umsatz an das Finanzamt melden und kann die deutsche Einfuhrumsatzsteuer ggf. als Vorsteuer abziehen.*

Wareneinkauf aus dem Drittland

Wenn Sie eine Materiallieferung aus einem Drittland (Nicht-EU-Ausland) erhalten, spricht man von „Import". Ist diese Lieferung in Deutschland steuerpflichtig, erhalten Sie eine Rechnung ohne Umsatzsteuer und zahlen die deutsche Einfuhrumsatzsteuer an der Grenze, beim Zollamt oder an den Spediteur.

Bei einer Eingangsrechnung buchen Sie immer Aufwandskonto (im Soll) an Verbindlichkeiten oder Kreditorenkonto (im Haben). In diesem Fall heißt das entsprechende Aufwandskonto „Einfuhrlieferungen". Für die Einfuhrumsatzsteuer gibt es auch ein eigenes Konto.

Beispiel

Sie erhalten eine Materiallieferung aus der Schweiz zusammen mit der Rechnung über umgerechnet 500 Euro netto. Die Einfuhrumsatzsteuer in Höhe von 95 Euro müssen Sie an das Zollamt überweisen. Wie ist zu buchen?

Buchungen

Konto SKR 03 Soll	Konto SKR 04 Soll	Kontenbezeichnung	Betrag	an	Konto SKR 03 Haben	Konto SKR 04 Haben	Kontenbezeichnung	Steuer
3559	5559	Einfuhrlieferung	500		70000	70000	Kreditor	keine
1588	1433	Bezahlte Einfuhr-umsatzsteuer	95		1788	3850	Verbindlichkeiten aus Einfuhrumsatz-steuer	keine

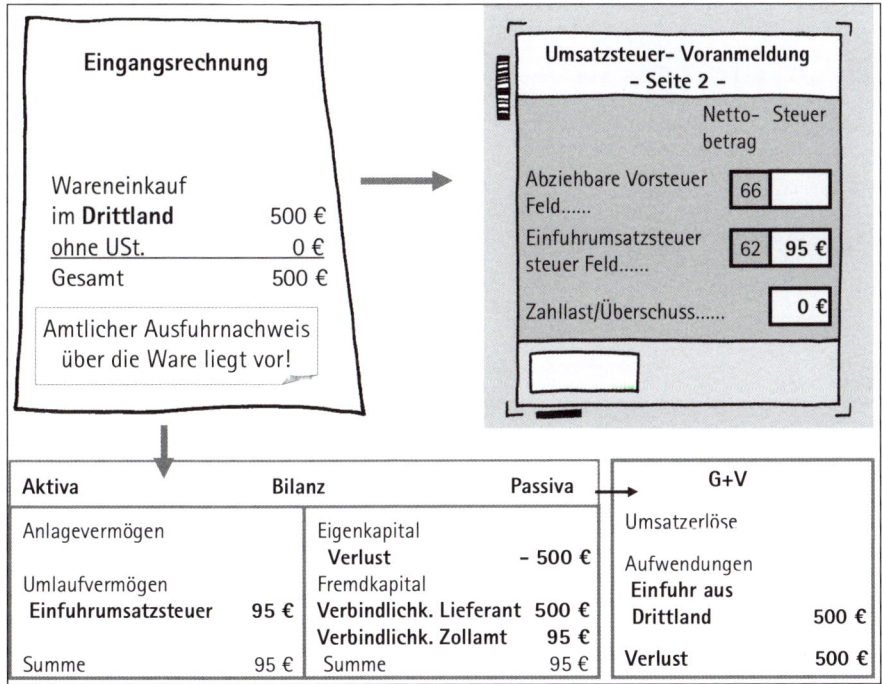

Abb. 6: ***Warenlieferung aus dem Drittland:*** *Wenn diese in Deutschland steuerpflichtig ist, müssen Sie nur die Einfuhrumsatzsteuer in der Umsatzsteuer-Voranmeldung im Feld 62 eintragen.*

Leistungen aus dem Drittland

Bei empfangenen Leistungen aus dem Drittland, die in Deutschland umsatzsteuerpflichtig sind, erfassen Sie den Nettowert im Feld 52 der Umsatzsteuer-Voranmeldung und daneben die deutsche Umsatzsteuer. Die Vorsteuer ist im Feld 67 zu erfassen, wenn sie abziehbar ist.

Dafür sind zwei Buchungen erforderlich. Sie buchen den Nettobetrag der Rechnung zunächst auf das Aufwandskonto „Leistung eines im Drittland ansässigen Unternehmens 19 %". Die Umsatzsteuer sowie die abziehbare Vorsteuer buchen Sie anschließend auf die Konten „Vorsteuer und Umsatzsteuer gemäß § 13b UStG".

Viele Buchführungsprogramme erledigen die zweite Buchung automatisch, wenn Sie das richtige Konto bzw. den richtigen Steuersatz eingeben.

Beispiel

Ein amerikanischer Berater war für Sie tätig und Sie erhalten eine Rechnung über umgerechnet 500 Euro netto. Wie ist zu buchen?

Buchungen

Konto SKR 03 Soll	Konto SKR 04 Soll	Kontenbezeichnung	Betrag	an	Konto SKR 03 Haben	Konto SKR 04 Haben	Kontenbezeichnung	Steuer
3125	5925	Leistungen eines im Ausland ansässigen Unternehmens 19 % VSt. und USt.	500		70000	70000	Kreditor	keine
Diese Buchung ist nur erforderlich, wenn die Software diese Funktion nicht hat								
1577	1407	Anrechenbare Vorsteuer § 13 b UStG 19 %	95		1787	3837	Umsatzsteuer § 13 b UStG 19 %	keine

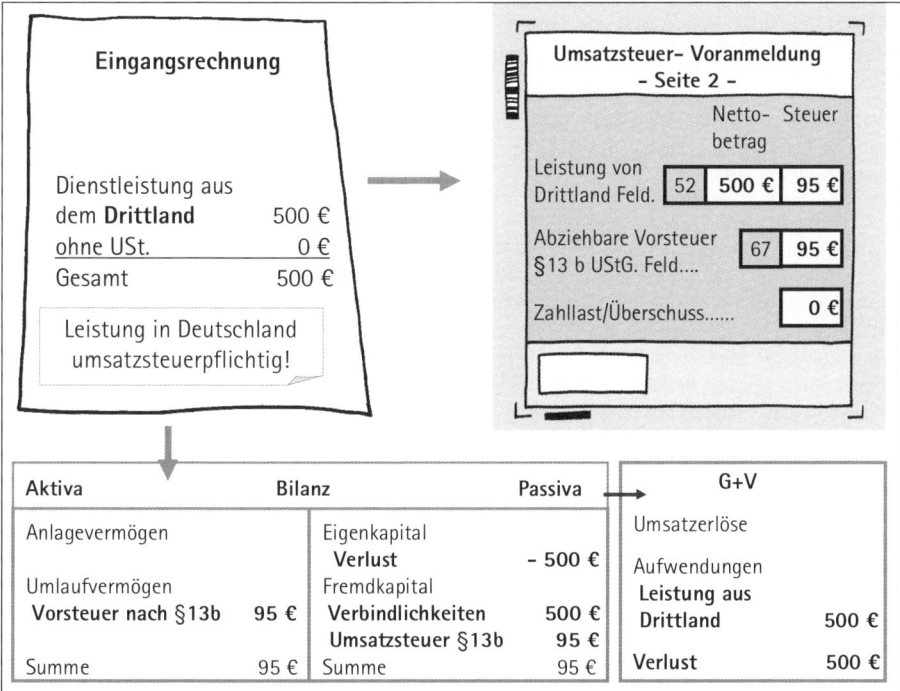

Abb. 7: **Leistung aus dem Drittland:** *Ist diese in Deutschland steuerpflichtig, tragen Sie den Nettobetrag in der Umsatzsteuer-Voranmeldung im Feld 52 ein und die Umsatzsteuer direkt daneben. Die Vorsteuer, wenn sie abziehbar ist, wird im Feld 67 eingetragen.*

Nachteil ausländische Umsatzsteuer

Nur inländische Vorsteuer ist abzugsfähig. Stellen Sie Ihrem Kunden deutsche Umsatzsteuer in Rechnung, kann er diese nicht als Vorsteuer abziehen. Das Gleiche gilt auch für Sie, wenn Sie im Ausland einkaufen, die ausländische Vorsteuer können Sie nicht abziehen.

An der Grenze, beim Zollamt oder über Formulare werden falsch ausgestellte Rechnungen korrigiert. Kunden erhalten beim Import in das eigene Land die deutsche Umsatzsteuer zurück und zahlen die Umsatzsteuer des Importlandes.

In dem Fall wird die Behörde, bei der die Steuer umgetauscht wurde, den Verkäufer auffordern, seine Rechnung zu korrigieren, nämlich nur mit dem Nettobetrag auszustellen, die Lieferung als steuerfreie Lieferung zu behandeln und die erhaltene Umsatzsteuer zurückzuzahlen. Es ist also einfacher für alle Beteiligten, wenn die Voraussetzungen erfüllt sind. Sie berechnen Ihrem Kunden keine Umsatzsteuer, und er zahlt beim Import die Umsatzsteuer seines Landes.

Liegen Ihnen Rechnungen mit ausländischer Umsatzsteuer vor und sind Sie zum Vorsteuerabzug berechtigt, können Sie in manchen Drittländern auch später noch die ausländische Umsatzsteuer zurückfordern und stattdessen die deutsche Einfuhrumsatzsteuer zahlen. Wie gesagt, diese können Sie als Vorsteuer abziehen, die ausländische Umsatzsteuer nicht.

Beispiel

Ausgaben auf Messen und Veranstaltungen, Reisekosten, Kraftstoff (nicht in allen Ländern) sowie vor Ort gekaufte Kleinteile.

Die Erstattung der ausländischen Umsatzsteuer erfolgt auf Antrag. Dazu benötigen Sie das Formular USt 1 T/EG. Dieser Antrag, zusammen mit den Originalrechnungen, muss bis zum 30.06. des Folgejahres bei der Erstattungsbehörde eingegangen sein.

Fazit

Erst wenn der Nachweis vorliegt, dass es sich um einen ausländischen Kunden handelt und die Ware das Land verlassen hat oder sicher verlassen wird, kann die Rechnung ohne Umsatzsteuer ausgestellt werden.

Kundenrechnungen an das Drittland – im Drittland steuerpflichtig!
Buchung einer Kundenrechnung: Forderungskonto oder Debitoren (im Soll) an Ertragskonto im Haben). Für Auslandsgeschäfte gibt es spezielle Ertragskonten:
    Warenverkauf: Ausfuhrlieferungen
    Leistungen: Erlöse aus Leistungen, in einem Drittland steuerbar

Rechnungen aus dem Drittland – in Deutschland steuerpflichtig!
Buchung einer Eingangsrechnung: Aufwandskonto (im Soll) an Verbindlichkeitskonto oder Kreditoren (im Haben). Für Auslandsgeschäfte gibt es spezielle Aufwandskonten:
    Wareneinkauf: Einfuhrlieferungen
    Leistungen: Leistungen eines im Ausland ansässigen Unternehmens 19 % USt/VSt

Bei Lieferungen müssen Sie die deutsche Einfuhrumsatzsteuer bei der Einfuhr bezahlen und bei Leistungen führen Sie diese über die Umsatzsteuer-Voranmeldung ab. In beiden Fällen können Sie diese Steuer als Vorsteuer abziehen, wenn das Unternehmen zum Vorsteuerabzug berechtigt ist.

Stichwortverzeichnis